陕西省"十四五"职业教育规划教材 GZZK 2023-1-093

电路板设计与制作
——基于Altium Designer 17

主　编　魏　雅

副主编　王婉星

主　审　屈　毅

西安电子科技大学出版社

内 容 简 介

本书以科技强国对电子工程技术人员的需求为依据，以职业岗位需求为导向，以五大项目为引领，以不同的任务实现为驱动，全面系统地介绍了电路板的基础知识，Altium Designer 17 的编译环境，软件设置，元器件符号制作，原理图设计，封装模型的制作，布局、布线的原则，布局、布线的方法与技巧，层次原理图及对应 PCB 的设计方法等知识。为了使读者更进一步掌握 PCB 的设计，项目五中安排了三个综合案例，供读者巩固提高。在不同任务的实现中，以"敲黑板"的形式加入与本环节相关的重点知识和操作技巧，提高学习者学习的兴趣。

本书可作为高职高专院校电子信息类相关专业的教材，也可作为相关技术人员及爱好者的参考书。

本书配有每个项目的源文件、对应任务的 PPT 电子课件、每个任务实现的视频及数字资源文件。需要者可登录西安电子科技大学出版社网站免费下载源文件和电子课件。对应的数字资源可以在超星学习通上注册、登录、学习(教材数字资源链接：https://www.xueyinonline.com/detail/206211724)。

图书在版编目(CIP)数据

电路板设计与制作：基于 Altium Designer 17 / 魏雅主编. —西安：
西安电子科技大学出版社，2019.7(2024.7 重印)
ISBN 978-7-5606-5329-7

Ⅰ. ①电…　Ⅱ. ①魏…　Ⅲ. ①印刷电路—计算机辅助设计—应用软件—高等职业教育—教材　Ⅳ. ①TN410.2.

中国版本图书馆 CIP 数据核字(2019)第 093289 号

策　　划　陈婷
责任编辑　陈婷
出版发行　西安电子科技大学出版社(西安市太白南路 2 号)
电　　话　(029)88202421　88201467　　　邮　　编　710071
网　　址　www.xduph.com　　　　　　　　电子邮箱　xdupfxb001@163.com
经　　销　新华书店
印刷单位　陕西精工印务有限公司
版　　次　2019 年 7 月第 1 版　　2024 年 7 月第 3 次印刷
开　　本　787 毫米×1092 毫米　1/16　印　张　22
字　　数　523 千字
定　　价　46.00 元
ISBN 978-7-5606-5329-7
XDUP 5631001-3
如有印装问题可调换

前　言

随着电子工业和微电子设计技术与工艺的飞速发展，电子信息类产品的开发周期越来越短。PCB 是电子产业重要的基础部件之一，是电子器件相互连接的载体，起着承上启下的作用。几乎所有电子信息产品都离不开 PCB 的连接和支撑。为了满足社会的发展需求，Altium 公司推出了 Altium Designer 系列软件，因其易学易用，深受广大电子设计者的喜爱。

Altium Designer 17 作为新一代的板卡级设计软件，其线路图设计系统完全利用了 Windows 平台的优势，具有很好的稳定性、增强的图形功能和超强的用户界面，设计者可以选择最适合的设计途径并以最优化的方式工作。

本书以习近平新时代中国特色社会主义思想为指导，以职业岗位需求为导向，以真实生产项目、典型工程案例及工作任务为载体组织学习单元；以实际的项目任务实现为主线，全面、系统地介绍了 Altium Designer 17 的功能和面向实际应用的操作技巧。本书最大的特点是去除冗余，将实际操作步骤融入到项目任务中，以图文并茂的形式展现给读者，便于读者直观理解认识，起到了理论联系实践的作用。另外，本书结合编者多年的开发经验及教学心得，为重点知识点增加经验描述，以"敲黑板"的形式给出了与操作相关的关键技术，更容易让读者对知识点进行加强记忆、深化吸收并应用。在项目任务中讲解知识点，实现了从零基础、入门到精通设计 PCB。

在课程改革中，融入二十大精神，开发数字资源，建立了陕西省职业精品在线开放课，本书作为陕西省职业精品在线开放课的配套教材，更好地辅助教师开展线上线下混合式教学。学生通过线下纸质教材的学习和线上数字资源的引领，有目的的学习和实践，提高操作技能，增强动手能力。

本书共安排了五个项目：项目一主要是认识电路板和设计软件 Altium Designer 17，主要讲述电路板的基础知识和 Altium Designer 17 软件的安装；项目二以光控广告灯原理图的设计为例，讲述了 Altium Designer 17 的编译环境、软件设置、元器件符号制作、原理图设计等知识；项目三以光控广告灯 PCB 的设计为例，讲述了 Altium Designer 17 中元器件封装模型的制作，布局、布线的原则，布局、布线的方法及技巧等知识；项目四介绍了层次原理图及对应 PCB 的设计方法；项目五为综合应用设计，通过三个实际的综合案例的训练，使读者更进一步掌握 PCB 的设计方法。

本书由陕西工业职业技术学院魏雅老师担任主编，王婉星老师担任副主编。魏雅老师编写项目一、项目二、项目三、项目五，并负责本书的组织、修改和定稿等工作。王婉星老师编写项目四和附录。本书由咸阳职业技术学院屈毅老师主审。本书在编写过程中得到了具有企业工作经验的曹延焕工程师的指点和大力帮助，在此表示衷心的感谢。

限于设计软件，书中提供的电路图所包含的元器件未使用国标符号，请读者注意。

由于作者水平有限，书中难免有不妥之处，恳请读者批评指正。

编　者
2023 年 7 月

❖❖❖ 目 录 ❖❖❖

电路板与电路板设计软件

/////////////////////////////////

内容提要

本项目通过实际的电路板展示，让读者了解电路板的前世今生、相关知识和基本概念，并介绍当前流行的电路板设计软件 Altium Designer 17 的特点、安装、使用。通过打开软件自带的实例项目文件，让读者了解并学习项目文件的创建、文件的管理及各种文件状态下界面的显示和切换操作，从而使读者对 Altium Designer 17 有一个初步的认识。

能力目标

(1) 能独立完成软件的安装。
(2) 能够打开并识别不同的文件。
(3) 能建立不同类型的文件，并可以切换到不同的界面。

知识目标

(1) 掌握电路板的概念和基础知识。
(2) 掌握 Altium Designer 17 软件的安装步骤。
(3) 掌握工程文件的概念和不同类型文件的建立方法。
(4) 了解各项菜单的功能和界面操作。

任务一　认识电路板

1.1.1　电路板

1. 电路板的概念和作用

我们知道，早期简单电路的电子元器件间，直接用导线连接。大家最熟悉的就是做的点亮灯泡的小实验，至少需要一个灯泡、两节电池、两根导线，当达到额定功率时灯泡就亮了。这个实验电路是由分立元件直接连接的电路。它的优点是电路连接比较直观，但是电路可靠性差，体积大，不易安装和固定，不适用于连接复杂电路。

随着元器件增多，使用导线连接就显得复杂了，而且容易出错，甚至发生短路，存在隐患。比如最初收音机的连接如图 1-1-1 所示，完全用导线连接。

图 1-1-1 收音机使用导线连接图

为了排除上面的缺点，PCB 之父"保罗·爱斯勒"首先在收音机装置里采用了印刷电路板，从此第一块印刷电路板也叫 PCB 板就诞生了，后来被广泛应用。

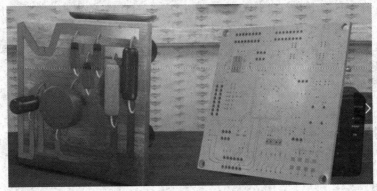

图 1-1-2 收音机的电路板

图 1-1-2 左侧的是收音机最初最简易的电路板，随着技术的进步，收音机功能的增强，电路板的设计也变得稍复杂，如图 1-1-2 右侧的电路板，是稍复杂的收音机的电路板。

电子科技的发展正改变着人类的生活方式，让很多东西都变得智能化。而这些能改变人类生活方式的电子科技产品中，不可缺少的载体就是电路板。那么什么是电路板呢？

PCB 是指在绝缘基材上，按预定设计，制成印制线路、印制元器件或由两者结合而成的导电图形称为印制电路板，又称印刷线路板，也称电路板，它的英文名称是 Printed Circuit Board，缩写是 PCB。PCB 上的构成元素，在项目三细讲。

PCB 的作用：PCB 是重要的电子部件，是电子元器件的支撑体，是电子元器件电气连接的载体。几乎所有电子产品都离不开 PCB 的连接和支撑。

PCBA：把装配了电子元器件的成品板称为 PCBA（Printed Circuit Board Assembly）。PCBA 是完整的电子组件，而 PCB 是裸露的印刷电路板。如图 1-1-3 所示是 FM 立体声简易收音机的 PCBA。

大面板就是一个电路板，在电路板正面放置了对应的元器件，在电路板反面进行焊接，元件之间靠反面的走线连接，这样的板子比较简单。正因为有了这些元器件的载体——印制电路板，才能将这些元器件集中在一个板子上，通过线路连接，实现音频播放的功能。

图 1-1-3 FM 立体声简易收音机的 PCBA

从以上的分析中可知，没出现印制电路板前，只是将每个元器件搭建焊接，这样制造出的电子产品体积大，抗摔、抗震能力差，寿命短。而随着科技的发展，大规模、超大规模集成电路涌现，对电路板的要求越来越高，绝大部分电子元器件选用的都是超小体积的贴片封装，所以现代的电子产品的体积越来越小，功能越来越强大。由此可见，不使用电路板是无法设计与制作出一个高集成度的电子产品的。

2．电路板的发展过程

印制电路板随着电子元器件的发展而发展，由此可以分为以下几个发展阶段：

(1) 电子管阶段：电路中大部分元器件是电子管，由于电子管体积大、重量重、耗电高，因此使用导线连接，如图 1-1-4 所示。

图 1-1-4 电子管阶段的产品

(2) 半导体器件阶段：电路中大部分元器件是半导体器件，相对于电子管，半导体器件体积小、重量轻、耗电小、排列密集，适用于单面板，如图 1-1-5 所示。

图 1-1-5 半导体器件阶段的产品

(3) 集成电路阶段：电路中大部分元器件是集成电路，由于集成电路的出现使布线变得更加复杂，此时单面板已经不能满足布线的要求，因此出现了双面板，如图 1-1-6 所示。

图 1-1-6　集成电路阶段的产品

(4) 超大规模集成电路阶段：电路中大部分是超大规模集成电路，由于超大规模集成电路、BGA 等元器件的出现，双面板已无法适应布线的要求，因此出现了多层板。目前，技术上可以制作出 50 层以上的电路板。当前电子产品大规模使用的是 4～8 层板，如图 1-1-7 所示。

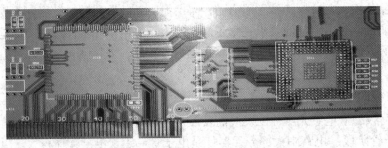

图 1-1-7　超大规模集成电路阶段的产品

从以上内容可以看出，电路板按电子元器件的发展分为四个阶段，但按电路板的结构构成可分为单面板、双面板和多层板。只在一面布线、另一面放置元器件的电路板称为单面板；在底层和顶层都可放置元器件，也可布线的电路板称为双面板；除了底层和顶层以外还有其他层用来放置元器件、布线的电路板称为多层板。

电路板从应用角度上来说共有三类：一类是普通基材，主要以玻璃纤维为代表，应用最为广泛，所有低频电子产品均会使用到这种材料的电路板，如图 1-1-8 所示，通常把这种电路板称为敷铜(也作铺铜)板；一类是铝板基材，这种板材的特点是具有超强的散热性，主要应用于 LED 灯光照明中，如图 1-1-9 所示；还有一类是 FPC 柔性板材，这种电路板是柔性的，可以弯曲，但不能折叠，主要应用在显示屏与控制板连接处、两个线路板需要进行活动的接口处、灯串等，如图 1-1-10 所示。

图 1-1-8　玻璃纤维板材　　　　图 1-1-9　铝板基材电路板实物　　　图 1-1-10　FPC 柔性板材

这些板材均可以制造成单面板、双面板、多层板。目前，工艺水平中、低端电子产品，如玩具等常用的板材比玻璃纤维更便宜，一般采用电木板、棉板等。这两种板材的韧度不够高，面积大了易变弯、易折断。还有一些特殊电气的电路板，比如高压电子产品中，使用的电路板的绝缘程度有很高的要求，必须使用高压板材。此外，在一些高频电子产品中，因频率太高，为了防止高频信号辐射到相邻的电气元器件，就会选用高频板材。

1.1.2　电路板设计软件简介

在电路板制作中，现在已经很少使用手工制作，一般利用电路板设计软件设计，将设计好的电路文件交给电路板生产厂商来制作电路板。

电路板的设计主要指版图设计，需要考虑元器件和连线的整体布局，包括内部电子元器件的优化布局、金属连线和通孔的优化布局、电磁防护、散热等各种因素。

电路板的设计软件有多种，各有特色，但是最后都要产生一个输出文件，根据输出文件可以制作对应的 PCB。在此主要介绍 Altium Designer 设计软件。

Altium Designer 是 Protel 的继承者。2005 年年底，Protel 软件的原厂商 Altium 公司推出了 Protel 系列的最新高端版本 Altium Designer 6.0。Altium Designer 6.0 是完全一体化电子产品开发系统的一个新版本，既是第一款，也是唯一一种完整的板级设计解决方案。Altium Designer 是首例将设计流程、集成化 PCB 设计、可编程器件(如 FPGA)设计和基于处理器设计的嵌入式软件开发功能整合在一起的产品。Altium Designer 的版本更新很快，目前 Altium Designer 18 已经发布了，详情可见 Altium 的中文官网 http://www.altium.com.cn/。Altium Designer 最明显的优点就是可以创建用于 PCB 装配的精准 3D 模型，并可导出为符合行业标准的文件格式，使设计者在第一时间便可知道所生产出来的 PCB 是否与机械外壳相匹配。

本书以 Altium Designer 17 为载体，全面介绍使用这款设计软件进行一个完整电路板设计的过程。

课后练习

1. 什么是电路板？
2. 电路板按照板层结构可分为哪几种？分别是什么？

任务二　Altium Designer 17 的安装

1.2.1　Altium Designer 17 的安装、汉化

1. Altium Designer 17 的安装

第一步：将安装光盘装入光驱后，打开该光盘，从中找到并双击"Altium Designer Setup_17_1_6.exe"文件，弹出 Altium Designer 17 的安装界面，如图 1-2-1 所示，然后单

击"Next"按钮。

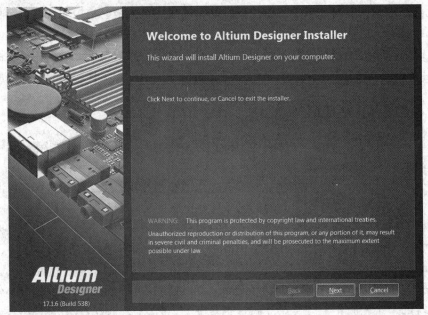

图 1-2-1　Altium Designer 17 安装启动界面

　　第二步：如图 1-2-2 所示，在新的界面中，语言种类默认为"English"，协议中必须选择"I accept the agreement"，再单击"Next"按钮。

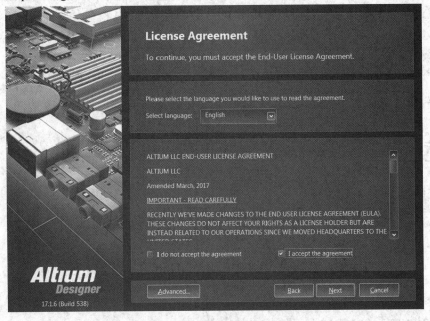

图 1-2-2　协议接受界面

　　第三步：如图 1-2-3 所示，在安装选项界面出现安装类型信息的对话框，有六种类型，如果只做 PCB 设计，则选第一个(同样，需要做什么设计就选择哪种，系统默认全选)，然后单击"Next"按钮。

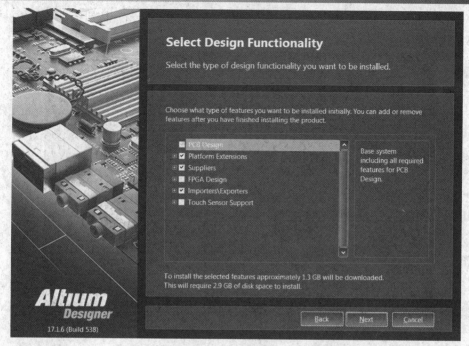

图 1-2-3 安装选项界面

第四步：如图 1-2-4 所示，在该对话框中，用户需要选择 Altium Designer 17 的安装路径。系统默认的安装路径为 C:\Program Files\Altium\AD17，用户可以通过单击"Default"按钮来自定义安装路径(建议用户不做修改，按软件提示的默认路径安装)。然后单击"Next"按钮。

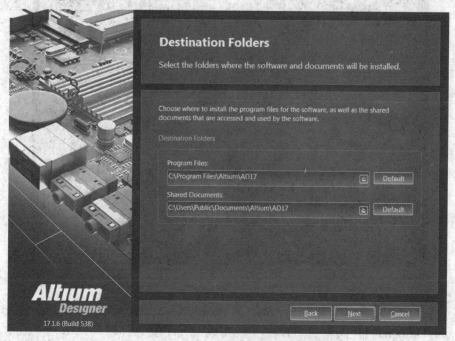

图 1-2-4 安装路径选择界面

第五步：在如图 1-2-5 所示的确定安装对话框中单击"Next"按钮，准备将软件安装在计算机系统应用中。

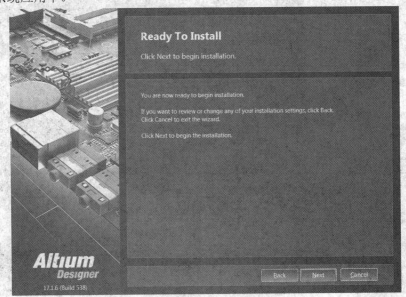

图 1-2-5 软件安装准备

第六步：如图 1-2-6 所示，由于系统需要复制大量文件，因此等待一会儿，直到两个进度条全部满格后再单击"Next"按钮。

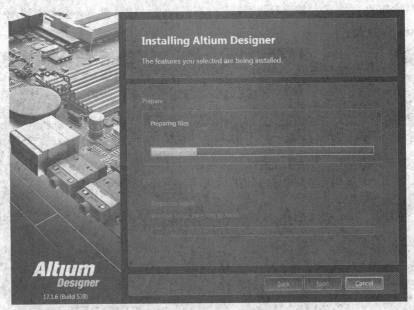

图 1-2-6 等待安装完毕

第七步：安装结束后出现如图 1-2-7 所示的完成对话框，单击"Finish"按钮即可完成 Altium Designer 17 的安装工作。安装完成，先不要运行软件，即把"Run Altium Designer"前的对钩去掉，随后结束安装，准备激活软件。

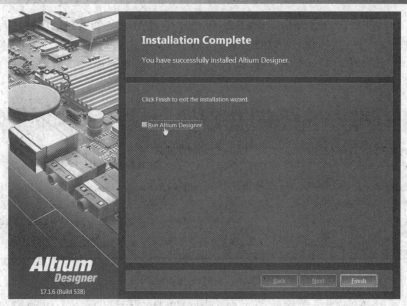

图 1-2-7 结束运行软件选择界面

在安装过程中，可以随时单击"Cancel"按钮来终止安装过程。安装完成以后，在 Windows 的"开始"→"所有程序"子菜单中创建一个 Altium 级联子菜单和快捷键。

📋 敲黑板

通常熟悉各种软件安装的人，都会选择去除勾选项，进行不运行处理。

如果桌面上找不到"DXP.EXE"快捷图标，如图 1-2-8 所示，怎么办？

图 1-2-8 软件快捷图标

如果没有找到，可以手动添加快捷图标，方法是：在计算机桌面双击"计算机"→双击"System(C：)"→双击"Progam Files"文件夹→双击"Altium"文件夹→双击"AD17"文件夹→右击"DXP.EXE"→选择"发送到(N)"→选择"桌面快捷方式"。

第八步：激活 Altium Designer 17。双击"DPX.EXE"应用程序，弹出如图 1-2-9 所示的启动界面。

图 1-2-9 启动界面

初次打开软件后，还会弹出如图 1-2-10 所示的界面。这个界面是通知用户是否需要作出设置选择。它一共提供了 538 项设置，这些设置内容对于经验丰富的工程师是很有帮助的，主要是按自己的使用习惯进行设置。对于初学者而言，直接单击"Cancel"按钮即可。

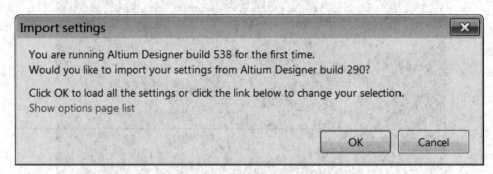

图 1-2-10 设置选择询问界面

第九步：接下来会看到软件的页面如图 1-2-11 所示，有一个浮动窗口"Storage Manager"，将这个窗口直接关闭即可。在 Admin 标签选项卡的"License Manager"(许可证管理)中，有一条红色的警告语(Warning)"You are not using a valid license, Click Sign in to retrieve the list of available licenses."(你没有有效的许可证，点击获得有效的许可证)。

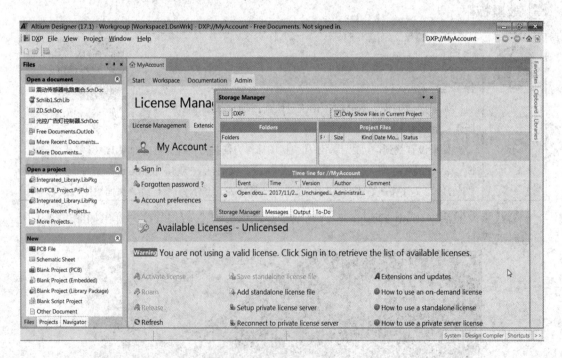

图 1-2-11 授权激活窗口

第十步：安装许可证。在图 1-2-11 中单击"Add standalone license file"，显示 Licenses 文件路径选择对话框，如图 1-2-12 所示。在 Licenses 文件夹中提供了五个授权激活文件，选择第一个(NB01.alf)后单击打开。

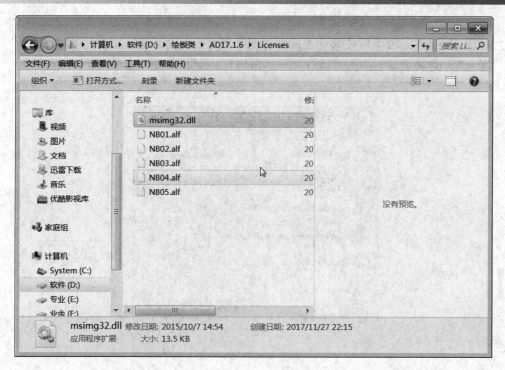

图 1-2-12 打开激活文件

 敲黑板

激活不了怎么办?

第一种情况:如果光盘中提供的所有激活文件均无法激活软件,可以到 Altium Designer 官网上去搜索。

第二种情况:关闭 Altium Designer 软件,在图 1-2-12 中将 msimg32.dll 文件复制到 Altium Designer 17 的安装根目录下,即 C:\Program Files\Altium\AD17,然后启动 Altium Designer 17 软件,再重复第十步的操作试试。

添加许可证后,激活管理界面中的警告语不见了,显示有效期到 2028 年 9 月 28 日,如图 1-2-13 所示。

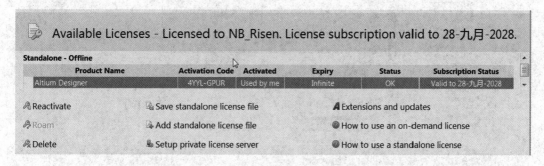

图 1-2-13 激活后的使用时间

至此,Altium Designer 17 软件安装激活完成,可正常使用软件中的每一个功能。

2. Altium Designer 17 的汉化

Altium Designer 17 系统安装完成后的界面是英文形式的，可以切换到中文界面。

第一步：选择菜单栏中的"DXP"→"Preferences"，如图 1-2-14 所示，则弹出一个对话框。

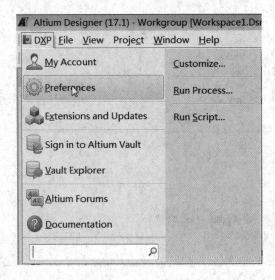

图 1-2-14　系统优选项

第二步：在弹出的对话框中，选择"System"→"General"→"Localization"（下拉至最下方），选中"Use localized resources"，如图 1-2-15 所示。在弹出的提示对话框中单击"OK"按钮后，再单击"OK"按钮，保存设置，重新启动应用程序后就是中文菜单形式了。

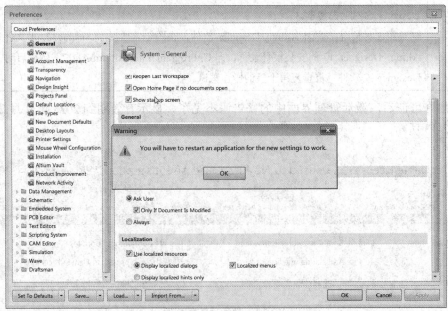

图 1-2-15　系统参数对话框

3．Altium Designer 17 的卸载

第一步：在 Windows 7 系统左下角，选择"开始"→"控制面板"选项，显示"控制面板"窗口。

第二步：如图 1-2-16 所示，在"控制面板"窗口中，将查看方式设置为"类别"，找到"程序"后单击"卸载程序"。

图 1-2-16　控制面板显示方式

第三步：如图 1-2-17 所示，在新的对话框中选择"Altium Designer 17"，然后单击鼠标右键，选择"卸载"，直到卸载完成。

图 1-2-17　卸载应用程序

1.2.2 Altium Designer 17 的设计环境

Altium Designer 17 的工作面板和窗口与 Protel 软件以前的版本有较大的区别，Altium Designer 主要针对不同类型的文档进行操作，通过工作面板和窗口管理，完成对文档的分类创建与操作，能够极大地提高电路设计的效率。

1. 主窗口

Altium Designer 17 的主窗口类似于 Windows 的界面风格，它主要由系统主菜单、系统工具栏、浏览器工具、工作区、工作区面板、工作区面板切换按钮 6 个部分构成。

启动 Altium Designer 17 之后，在没有打开工程文件之前，系统主菜单主要包括 DXP、文件、视图、工程、窗口、帮助等基本操作功能，如图 1-2-18 所示。

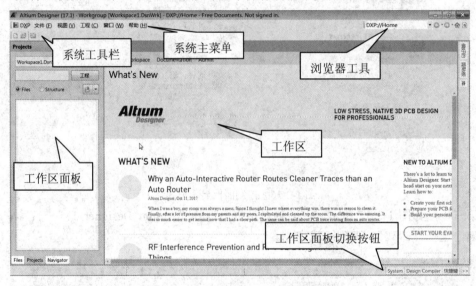

图 1-2-18　Altium Designer 17 软件界面

2. 用户配置

在系统主菜单中单击"DXP"菜单，会弹出如图 1-2-19 所示的配置菜单。此菜单中包括一些用户配置选项。

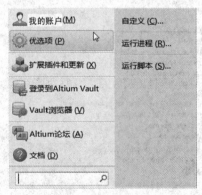

图 1-2-19　用户配置菜单

(1) "我的账户"命令：用于管理用户授权协议，如设置授权许可的方式和数量等。

(2) "优选项"命令：用于设置 Altium Designer 的工作状态。

(3) "扩展插件和更新"命令：用于检查软件是否更新，单击此命令，在窗口右侧(工作区)弹出"Extensions & Updates"对话框。

(4) "登录到 Altium Vault"命令：可登录到 Altium 的数据保险库。

(5) "Vault 浏览器"命令：用于打开"Value"(值)对话框连接浏览器，显示数据保险库。

(6) "Altium 论坛"命令：单击此命令，直接启动 Windows 浏览器进入"Altium 论坛"网页，显示 Altium 的讨论内容。

(7) "文档"命令：单击此命令，直接启动 Windows 浏览器进入"Altium Designer Documentation"页面。

(8) "自定义"命令：用于自定义用户界面，如移动、删除、修改菜单栏或菜单选项，创建或修改快捷键等。单击此命令，弹出"Customizing PickATask Editor"(定制原理图编辑器)对话框，如图 1-2-20 所示。

图 1-2-20　"Customizing PickATask Editor"(定制原理图编辑器)对话框

(9) "运行进程"命令：提供了以命令行方式启动某个进程的功能，可以启动系统提供的任何进程。单击此命令，弹出"运行过程"对话框，如图 1-2-21 所示；单击其中的"浏览"按钮，弹出"过程浏览器"对话框，如图 1-2-22 所示。

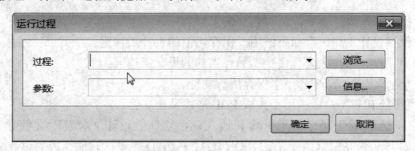

图 1-2-21　"运行过程"对话框

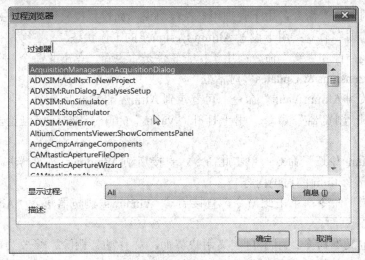

图 1-2-22 "过程浏览器"对话框

(10) "运行脚本"命令：用于运行各种脚本文件，如用 Delphi、VB、Java 等语言编写的脚本文件。

3."文件"菜单

"文件"菜单主要用于文件的新建、打开和保存等操作，如图 1-2-23 所示。该菜单包含如下命令项。

(1) "新的"命令：用于新建一个文件。其子菜单如图 1-2-23 所示。

(2) "打开"命令：用于打开已有的 Altium Designer 17 可以识别的各种文件。

(3) "打开工程"命令：用于打开各种工程文件。

(4) "打开设计工作区"命令：用于打开设计工作区。

(5) "检出"命令：用于从设计存储库中选择模板。

(6) "保存工程"命令：用于保存当前的工程文件。

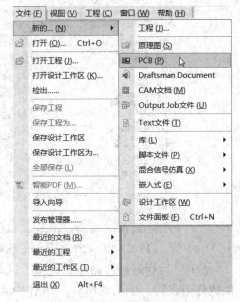

图 1-2-23 "文件"菜单

(7) "保存工程为"命令：另存当前的工程文件。

(8) "保存设计工作区"命令：用于保存当前的设计工作区。

(9) "保存设计工作区为"命令：另存当前的设计工作区。

(10) "全部保存"命令：用于保存所有文件。

(11) "智能 PDF"命令：用于生成 PDF 格式设计文件。

(12) "导入向导"命令：用于将其他 EDA 软件的设计文档及库文件导入 Altium Designer，如 Protel99SE、CADSTAR、OrCAD、P-CAD 等设计软件生成的设计文件。

(13)"发布管理器"命令：用于设置发布文件参数及发布文件。

(14)"最近的文档"命令：用于列出最近打开过的文件。

(15)"最近的工程"命令：用于列出最近打开过的工程文件。

(16)"最近的工作区"命令：用于列出最近打开过的设计工作区。

(17)"退出"命令：用于退出 Altium Designer 17。

4."视图"菜单

"视图"菜单主要用于工具栏、工作区面板、命令行及状态栏的显示和隐藏，如图 1-2-24 所示。

(1)"工具栏"命令：用于控制工具栏的显示和隐藏。其子菜单包含有导航、没有文档工具、自定制等。

(2)"工作区面板"命令：用于控制工作区面板的打开与关闭。其子菜单如图 1-2-24 所示。

"Design Compiler"(设计编译器)命令：用于控制设计编译器相关面板的打开与关闭，包括编译过程中的差异、编译错误信息、编译对象调试器及编译导航等面板。

"Help"(帮助)命令：用于控制帮助面板的打开与关闭。

"System"(系统)命令：用于控制系统工作区面板的打开和隐藏。"System"(系统)命令子菜单如图 1-2-25 所示。

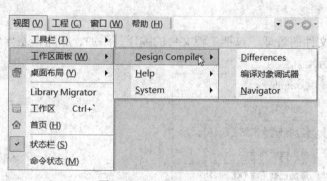

图 1-2-24　"视图"菜单

图 1-2-25　"System"命令子菜单

 敲黑板

在 Altium Designer 系统软件界面中，初学者因经验不足，经常会出现将某面板或按钮关闭后再也找不到的情况，那么如何快速恢复呢？

在"System"命令子菜单中最常用的命令是"库"、"Messages"(信息)、"Files"(文件)、"Projects"(工程)等，如果这几项命令在软件界面中找不到，则说明是被关闭了，此时只需在"System"命令子菜单中单击以上命令就能在软件界面中恢复。

另外，在如图 1-2-18 所示的工作区面板切换按钮中也有一个"System"命令，可以实现以上同样功能的操作。

(3) "桌面布局"命令：用于控制桌面的显示布局。其子菜单如图 1-2-26 所示。

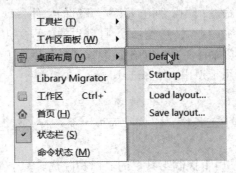

图 1-2-26 "桌面布局"命令子菜单

"Default"(默认)命令：用于设置 Altium Designer 17 为默认桌面布局。

"Startup" (启动)命令：用于当前保存的桌面布局。

"Load layout" (载入布局)命令：用于从布局配置文件中打开一个 Altium Designer 17 已有的桌面布局。

"Save layout" (保存布局)命令：用于保存当前的桌面布局。

(4) "Library Migrator"命令：用于登录到 Altium Vault 服务器。

(5) "工作区"命令：用于工作区窗口。

(6) "首页"命令：用于打开首页窗口，一般与默认的窗口布局相同。

(7) "状态栏"命令：用于控制工作窗口下方状态栏上标签的显示与隐藏。

(8) "命令状态"命令：用于控制命令行的显示与隐藏。

5. "工程"菜单

"工程"菜单主要用于工程文件的管理，包括工程文件的编译、添加、删除、差异显示和版本控制等，如图 1-2-27 所示。

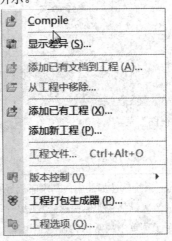

图 1-2-27 "工程"菜单

6. "窗口"和"帮助"菜单

(1) "窗口"菜单：用于对窗口进行纵向排列、横向排列、打开、隐藏及关闭等操作。

(2) "帮助"菜单：用于打开各种帮助信息。

7. 系统工具栏

在系统工具栏中有 3 个图形按钮 "[图形按钮]"，分别用于新建文件、打开已存在的文件、打开工作区控制面板，其功能与菜单命令相同。

 敲黑板

> 在 Altium Designer 系统软件中，大部分的图形按钮都是有对应的菜单命令的。图形按钮的操作效率比菜单命令的操作效率更高，因此有必要记住常用的图形按钮命令的功能。

8. 工作区面板

在 Altium Designer 17 系统中，可以使用系统型面板和编辑器面板。系统型面板在任何时候都可以使用，而编辑器面板只有在相应的文件被打开时才可以使用。

使用工作区面板是为了便于设计过程中的快捷操作。Altium Designer 17 系统被启动后，系统将自动激活 "Files"(文件)面板、"Projects"(工程)面板、"Navigator"(导航)面板，可以单击面板底部标签，在不同的面板之间进行切换，如图 1-2-28 所示。

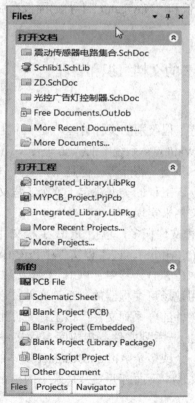

图 1-2-28　工作区面板

(1) "Files"(文件)面板主要用于打开、新建各种文件和工程，分为 "打开文档"、"打开工程"、"新的"、"从已有文件新建文件"、"从模板新建文件" 5 个选项栏，单击每一部分右上角的双箭头按钮 "[按钮]" 即可打开或隐藏里面的各项命令。

工作区面板有自动隐藏显示、浮动显示和锁定(停靠)显示 3 种显示方式。每个面板的右上角都有 3 个按钮，"▼"按钮用于在各种面板之间进行切换操作，"📌"按钮用于改变面板的显示方式，"✕"按钮用于关闭当前面板。

📽 **敲黑板**

面板的显示：

在 Altium Designer 系统中，所有面板都可以随处浮动，使用鼠标单击拖移就可以。

面板在系统界面中可停靠在上、下、左、右 4 个边界面中。通常使用左与右，下方只在输出编译时偶尔会用到。

为了使工作区的面积扩大，可将面板隐藏，需要时再将其弹出，给设计增加便捷性。

还有一种就是浮动显示，这种显示在工作区进行操作时，很少会用到，因为会增加工作区的内容重叠，显示出来的效果对眼睛有干扰性，所以浮动显示的面板通常只会在需要查看时才调取出来，不需要时要么是停靠、隐藏，要么是关闭。

对于面板的使用，建议学习者根据自己的爱好和习惯，灵活地显示和关闭对应的面板。

(2) "Projects"(工程)面板和"Navigator"(导航)面板在后面的原理图设计和 PCB 设计中详细讲解。

1.2.3　Altium Designer 17 的文档组织和管理

1．工程文件概述

Altium Designer 17 支持工程级别的文件管理，在一个工程文件里包括设计中生成的一切文件。一个工程类似于 Windows 系统中的"文件夹"，在工程文件中可以执行对文件的各种操作，如打开、关闭、复制、删除等。但是工程文件只负责管理，在保存文件时，工程中的每个文件要单独保存。工程的类型决定了整个工程文件的设计目的，但它本身的属性需要借助于与之相关的文档来实现。

Altium Designer 中的工程文件很多，包括 PCB 工程文件(*.PrjPcb)、FPGA 工程文件(*.PrjFpg)、嵌入式工程文件(*.PrjEnb)、核工程文件(*.PrjCor)、集成库工程文件(*.LibPkg或*.IntLib)、脚本工程文件(*.PrjScr)。其中：PCB 工程文件用于产生 PCB 的一系列文件；FPGA 工程文件用于使用现场可编程器的一系列文件；嵌入式工程文件用于生成在电子产品处理器中运行的应用软件的一系列文件；该工程文件用于生成一种可以应用 FPGA的功能元器件的 EDIF 表现的一系列文件；集成库工程文件用于产生集成库的一系列文件；脚本工程文件用于存储一个或多个 Altium Designer 脚本的一系列文件。

本书只介绍 PCB 工程文件。下面打开安装目录下的一个案例项目，通过工程师设计好的项目了解文档组织。

2．打开工程文件

第一步：在菜单栏中，单击"文件"→"打开"，如图 1-2-29 所示，找到软件自带的案例文件夹路径。

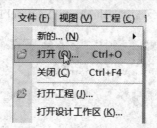

图 1-2-29 打开文件

第二步：如图 1-2-30 所示，双击"Examples"文件夹。

图 1-2-30 打开案例文件夹

第三步：如图 1-2-31 所示，双击"Bluetooth Sentinel"文件夹，这是一个关于"蓝牙项目工程"的设计。

图 1-2-31 蓝牙项目工程文件夹

第四步：如图 1-2-32 所示，双击"Bluetooth_Sentinel.PrjPcb"。

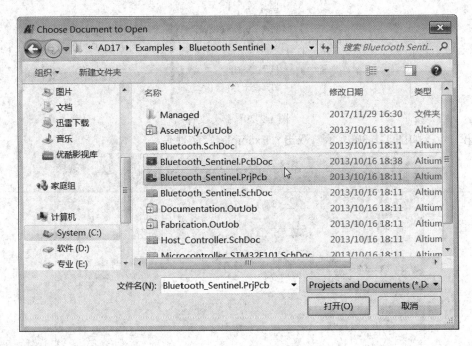

图 1-2-32　打开工程项目文件

第五步：如图 1-2-33 所示，在软件的左边可以看到一个"Projects"(工程)面板。左边的工程面板中包含了很多文件，从文件的后缀可以了解到有".PrjPcb"、".SchDoc"、".PcbDoc"等；右边的工作区可以预览到蓝牙工程项目中的每一份子文件的线路。

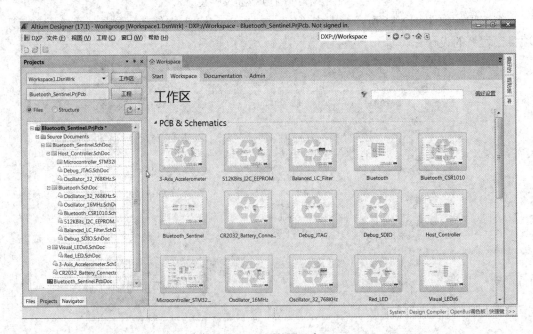

图 1-2-33　工程项目窗口

敲黑板

> 　　在 PCB 设计软件中，包含了很多不同的文件。这些文件均会以不同的后缀来区分，最为常用的有 SchDoc 后缀(表示原理图文件)、PcbDoc 后缀(表示 PCB 线路图文件)、SchLib 后缀(表示原理图符号库文件)、PcbLib 后缀(表示 PCB 封装库文件)、PrjPcb 后缀(表示工程文件)。每种文件的后缀与图标都不一样。
>
> 　　在一个 PCB 设计项目中，通常情况下只会有一个工程文件(PrjPcb)，这个工程文件就好像一个房子，然后房子里可能存在多个原理图文件，也可能只有一个原理图文件，只会存在一个 PCB 线路图文件，库文件可有可无。
>
> 　　如果工程文件中缺失了原理图或 PCB 文件，则均不能构成一个完整的项目。同时，如果打开软件后，在"Projects"(工程)面板中是可以存在多个工程文件的。

　　第六步：在"Projects"(工程)面板中双击"Buletooth_Sentinel.SchDoc"文件后，可打开一个原理图，并显示在编辑窗口中，如图 1-2-34 所示。

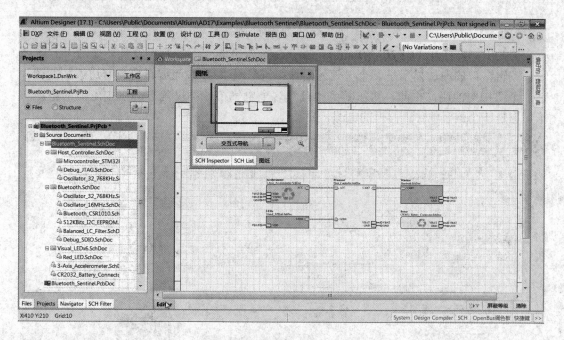

图 1-2-34　原理图文件的打开

　　在工作区编辑窗口中可以看到一个面板"图纸"，这个面板是用来全局观看的，通常情况下直接关闭，因而使用率非常低。在编辑窗口中也可以看到绘制好的原理图，这是一个层次性原理图，只有方框，没有任何电气元器件。

　　第七步：再打开一个文件，如图 1-2-35 所示，双击"Visual_LEDx6.SchDoc"层次图文件下的子原理图文件"3-Axis_Accelerometer.SchDoc"。

　　在编辑窗口的左边能看到一些电容元器件和一个芯片，在编辑窗口右边添加了一些图片，对左边芯片进行了描述等。

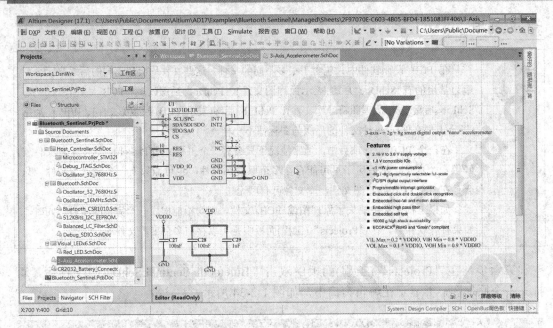

图 1-2-35　子原理图线路

第八步：再打开"CR2032_Battery_Connector.SchDoc"子原理图文件。如图 1-2-36 所示，编辑窗口的左边显示了一个电气元器件，符号是"J1"，而编辑窗口右边添加的图片是一个纽扣电池座，由此，可了解到"J1"这个电气符号不仅是一个纽扣电池的电池座子，也是整个蓝牙项目工程板的电源。

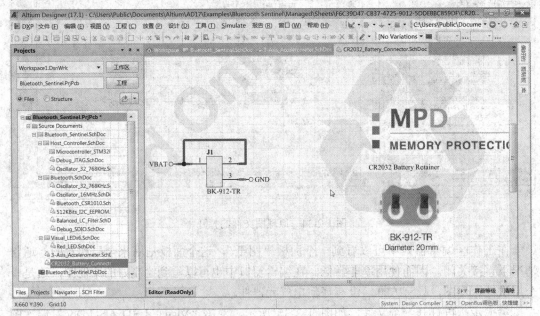

图 1-2-36　电池座原理图

第九步：接下来打开工程中的重点文件——PCB 线路图"BuleTooth_Sentinel.PcbDoc"，如图 1-2-37 所示。

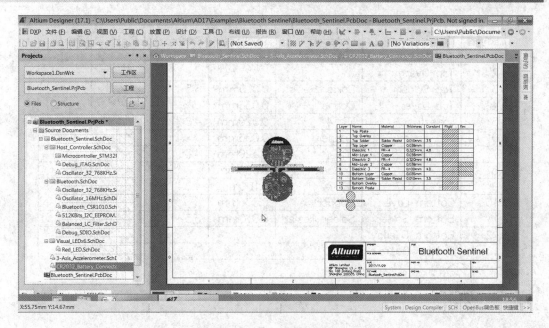

图 1-2-37 PCB 线路图

在窗口中，与原理图相比较，发现最下方的状态栏是不一样的，因为 PCB 窗口中关联到电路板的板层，所以在状态栏中增加了很多不同颜色的选项。另外，在编辑窗口左边能看到红色、蓝色、黄色的两个圆，中间还加有一条框，这个区域就是我们以前介绍到的电路板；在编辑窗口右边是对这个电路板的每一层的详细介绍。把 PCB 线路图放大，再仔细了解一下，如图 1-2-38 和图 1-2-39 所示。

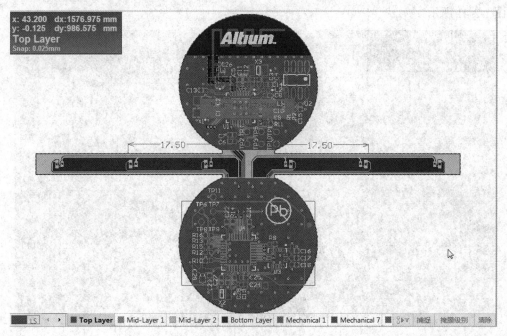

图 1-2-38 PCB 线路区

Layer	Name	Material	Thickness	Constant	Rigid	Flex
1	Top Paste					
2	Top Overlay					
3	Top Solder	Solder Resist	0.010mm	3.5		
4	Top Layer	Copper	0.036mm			
5	Dielectric 1	FR-4	0.320mm	4.8		
6	Mid-Layer 1	Copper	0.036mm			
7	Dielectric 2	FR-4	0.320mm	4.8		
8	Mid-Layer 2	Copper	0.036mm			
9	Dielectric 3	FR-4	0.100mm	4.8		
10	Bottom Layer	Copper	0.036mm			
11	Bottom Solder	Solder Resist	0.010mm	3.5		
12	Bottom Overlay					
13	Bottom Paste					

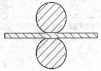

图 1-2-39 线路板板层描述

从图 1-2-39 中可以看到，这个电路板的板层使用了 13 个层次，其中电气层就用了 4 层，标号为 4、6、8、10。也就是说，这个蓝牙项目电路板是一个 4 层电路板。

第十步：接下来再看设计好的蓝牙项目工程的 3D 特效图。用鼠标单击编辑窗口空白处，再在键盘中选择"3"键(一定要是英文键"W"、"E"上方的那个"3"键)，如图 1-2-40 和图 1-2-41 所示。

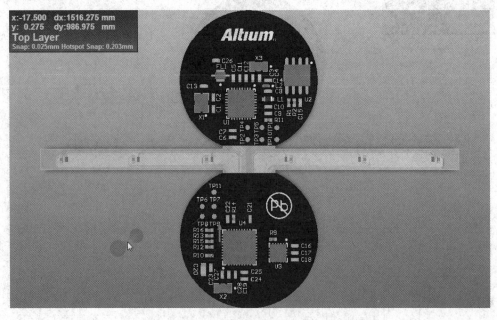

图 1-2-40 蓝牙项目电路板正面 3D 特效图

图 1-2-41 蓝牙项目电路板反面 3D 特效图

窗口中可以看到软件生成的 3D 效果，它与实际生产的电子产品很接近，电路板设计的油墨颜色是黑色，字符丝印颜色是白色。

 敲黑板

在 3D 视角窗口中，如何查看电路板的每个角度？

(1) 使用快捷键，即使用键盘上的"V"、"B"键，对电路板进行翻转查阅。(这一条在 PCB 编辑窗口、封装库编辑窗口、3D 视角窗口中均有效。)

(2) 按下键盘上的"Shift"键不松开，同时按下鼠标右键不松开，再移动鼠标就能移动电路板并翻阅每个视角。

(3) 使用键盘上的"PgUp"、"PgDn"键可将电路板视角放大与缩小，或都按下鼠标右键不松开，再按下鼠标左键不松开，前后推动鼠标，进行放大与缩小查阅。(这一条在任何编辑窗口中都适用。)

(4) 只按下鼠标右键不松开，再移动鼠标时，电路板只会整体随鼠标移动，不会发生大小与翻转的变化。(这一条在任何编辑窗口中都适用。)

(5) 使用鼠标滑轮可进行编辑窗口内容上下移动，按下"Shift"键再使用鼠标滑轮可进行编辑窗口左右移动。(这一条在任何编辑窗口中都适用。)

1.2.4 新建一个 PCB 项目工程

通常做电路板项目都要建立工程，不能只单独建立一个项目文件，即便建立了单独的项目文件，在最后进行 PCB Layout 时，还是要将单独的项目文件放在工程中才能继续往下进行。因此，在设计一个 PCB 项目工程时，最好按以下步骤来操作。

第一步：打开 Altium Designer 软件。

第二步：在菜单栏中选择"文件"→"新的"→"工程"，如图 1-2-42 所示。

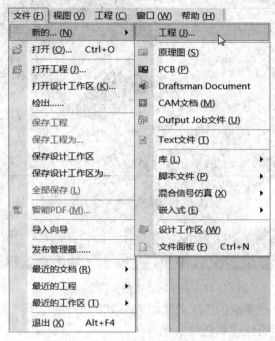

图 1-2-42　新建 PCB 工程

第三步：然后弹出"新工程"对话框，如图 1-2-43 所示。单击"PCB Project"选项，建立一个 PCB 工程，然后在工程模板中单击"<Default>"，再在下方将工程命名为"MYPCB_Project"，给工程建立一个新的路径。这里以在桌面建立做演示，找到"桌面"→"新建文件夹"，命名为"My_PCB"，然后双击"My_PCB"文件夹，再单击"选择文件夹"，最后在工程建立窗口中单击"OK"按钮。

图 1-2-43　PCB 工程建立选项

第四步：新建原理图与 PCB 文件。

方法一，菜单栏法。如图 1-2-44 所示，单击"文件"→"新的"→"原理图"，再单击"文件"→"新的"→"PCB"。这样就建立了一个 Sheet1.SchDoc 的原理图和一个 Pcb1.PcbDoc 的 PCB 文件。

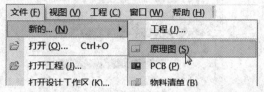

图 1-2-44　新建原理图与 PCB 文件(一)

方法二，工程面板法。如图 1-2-45 所示，在"Projects"面板中单击"MYPCB_Project.PrjPcb"→"添加新的...到工程"，再分别单击"Schematic"、"PCB"。

图 1-2-45　新建原理图与 PCB 文件(二)

方法三，文件面板法。如图 1-2-46 所示，单击"工作区面板"下方的"Files"(文件)面板，再单击"新的"栏下的"PCB File"和"Schematic Sheet"。

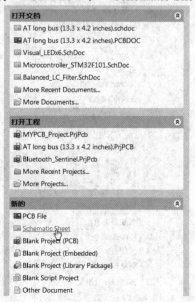

图 1-2-46　新建原理图与 PCB 文件(三)

第五步：新建好的工程与子文件如图 1-2-47 所示。

图 1-2-47　新建好的工程与子文件

第六步：保存工程文件及子文件。

方法一，菜单栏法。如图 1-2-48 所示，单击"文件"→"保存工程为"命令，然后会弹出需要保存的路径，核对路径后依次点击保存为 PCB1.PcbDoc、Sheet1.SchDoc、MYPCB_Project.PrjPcb。

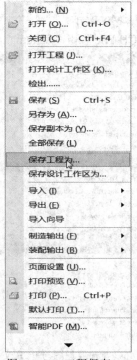

图 1-2-48　工程保存(一)

　　方法二，工程面板法。如图 1-2-49 所示，在"Projects"(工程)面板中，右击"MYPCB_Project.PrjPcb"→"保存工程"，然后会弹出需要保存的路径，核对路径是刚才命令的文件夹下即可，保存会分为 PcbDoc、SchDoc、PrjPcb 三种类型，依次点击"保存"按钮即可。

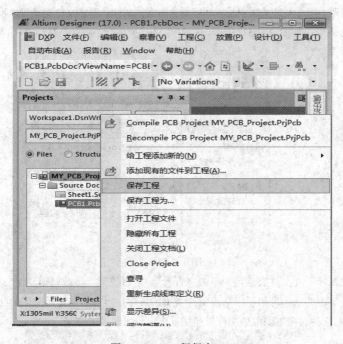

图 1-2-49　工程保存(二)

　　第七步：在桌面打开"My_PCB"文件夹，如图 1-2-50 所示。文件夹中已经存在一个工程文件(MYPCB_Project.PrjPcb)，一个原理图文件(Sheet1.SchDoc)，一个 PCB 文件(PCB1.PcbDoc)，还有一个操作记录历史文件夹(History)，这个文件夹中全是在软件操作中所保存的压缩包文件。另外，"__Previews"文件夹为系统的隐藏文件，即与项目无关的文件。

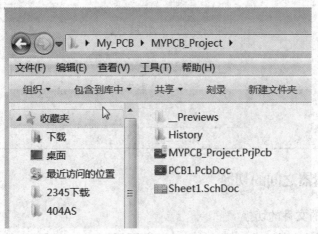

图 1-2-50　新建 PCB 工程项目后的文件

敲黑板

在新建好的工程文件夹中，我的文件为什么没有后缀，也没有看到被隐藏的文件？

这里以 Windows 7 操作系统为例。每台计算机安装好系统后，默认是隐藏了文件后缀的，需要在操作系统选项中设置才能看到后缀。同样，隐藏文件也是可以设置为不显示的。

第一步：如图 1-2-51 所示，打开"My_PCB"文件夹，在菜单栏中单击"工具"→"文件夹选项"。

图 1-2-51　文件夹选项

第二步：在文件夹选项中单击"查看"，然后找到"隐藏已知文件类型的扩展名"，取消此复选框勾选，即可显示所有文件类型的后缀；再单击"显示隐藏的文件、文件夹和驱动器"，文件夹内被隐藏的文件就能显示出来，如图 1-2-52 所示。

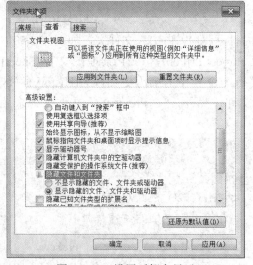

图 1-2-52　设置后缀名显示

1.2.5　不同编辑器之间的切换

1. 没有打开的文件的切换

对于没有打开的文件，在"Projects"(工程)面板中双击不同的文件，这样打开不同的文件即可在不同的编辑器之间进行切换。

2. 已经打开的文件的切换

对于已经打开的文件，单击"Projects"(工程)面板中不同的文件或单击工作窗口最上面的文件标签，即可在不同的编辑器之间切换，如图 1-2-53 所示。

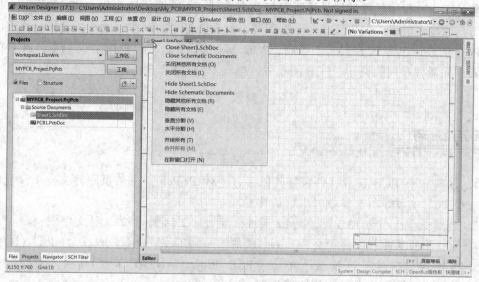

图 1-2-53　工作窗口界面

若要关闭某一文件，在"Projects"(工程)面板中或在工作窗口上右键单击该文件，在弹出的菜单中选择"Close Sheet1.SchDoc"菜单项即可，如图 1-2-53 所示。

敲黑板

在 Altium Designer 17 系统的"Projects"(工程)面板中提供了两种文件，即项目文件和自由文件。设计生成的文件可以放在项目文件中，也可以移出放入自由文件中。在文件保存时，文件将以单个文件的形式存入，而不是以项目文件的形式整体存盘，被称为存盘文件。

项目文件后缀名为".PrjPcb"，可以包含整个设计相关的所有文件，只要打开项目文件，就会关联打开它下面的所有文件。

自由文件是一种游离于文件之外的文件，只会存放在工程面板下唯一的"Free Documents"文件夹中，如图 1-2-54 所示。自由文件的来源有以下两个：

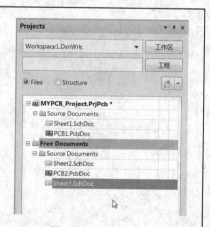

图 1-2-54　自由文件

(1) 当将某文件从项目文件夹中删除时，此文件并没有从"Projects"面板上消失，而是出现在"Free Documents"中，成为自由文件。

(2) 打开 Altium Designer 的存盘文件(非项目文件)时，此文件将出现在"Free Documents"中而成为自由文件。

自由文件无法建立网络表。制作一个 PCB 线路板，必须是一个项目文件下包含了原理图与 PCB 文件后才能建立网络表进行交互式关联。

1.2.6　使用 Altium Designer 进行电子线路设计的流程

整体而言，电子线路的设计流程包括两个步骤：原理图的设计和 PCB 的设计。如果再细分，原理图的设计包含原理图库的管理、原理图符号的制作、原理图设计、原理图编译；PCB 的设计包含 PCB 封装的绘制、PCB 板框的设计、从原理图生成 PCB、PCB 的规则设置、元器件布局的设计、PCB 的布线、电气安全检测、输出可生产文件等。

课后练习

1. 新建一个 PCB 工程文件，将其保存为 "My.PrjPcb"，并在其下建立一个原理图文件和一个 PCB 文件，所有参数采用默认设置。

2. 创建纸型大小为 13.3 英寸 × 4.8 英寸(1 英寸 = 2.54 厘米)的工程文件。

(提示：选择菜单栏中的 "文件" → "新的" → "工程" 命令，或在 "Files" (文件)面板 "从模板创建文件" 选项组下单击 "PCB Project" (PCB 工程)选项，弹出 "New Project" (新建工程)对话框，选择工程选项。)

光控广告灯原理图的设计

//////////////////////////////

内容提要

本项目结合光控广告灯原理图设计，讲述了基于项目的元器件库的创建及元器件的管理方法。针对工程项目的需求，建立基于该项目的元器件库，采用不同的方法自行制作特定的元器件并合理管理元器件。通过光控广告灯原理图的绘制让读者熟悉原理图绘制的流程。原理图绘制的步骤包括创建原理图文件、图纸及环境设置、装载元器件库、放置元器件、修改元器件属性、连接线路、编译原理图、打印输出电路原理图。

能力目标

(1) 能根据项目需要自制元器件符号并合理管理。
(2) 能够建立原理图文件并绘制原理图。
(3) 能够根据需要输出原理图文件。

知识目标

(1) 掌握不同元器件的创建。
(2) 掌握原理图创建的不同方法，并根据需要设置环境。
(3) 掌握原理图绘制的步骤和方法。

光控广告灯(发光字)的控制板通过 12 V 直流电供电，它能够识别白天与黑夜，只需在光线较暗的情形下才让广告灯(发光字)工作，可以通过一个继电器元件来使它启停；控制板上设计两个按键，能进行模式切换，控制流水速度；控制板上控制输出 6 个通道，每个通道的功率大于 60 W，每个通道有功率指示灯。

按照上述光控广告灯的原理要求，起初工程师设计出了广告灯的草图，光控广告灯分为四个部分，图 2-0-1(a)所示是降压稳压电路，图 2-0-1(b)所示是光控检测电路，图 2-0-1(c)所示是单片机主控电路，图 2-0-1(d)所示是功率输出带指示灯电路。

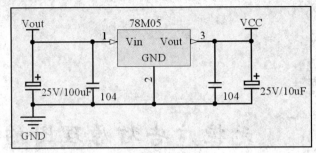

(a) 降压稳压电路

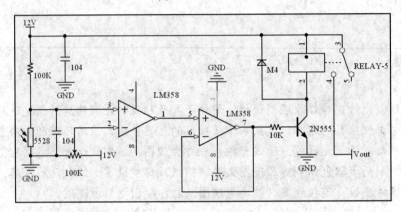

(b) 光控检测电路

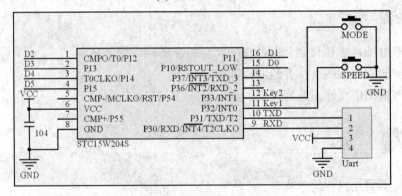

(c) 单片机主控电路

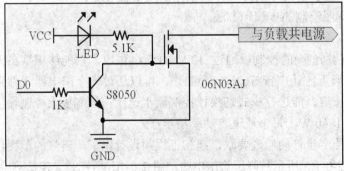

(d) 功率输出带指示灯电路

图 2-0-1　光控广告灯的电路

现在要通过 Altium Designer 软件将设计好的草图画成专业的光控广告灯原理图，为后面制作光控广告等控制板做准备。设计好的光控广告灯(发光字)的控制板原理图如图 2-0-2 所示。

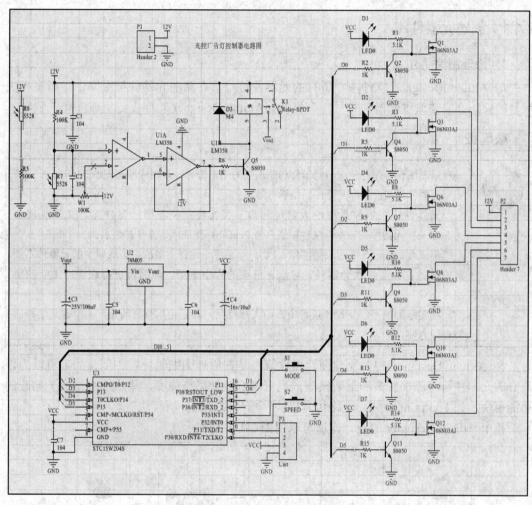

图 2-0-2　光控广告灯原理图

任务一　原理图元器件符号的设计

原理图元器件符号是构成原理图的基本单元。要设计出以上电路图，需要先有这些电路图中的每一个元器件符号。在 Altium Designer 软件系统中，默认附带了两个集成库，Miscellaneous Devices.IntLib 和 Miscellaneous Connectors.IntLib，在这两个库中集成了绝大部分的厂商的元器件库，每个元器件库中有许多同类型的元器件。前者包含了常用的简单元器件，如电阻、电容、变压器、电感、二极管、三极管、MOS 管等；后者包含了一些常用的接口器件，同轴光缆连接器、串行端口连接器、各种排线端子连接器、耳机端子、S 端子等，用于电路板与外部设备互联。初学者可以从各个库中查找出需要的元器件。虽然这两个集成库包含了 377 个符合 ISO 规范的元器件，但是很不幸的是，继电器元器件、LM358 元器件、STC15W204S 元器件等，都没有包含在内，因此在设计这个原理图之前，必须先设计需要的元器件符号才能绘制对应的光控广告灯原理图。

2.1.1 创建元器件库

1. 原理图库简介

在 Altium Designer 软件中，所有的元器件符号都存储在元器件符号库中，所有相关符号的操作都需要通过元器件符号库来执行。Altium Designer 软件支持集成库和单独库。

 敲黑板

> 原理图元器件符号：与元器件功能相关的图形符号，是构成原理图的基本单元。
>
> 元器件封装：实际元器件的投影符号。
>
> 元器件库在软件系统中大致可分为三类文件：原理图元器件库，文件扩展名为.SchLib；元器件封装库，文件扩展名为.PcbLib；集成库，文件扩展名为.IntLib。
>
> 集成库是通过分离的原理图库、PCB 封装库等编译生成的。集成库中的元器件不能够被修改，如要修改元器件，可以在分离的库中编辑，然后再进行编译产生新的集成库。
>
> 在实际的电子线路设计项目中，绝大部分用户都是使用分离的库，主要是为了修改及使用方便。

在 Altium Designer 中，原理图元器件符号是在原理图编辑环境中创建的，可以为设计好的元器件符号添加封装和封装模型；也可以直接使用集成库，集成库中集成了相应的功能模块，如 Footprint 封装、电路仿真模块、信号完整性分析模块等。

整个 Altium Designer 的设计构造可以用图 2-1-1 来表示。

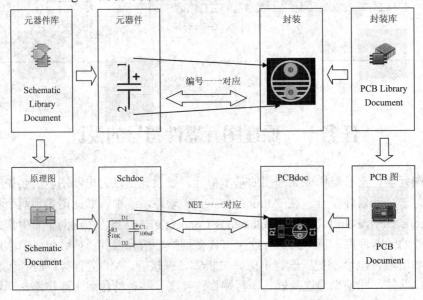

图 2-1-1　整个 Altium Designer 的设计构造

其中元器件的引脚编号与元器件封装的焊盘编号一一对应，原理图中的网络编号与PCB中的连线一一对应。

2．创建集成元器件符号库

用户可以使用原理图库编辑器创建和修改原理图元器件、管理元器件库。该编辑器的功能与原理图编辑器相似(任务二中细讲)，共用相同的图形化设计对象，唯一不同的是增加了引脚编辑工具。在原理图编辑器里，元器件由图形化设计对象构成。用户可以将元器件从一个原理图库中复制、粘贴到另一个原理图库，或者从原理图编辑器复制、粘贴到原理图库编辑器。在设计光控广告灯电路图之前，需要先将 Altium Designer 库中没有的元器件(如 STC15W204S)创建好，此时需要创建一个新的原理图库来保存设计内容。这个新创建的原理图库可以是独立的库，与之关联的模型文件也是独立的。另一种方法是创建一个集成库文件，集成库可将原理图元器件库和其对应的模型库文件如 PCB 元器件封装库、SPICE 和信号完整性模型等集成在一起。通过集成库文件，可极大地方便用户设计过程中的各种操作。

新建一个集成库文件步骤如下：

第一步：执行"文件"→"新的"→"工程"命令，弹出新建工程的对话框，该对话框中显示了工程文件的类型，如图 2-1-2 所示。默认选择 "Integrated_Library.LibPkg"(库文件包)"选项及"Default"(默认)选项，在"名称"文本框中输入文件名称或用默认文件名，在"路径"文本框中选择文件路径，完成后，单击"OK"按钮，关闭该对话框。

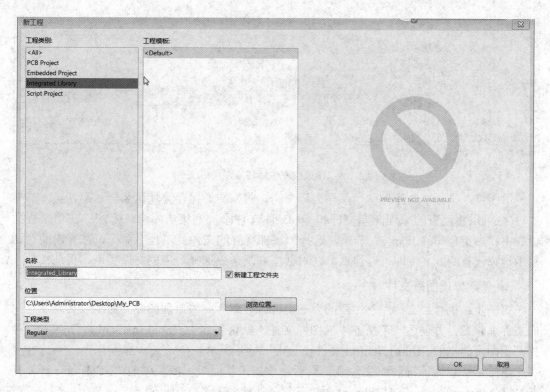

图 2-1-2　集成库创建对话框

第二步：在 Projects 面板上右键单击库文件包名，在弹出的快捷菜单上单击"保存工程为"命令，在弹出的对话框中浏览选定适当的路径(这里还是默认桌面 My_PCB 文件夹下的 MYPCB_Project 文件夹中)，也可以换名保存集成库。

第三步：添加空白原理图库文件。执行"文件"→"新的"→"库"→"原理图库"命令(或者在"工程面"板中，右键单击".libpkg"选项，选择"给工程添加新的→Schlib1.SchLib"命令)，Projects 面板将显示新建的原理图库文件，默认名为"Schlib1.SchLib"，如图 2-1-3 所示。

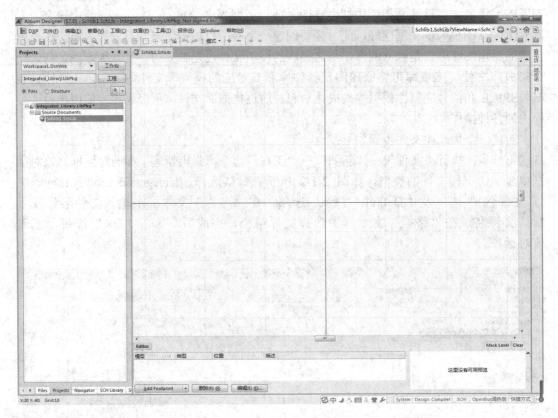

图 2-1-3　在集成库中新建原理图库文件

第四步：执行"文件"→"保存为"命令，将库文件保存为默认名。

(也可以将已有的原理图库文件和 PCB 库文件添加到集成库中。方法：在"工程面板"中，右键单击".libpkg"选项，选择"添加现有的文件到工程"命令，在弹出的对话框中选择已有的库文件即可。注意，在对话框右下角先选择对应的文件类型，再选文件。)

3．新建原理图库文件

第一步：执行"文件"→"新的"→"library 库"→"原理图库"命令，启动原理图库文件编辑器，并创建一个新的原理图库文件，默认名称为"SchLib1.SchLib"(或者直接打开上面所建立的 Schlib1.SchLib 文件)，如图 2-1-4 所示。

第二步：进入原理图库文件编辑器后，单击工作面板标签栏中的"SCH Library"打开 SCH Library 面板。SCH Library 面板各部分功能如图 2-1-5 所示。

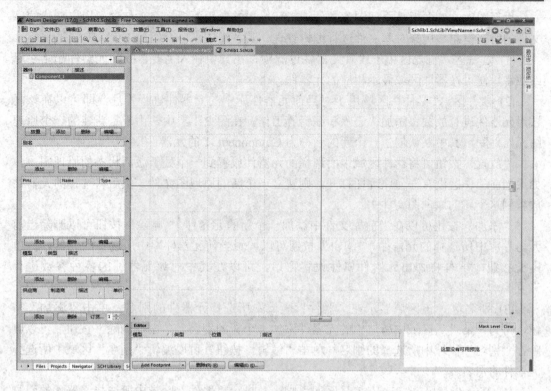

图 2-1-4 新创建原理图库文件

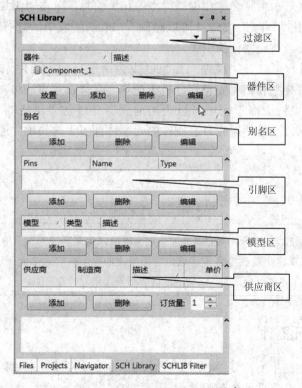

图 2-1-5 元器件库管理面板

原理图库文件面板是原理图库文件编辑环境中的专用面板，几乎包含了用户创建的库文件的所有信息，用来对库文件进行编辑管理。其各组成部分介绍如下：

(1) 过滤区。过滤区用于设置元器件过滤项，在其中输入需要查找的元器件起始字母或数字，便可在器件区域显示相应的元器件。

(2) 器件区。"器件"区域用于对当前元器件库中的元器件进行管理，即可以在该区域对元器件进行放置、添加、删除和编辑等工作。在图 2-1-4 中，由于是新建的一个原理图元器件库，其中默认创建一个新的名称为 Component_1 的元器件。

"放置"按钮可将器件区域中所选择的元器件放置到一个处于激活状态的原理图中。如果当前工作区没有任何原理图打开，则建立一个新的原理图文件，然后将选择的元器件放置到这个新的原理图文件中。

"添加"按钮可以在当前库文件中添加一个新的元器件。"删除"按钮可以删除当前元器件库中所选择的元器件。"编辑"按钮可以编辑当前元器件库中所选择的元器件；单击此按钮，屏幕将弹出元器件属性设置窗口，可以在其中对该元器件的各种参数进行设置。

(3) 别名区。该区域显示在"器件"区域中所选择元器件的别名。单击"添加"按钮，可为"器件"区域中所选中的元器件添加一个新的别名。单击"删除"按钮，可以删除在"别名"区域中所选择的别名。单击"编辑"按钮，可以编辑"别名"区域中所选择元器件的别名。

(4) Pins 信息区。"Pins"信息区即引脚区，显示"器件"区域中所选择元器件的引脚信息，包括引脚的序号、引脚名称和引脚类型等相关信息。单击"添加"按钮，可以为元器件添加引脚。单击"删除"按钮，可以删除在 Pins 区域中所选择的引脚。单击"编辑"按钮，可以修改当前元器件的引脚。

(5) 模型区。用户可以在"模型"信息区中为所选择的元器件添加 PCB 封装(PCB Footprint)模型、仿真模型和信号完整性分析模型等，具体设置方法将在后文介绍。

(6) 供应商区。"供应商"区域可以为当前元器件添加"供应商"、"制造商"、"描述"、"单价"等信息，一般使用者自己制作的元器件都省去这几项，通常在专业设计中才添加这几项内容。

📋 敲黑板

如图 2-1-5 所示，在元器件库管理面板上，每个区域的右上角都有一个向上的小箭头，可以单击小箭头隐藏该区域。当面板上的显示内容过多而无法查看到全局的信息时，可以单击这个小箭头，将对应的内容折叠起来，节省空间。

2.1.2 绘制普通元器件

光控广告灯电路图中所需要的各种元器件的创建如下所示。通过以下几种元器件的创建，读者可掌握其他元器件的创建方法。

1. 绘制 STC15W204S 元器件符号

用户可在一个已打开的库中执行"工具"→"新器件"命令，新建一个原理图元器件，或者直接将系统中默认的元器件 Component_1 重命名，就可以开始进行第一个元器件设计了。

下面绘制如图 2-1-6 所示的 STC15W204S 单片机元器件。

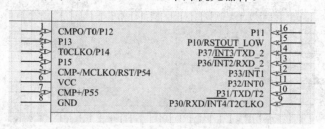

图 2-1-6　STC15W204S 单片机元器件

第一步：重命名元器件。在 SCH Library 面板上的"器件"区域列表中选中 Component_1 选项，执行"工具"→"重新命名器件"命令。在弹出如图 2-1-7 所示的重命名的对话框中，输入"STC15W204S"，如图 2-1-8 所示。单击"确定"按钮，则进入到元器件的编辑区，该区域是一个中心有一个巨大十字准线的空元器件图纸，在此可以绘制元器件轮廓、放置引脚等操作。

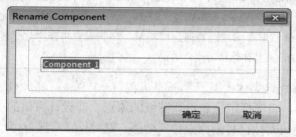

图 2-1-7　重命名的对话框

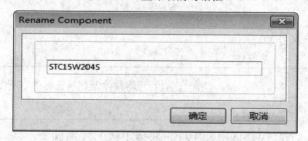

图 2-1-8　命名 STC15W204S 元器件

第二步：设置文档参数。执行"工具"→"文档选项"命令(按快捷键 O→D)，弹出 Schematic Library Options 对话框，如图 2-1-9 所示。尺寸：大小项是编辑区的图纸尺寸大小，默认 E 号纸张；显示隐藏引脚：显示或者隐藏引脚，打上对钩则隐藏引脚，去掉对钩则显示引脚；捕捉栅格(Snap Grid)：是指用户在放置或移动对象(如元器件等)时，光标移动的间距；可见的栅格(Visible Grid)：是指在区域内以线或者点的形式显示(编辑区方便绘制设计用的参考栅格)，通常情况下均使用默认值。

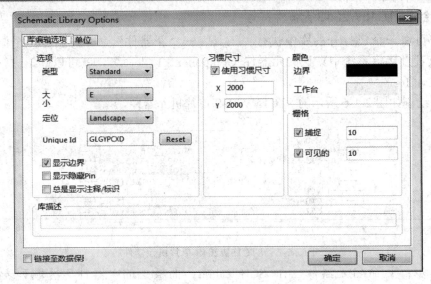

图 2-1-9 图纸属性设置对话框

📋 **敲黑板**

捕捉栅格的调整，除了以上的操作方法外，还有一个更便捷的操作方法：激活编辑区，按 G 键可使用捕捉栅格在 1、5、10 三种单位设置中快速轮流切换，切换时可从左下角的状态栏中看到当前是捕捉栅格数。这些设置可在"优选项"对话框 Schematic Grids 页面指定(具体方法后文介绍)。

第三步：定位原点。执行"编辑"→"跳转"→"原点"命令，(按快捷键 J→O 或 Ctrl+HOME 组合键)，将鼠标定位到设计图纸的原点，即设计窗口的中心位置。检查窗口左下角的状态栏，确认光标已移到原点位置(坐标 X、Y 显示都为 0)。用户应该在原点处开始创建新的元器件，因为在以后放置该元器件时，系统会根据原点附近的电气热点定位该器件。

📋 **敲黑板**

通常以原点为基坐标，所创建的新元器件绘制在基坐标的右下方，即十字准线的第四象限。

第四步：创建 STC15W204S 单片机元器件主体。在第四象限放置矩形框，执行"放置"→"矩形"命令或单击工具栏 ▢ 图标(该图标可在如图 2-1-10 所示的绘图工具栏处找到)，此时鼠标箭头变为十字光标，并带有一个矩形。在图纸中移动十字光标到坐标原点(0，0)，单击确定矩形的一个顶点，然后继续移动十字光标到另一位置(如(200，−90))，单击，确定矩形的另一个顶点，这时矩形放置完毕。十字光标仍然带有矩形，可以继续绘制其他矩形。右键单击则可退出绘制矩形的命令状态。

图 2-1-10 绘图工具栏

在图纸中双击矩形，弹出如图 2-1-11 所示对话框，供用户设置矩形的属性，设置完成之后，单击"OK"按钮，返回工作窗口。

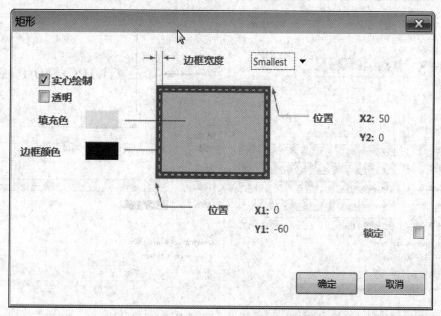

图 2-1-11　设置矩形属性对话框

在图纸中单击矩形，于是可在矩形周围显示出它的节点。拖动这些节点，即可调整矩形的高度、宽度，或者拖动右下角同时调整高度和宽度；也可在矩形属性对话框中直接输入高与宽的坐标值。

 敲黑板

> 　　在 Altium Designer 软件中，几乎所有吸附在鼠标上的部件都可以按 Tab 键，打开吸附在鼠标上的部件属性，进行对应属性设置。即在画矩形时，单击矩形图标命令后，鼠标上吸附的部件是矩形，此时按下 Tab 键，同样可以打开矩形属性对话框。

第五步：放置元器件引脚。元器件引脚代表了元器件的电气特性，为元器件添加引脚的步骤如下。

(1) 单击"放置"→"管脚"命令(按快捷键 P→P)，或单击工具栏"¹⁰¹"图标，光标处浮现引脚。

(2) 按 Tab 键打开"管脚属性"对话框，如图 2-1-12 所示。如果用户在放置引脚之前设置好各项参数，则放置引脚时，这些参数成为默认参数；连续放置引脚时，引脚的编号和引脚名称中的数字会自动增加。

(3) 在"管脚属性"对话框中的"显示名字"文本框输入引脚的名字"CMPO/T0/P12"，在"位号"文本框中输入唯一(不重复)的引脚编号"1"。此外，如果想让放置的元器件引脚名和标识符可见，则需选中这两项后的"可见的"(Visible)复选框。

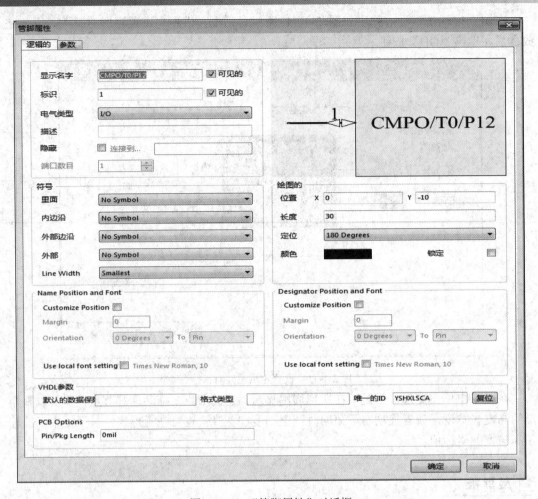

图 2-1-12 "管脚属性"对话框

(4) 在"电气类型"下拉列表中设置引脚的电气类型。该参数可用于在原理图设计中编译项目或分析原理图文档时检查电气连接是否错误。STC15W204S 除了 VCC 和 GND 引脚的电气类型设置成 Power 外,其他引脚均可设置成 I/O 类型。

 敲黑板

电气类型——设置引脚的电气性质,包括 8 项。

(1) Input:输入引脚。

(2) I/O:双向引脚。

(3) Output:输出引脚。

(4) Open Collector:集电极开路引脚。

(5) Passive:无源引脚(如电阻、电容引脚)。

(6) HiZ:高阻引脚。

(7) Open Emitter:射极输出。

(8) Power:电源(VCC 或 GND)。

(5) 在符号区域设置引脚符号，包括以下 5 项：

里面(Inside)：元器件轮廓的内部。

内边沿(Inside Edge)：元器件轮廓边沿两侧。

外沿(Outside Edge)：元器件轮廓边沿的外侧。

外部(Outside)：元器件轮廓的外部。

线宽(Line Width)：调整连接线的粗与细。

每一项的设置根据需要选定。

(6) 在绘图的区域设置引脚图形(形状)，包括以下 4 项：

位置(Location X、Y)：引脚的位置坐标 X、Y。

长度(Length)：引脚的长度。

方向(Orientation)：引脚的方向。

颜色(Color)：引脚的颜色。

(7) 当引脚"悬浮"在光标上时，用户可按空格键以 90 度间隔增加来逆时针旋转引脚。

在图纸中移动十字光标，在适当的位置单击，就可放置元器件的第一个引脚。此时，鼠标箭头仍保持为十字光标，可以在适当位置放置其他引脚。

🎬 敲黑板

引脚只有其末端具有电气特性，也称热点(Hot End)，图形符号为 ▦，在绘制原理图时，必须通过热点与其他元器件的引脚连接。不具有电气特性的另一末端是该引脚的名称字符。

Altium Designer 软件默认在鼠标上的光标为小 90 度，可通过"工具"→"设置原理图参数"或"按快捷键 T→P"→"Schematic"→"Graphical Editing"→"光标"→"指针类型"来修改光标大小。指针的类型有四种，如图 2-1-13 所示。在电子线路设计中，大 90 度光标是最为常用的，方便做全局设计。选择"Large Cursor 90"，再单击"确定"，则光标变成大 90 度。

图 2-1-13　光标指针类型选择

(8) 添加元器件剩余引脚，确保引脚名称、编号、符号和电气属性是正确的。在放置引脚时，会发现引脚上的一些名称很长，可能会超出矩形的大小，可以在放置完引脚后再调整矩形的大小。

敲黑板

> 放置完所有引脚后，如果矩形与引脚的放置坐标有偏离，可使用鼠标左键单击拖拉，框选需要移动的所有引脚，被框选的所有引脚将出现节点，此时按住鼠标左键不放继续拖动，整体将所选引脚移动到所需要的位置；然后再单击矩形，出现节点后，调整矩形的高与宽。
>
> 如果在移动时，多选了不需要移动的部分，可以按下 Shift 按键，单击多选的部分，去掉多选部分即可。
>
> 对于初学者，很多时候还不能灵活掌握鼠标，经常在绘制时，鼠标移动的速度太快，导致光标在编辑区的最边上，无法找到原点或所绘制的部件，此时可以按下快捷键 V→F，可快速让屏幕显示编辑区中所绘制的部件。
>
> 在绘制编辑工作过程中，可以合理使用 Ctrl + 鼠标滑轮或 PgUp、PgDn 键，进行编辑区的放大与缩小。

(9) 完成绘制后，单击"文件"→"保存"命令(按快捷键 F→S 或 Ctrl + S 组合键)，保存绘制好的元器件。

 敲黑板

> 添加引脚时注意事项如下：
>
> ① 放置引脚后，若想改变或设置其属性，可双击该引脚或在 SCH Library 面板的 Pins 列表中双击引脚，打开"管脚属性"对话框来修改引脚属性。
>
> ② 在字母后使用\(反斜线符号)表示引脚名中该字母带有上划线，如 I\N\I\T\2\将显示为 $\overline{\text{I N I T 2}}$。
>
> ③ 若希望隐藏电源和接地引脚，可选中"隐藏"复选框。当这些引脚被隐藏时，需要设置"连接到"文本框，VCC 引脚填写为 VCC，GND 引脚填写为 GND，系统会将它们自动连接到设置好的网络上。
>
> ④ 选择"察看"→"显示隐藏管脚"命令，可查看隐藏的引脚；不选择该命令，则隐藏引脚的名称和编号。
>
> ⑤ 用户可在"元器件管脚编辑器"对话框中直接编辑若干引脚属性，而无需通过"管脚属性"对话框逐个编辑引脚属性。在 SCH Library 面板的"器件"区域双击 STC15W204S 或选择该器件，单击右下方编辑按钮，可打开 Library Component Properties 对话框，如图 2-1-16 所示。在该对话框左下角单击"Edit Pins"按钮，便能弹出"元器件管脚编辑器"对话框。

2. 设置元器件属性

每个元器件的参数都跟默认的标识符、PCB 封装、模型以及其他所定义的元器件参数相关联。下面是设置 STC15W204S 元器件属性的步骤：

第一步：在 SCH Library 面板的"器件"列表中选择元器件，单击"编辑"按钮，或双击元器件名，打开 Library Component Properties 对话框，如图 2-1-14 所示。

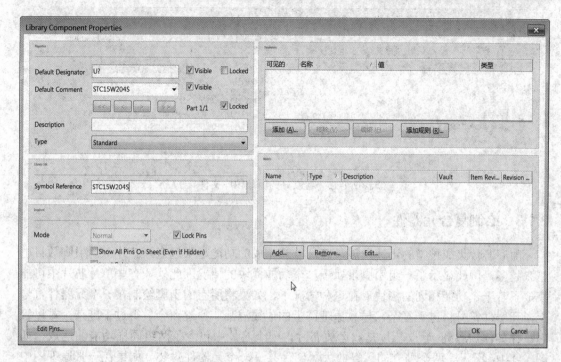

图 2-1-14　元器件参数设置对话框

第二步：将 Default Designator 文本框中设置为 U?，以方便在原理图设计中放置元器件时，自动放置元器件的标识符。如果放置元器件之前已经定义好了标识符(按 Tab 键进行编辑)，则标识符中的"?"将使标识符数字在连续放置元器件时自动递增，如 U1，U2……。要显示标识符，需选中 Default Comment 后的 Visible 复选框。

第三步：在 Default Comment 文本框中为元器件输入注释内容。如 STC15W204S，该注释会在元器件放置到原理图设计图纸上时显示，此处需要选中 Default Comment 后的 Visible 复选框。如果 Default Comment 文本框是空白的，放置时系统使用默认的 Library Reference。

第四步：在 Description 文本框中输入描述字符串。如单片机可输入"STC 单片机"，该字符串会在库搜索时显示在 Library 面板上。

第五步：根据需要设置其他参数。

3．为原理图元器件添加模型

可以为一个原理图元器件添加任意数目的 PCB 封装模型、仿真模型和信号完整性分析模型。如果一个元器件包含多个模型，如多个 PCB 封装，设计者可在放置元器件到原理图时通过元器件属性对话框选择合适的模型。

模型的来源可以是用户自己建立的模型，也可以是 Altium 库中现有的模型，或从芯片提供商网站下载相应的模型文件。具体操作见 3.1.8 节的内容。

至此，建立好的第一个原理图库文件"Schlib1.SchLib"，可以在路径 C:\Users\Administrator\Desktop\My_PCB\Integrated_Library 中找到，如图 2-1-15 所示。

图 2-1-15　建立好的原理图库文件

2.1.3　绘制复合元器件

随着芯片集成技术的迅速发展，芯片能够完成的功能越来越多，芯片上的引脚数目也越来越多，因此显示了一组引脚隶属于一个功能模块的情况。此外，有些单片芯片中可能集成了若干个功能相同的模块。在这种情况下，如果将所有的引脚绘制在一个元器件符号上，元器件符号将过于复杂，导致原理图上的连线混乱，原理图会显得过于庞杂，难以管理。比如，LM358 运放芯片是双运放芯片，一个芯片中包含了两组同样功能的运放，如图 2-1-16 所示。两个独立的运算放大器部件共享一个元器件封装。如果在一张原理图中用了两个运算放大器部件，在设计 PCB 板时只用一个元器件封装就可以了，这样可以简化电路。

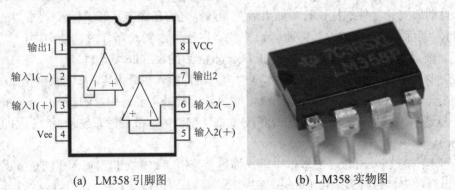

(a)　LM358 引脚图　　　　　　　　　　(b)　LM358 实物图

图 2-1-16　运算放大器 LM358 引脚图及实物图

根据 LM358 芯片的数据手册可知，该芯片共 8 个引脚，单片集成了 2 个运算放大器部件。该元器件可以分成两个部分绘制：

部分 1：包含引脚 1、2、3，即一个运算放大器。

部分 2：包含引脚 5、6、7，即一个运算放大器。

引脚 8：名称 VCC。

引脚 4：名称 Vee。

根据以上分析来绘制光控广告灯电路中的 LM358 复合元器件。绘制 LM358 复合元器件的步骤如下：

第一步：在 Schematic Library 编辑器中执行"工具"→"新器件"命令(按快捷键

T→C)，弹出 New Component Name 对话框；或在 SCH Library 面板单击器件列表处的"添加"按钮，也能弹出 New Component Name 对话框。

第二步：在 New Component Name 对话框内输入新器件名称"LM358"，单击"确定"按钮，在 SCH Library 面板的器件列表中将显示新器件名称，同时显示一张中心位置有一个巨大十字准线的空元器件图纸以供编辑。

第三步：建立元器件轮廓。元器件体由若干线段或曲线、圆角组成，执行"编辑"→"跳转"→"原点"命令(按 Ctrl + Home 组合键)跳转到原点的位置，同时要确保栅格清晰可见(按快捷键 PgUp 或按下 Ctrl + 鼠标滑轮进行放大)。

(1) 执行"放置"→"线"命令(按快捷键 P→L)或单击工具栏 ✏ 按钮，光标变成十字准线，进入折线放置模式。

(2) 按 Tab 键设置线段属性，如图 2-1-17 所示。在多线段图形对话框中，可以对线段进行各种设置。比如：起始线形、终止线形提供了 7 种样式的，这种样式根据用户设计需要而选择，这里就按默认的 None 样式即可；线形尺寸提供了 4 种，在非 None 样式下才有效；线宽默认选择 Small；线条样式选择 Solid，颜色选用蓝色。

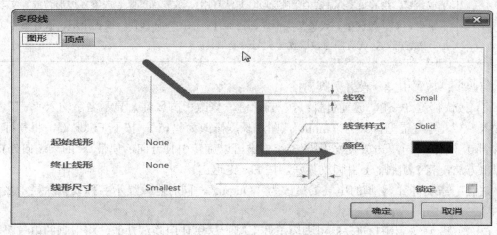

图 2-1-17　多线段的属性设置

多线段顶点对话框用来设置线段的坐标，方便用户能绘制出更加有效快捷的图形，但需要周密地计算尺寸。

(3) 参考状态显示栏左侧的 X、Y 坐标值，在坐标(0，0)时按 Enter 键选定线段起始点，之后用鼠标单击坐标(0，−50)，确定第二点。在确定第三点坐标(50，−25)时，需要任意角度的线段，且光标移动栅格是 5，无法达到需要移动的坐标上。此时，可以使用"Shift+空格键"组合键，将直角线段切换到任意角度线段。该组合键在描绘导线、线条时均能使用，提供了直角、45 度角、任意角等方式；然后按快捷键 G，观察状态栏左下角的格栅坐标显示为 5 时即可，或使用快捷键 O→D，将捕捉栅格设置为 5，确定第三点坐标后要单击鼠标；再将鼠标移动回坐标(0，0)位置上单击，最后鼠标右击(按或 Esc 键)退出绘制线段状态。绘制好的效果如图 2-1-18 所示。

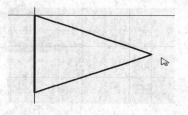

图 2-1-18　放置多线段

📝 **敲黑板**

在 Altium 软件中，绘制的部件都只是一个符号而已，不存在物理意义。所以在绘制一些不存在物理意义的符号时，还可以利用更有效快捷的工具。比如，单击工具栏 ▦ ▾ 按钮，选用适合设计需要的图形，一样可以达到设计要求。

在这个工具栏中提供了很多 IEEE 符号工具，如图 2-1-19 所示。该符号工具包含了一些不容易用线条绘制出的图形，但这些符号是以整体的部件存在，并不是由单一线条组成。在查看这些符号的属性时，可以修改整体的尺寸、颜色、坐标、符号类型、线宽等。

图 2-1-19 IEEE 符号工具

在实际应用中，还有很多其他类型的元器件，需要绘制曲线、圆角、文字、图片等信息，可以使用工具栏 ✎ ▾ 按钮。这个工具中也提供了大量快捷的图形电气符号，包含了放置线、绘制贝赛尔曲线(绘制波形时非常有用)、放置椭圆弧、放置多边形、放置文本字符串、放置超链接、放置文本框、创建器件、添加器件部件、放置矩形、放置圆角矩形、放置椭圆、放置图像、放置管脚等图形工具。

第四步：放置引脚，设置引脚属性。

(1) 按快捷键 P→P，放置引脚；按 Tab 键，修改引脚属性，显示名字输入"+"，位号输入"3"，电气类型修改为"Input"，图形长度修改为"15"；按下 Enter 键，将鼠标坐标移到(0，−15)，再单击放置好引脚 3(空格键可以旋转引脚方向，使带 x 的一端向外)。按以上方法，将 2 引脚、1 引脚放置好，按 Esc 键退出。

注意：需要将 1 引脚的电气类型改为"Output"，同时隐藏显示名称或删除显示名称的内容。

(2) 放置 4、8 引脚，4、8 引脚为电源引脚。这里使用隐藏功能，将引脚的电气类型设为电源，并连接到 VCC 和 GND 网络上。按快捷键 P→P，再按 Tab 键，按图 2-1-20 所示设置后，鼠标上有光标，但不显示部件，按空格键旋转引脚使带 x 的一端朝外，将鼠标移动到坐标(30，−15)后单击；接着按 Tab 键，将引脚属性对话框的参数设置为第 8 引脚的特性，第 8 引脚是连接到 VCC 网络，再按空格键旋转引脚使带 x 的一端朝外，在坐标为(30，−35)处单击左键，放置第 8 引脚，则建立好部件 A，如图 2-1-21 所示。

图 2-1-20 隐藏电源地引脚的属性设置

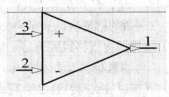

图 2-1-21 LM358 的部件 A

第五步：建立其余的部件。

(1) 执行"编辑"→"选择"→"全部"命令(按 Ctrl + A 组合键或使用鼠标左键单击框选已绘制好的所有部件)，选择目标部件。

(2) 执行"编辑"→"复制"命令(按 Ctrl + C 组合键)，将前面建立的第一部件复制到剪贴板。

(3) 执行"工具"→"新部件"命令(或单击绘图工具栏中的"添加器件部件"按钮)，将显示空白元器件页面，此时若在 SCH Library 面板的器件列表中单击元器件名左侧的"+"标识，将看到 SCH Library 面板元器件部件计数被更新，包括 Part A 和 Part B 两个部件，如图 2-1-22 所示。

(4) 选择部件 Part B，执行"编辑"→"粘贴"命令(按 Ctrl + V 组合键)，光标处将显示部件轮廓，以原点(黑色十字准线为原点)为参考点，将其作为部件 B 放置在页面的对应位置，如果位置没有对应好，可以移动部件调整位置。

(5) 对部件 B 的引脚编号逐个进行修改，双击引脚，在弹出的引脚属性对话框中修改显示名字、编号。此时会发现，被隐藏的第 4、8 引脚并没有被复制出来。这里对部件 B 的第 4、8 引脚设置为不隐藏进行演示。使用快捷键 P→P，按 Tab 键修改引脚属性，将显示名字使用不可见，然后依次放置好第 4、8 引脚在对应的位置上。修改好的部件 B 如图 2-1-23 所示。很多时候，可以将电源 GND 管脚设置为绿色，电源 VCC 管脚设置为红色，在绘制电路图时，能明显看到线路中的电源引线。

图 2-1-22 部件 B 被添加到元器件

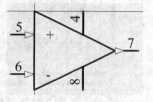

图 2-1-23 LM358 的部件 B

 敲黑板

> 引脚隐藏后，所对应的元器件被使用时系统自动将其连接到特定的网络。比如，设置的 LM358 第 4 引脚连接到 GND，系统会将隐藏好的第 4 引脚自动连接到电路图纸中的 GND 网络上。
>
> 隐藏引脚不属于某一特定部件而属于所有部件，不管原理图是否放置了某一部件，它们都是存在的。例如，LM358 的部件 A 中使用了隐藏电源引脚，而部件 B 中即使没有放置电源引脚，在原路图中使用到了部件 B 时，系统也能分辨出该部件是存在电源引脚第 4 和第 8 脚的。

第六步：设置元器件属性。

(1) 在 SCH Library 面板的器件列表中选中目标元器件 LM358 后，单击"编辑"按钮进入 Library Component Projects 对话框，设置 Default 为"U？"，Description 为"双运放"。如果有封装模型，可以为芯片增加 DIP8 的封装模型，后面项目再介绍使用 PCB Component Wizard 创建 DIP8 封装模型。

(2) 执行快捷键 F→S 命令，保存该元器件。

2.1.4 从其他库中复制元器件

用户可以从其他已打开的原理图库中复制元器件到当前原理图库，然后根据需要对元器件性进行修改。如果该元器件在集成库中，则需要打开集成库文件。

1. 复制 MOSFET-N 元器件符号

方法如下：

第一步：单击"文件"→"打开"命令，弹出 Choose Document to Open(选择打开文档)对话框，如图 2-1-24 所示。找到 Altium Designer 的库安装的文件夹，选择 Miscellaneous Devices.IntLib 集成库，单击"打开"按钮。

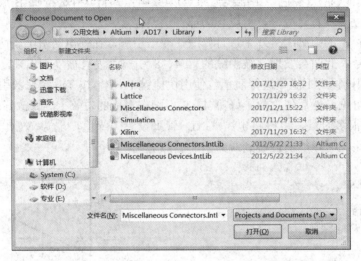

图 2-1-24 "Choose Document to Open"对话框

第二步：弹出如图 2-1-25 所示的"解压源文件或安装"对话框，单击"解压源文件"按钮，释放的库文件如图 2-1-26 所示。(如果在这过程中，还弹出了文件格式对话框，直接按对话框默认选项单击"确定"按钮即可)。

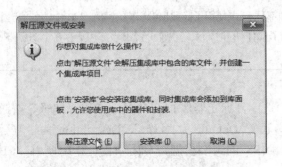

图 2-1-25 "解压源文件或安装"对话框

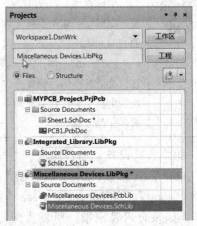

图 2-1-26 释放的集成库

第三步：在 Projects 面板双击 Miscellaneous Devices.SchLib 打开该库文件。

第四步：在 SCH Library 面板的器件列表中选择想要复制的元器件 MOSFET-N，该元器件将显示在设计窗口中(如果 SCH Library 面板没有显示，可单击窗口底部"SCH"按钮，在弹出的上拉菜单中选择"SCH Library")。

第五步：执行"工具"→"复制器件"命令，将弹出 Destination Library(目标库)对话框，如图 2-1-27 所示。

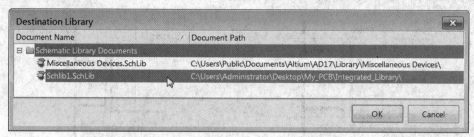

图 2-1-27　复制元器件到目标库文件

第六步：选择目标库(Schlib1.SchLib)文件，如图 2-1-27 所示，单击"OK"按钮，元器件将被复制目标库文件中(元器件可从当前库文件复制到任一个已打开的库文件中)。

用户可以通过 SCH Library 面板一次复制一个或多个元器件到目标库。按 Ctrl 键单击元件名可以选中多个不连续的元器件，或按 Shift 键单击元器件名可以连续地选中多个元器件，保持选中状态并右击，在弹出的菜单选项中单击"复制"选项；打开目标文件库，选择 SCH Library 面板，右击器件列表，在弹出的菜单中选择"粘贴"即可将选中的多个元器件复制到目标库中。

 敲黑板

> (i) 　元器件从源库复制到目标库，一定要通过 SCH Library 面板进行操作。复制完成后，将 Miscellaneous Devices.SchLib 库关闭，以避免破坏该库内的元器件。

2. 修改 MOSFET-N 元器件符号

把 MOSFET-N 改成需要的样式，如图 2-1-28 所示。

步骤如下：

第一步：鼠标左键单击栅极端的蓝色多段线条，不松开，编辑区会弹出两个坐标值，如图 2-1-29 所示。这是由于捕捉栅格为 5，而在 5 这个区域的线条有两种，系统会弹出对话框，要求用户选中其中一条。如果将捕捉栅格修改为 1，就不会有这样的提示，此时需要选中最下方的坐标值来判断。

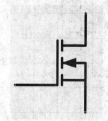

图 2-1-28　MOSFET-N 样式

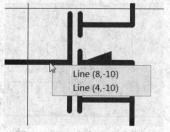

图 2-1-29　选中多段线条

第二步：按住鼠标左键进行下移时，会发现移动的栅格太大了，线条无法对应右边的垂直线，此时按 G 键，可将栅格修改为 1，使用键盘上的方向键，可以更准确地移动到需要的坐标上，再单击即可放置好，如图 2-1-30 所示。

第三步：按照第二步的操作方法，将栅极管脚移动到刚才移动的多段线水平位置上。

第四步：将三个管脚的长度修改为 10，同时打开器件属性对话框，将 Default Comment 文本框中修改为 06N03AJ，最后保存元器件，如图 2-1-31 所示。

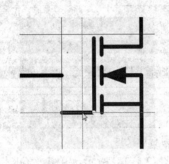 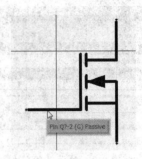

图 2-1-30　移动多段线　　　　　　　图 2-1-31　修改后的元器件

光控广告灯原理图中还有一些需要创建的原理图元器件，这里不再详细描述。根据以上讲述的方法，读者可以根据需要自己完善所需要的其他元器件，以备绘制对应的电路原理图。

课后练习

1. 绘制 AT89C52 元器件符号，命名为 AT89C52。AT89C52 原理图符号如图 2-1-32 所示。

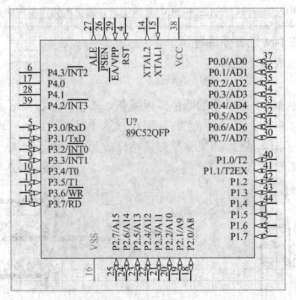

图 2-1-32　AT89C52 原理图符号

2. 根据图 2-1-33 所提供的 74LS08 元器件参数，绘制 74LS08 元器件符号。

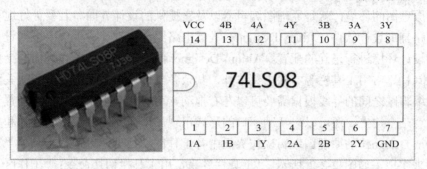

图 2-1-33 二输入四与门芯片 74LS08 的引脚图及实物图

任务二 光控广告灯原理图的绘制

2.2.1 设置原理图编辑操作界面

光控广告灯项目工程前面已经创建好，直接双击"MYPCB_Project.PrjPcb"工程文件，即可打开光控广告灯工程文件。当打开工程项目后，再双击"Sheet1.SchDoc"原理图文件，可进入到原理图编辑工作区，如图 2-2-1 所示。

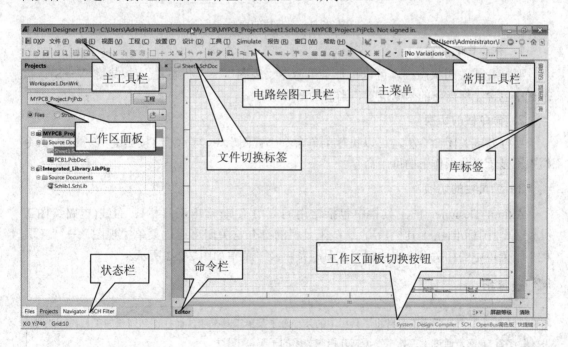

图 2-2-1 原理图编辑界面

在原理图编辑工作区当中，主工具栏增加了一组新的工具栏，并且菜单栏增加了与原理图相关的新的菜单项。

绘制原理图的环境，就是原理图编辑器以及它提供的设计界面。若要更好地利用强大的电子线路辅助设计软件 Altium Designer 进行电路原理图设计，首先要根据设计的需要对软件的设计环境进行正确的配置。Altium Designer 的原理图编辑操作界面的上面是主菜单和主工具栏、常用工具栏等。除主菜单外，其余各部件均可根据需要打开或关闭。工作区面板与编辑区之间的界线根据需要可以左右拖动，可将几个常用工具栏分别置于屏幕上下左右任意一个边上，还可以以活动窗口的形式出现。下面介绍各部件的打开和关闭。

Altium Designer 的原理图编辑操作界面中各部件的切换可通过选择主菜单"视图"中相应项目来实现，如图 2-2-2 所示。"工具栏"为常用工具栏切换命令；"工作区面板"为工作区面板切换命令；"桌面布局"为桌面布局切换命令；"状态栏"为状态栏切换命令；"命令状态"为命令栏切换命令。菜单上的部件切换选项具有开关特性。例如，屏幕上有状态栏，当单击一次"状态栏"时，状态栏从屏幕上消失，再单击一次"状态栏"，状态栏又会显示在屏幕上。

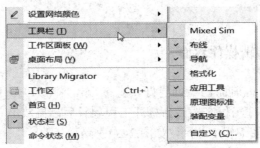

图 2-2-2　工具栏的切换

1. 状态栏的切换

要打开或关闭状态栏，可以执行菜单命令"视图"→"状态栏"(按热键 V→S)。状态栏中包含光标当前的坐标位置、当前的栅格值。

2. 命令栏的切换

要打开或关闭命令栏，可以执行菜单命令"视图"→"命令"(按热键 V→M)。命令栏中不显示当前操作下的可用命令。

3. 工具栏的切换

Altium Designer 的工具栏中包括常用的应用工具(常用工具栏)、布线(电路绘图工具)、原理图标准(主工具栏)等。这些工具栏的打开与关闭可通过菜单"视图"→"工具栏"子菜单中的相关命令来实现。工具栏菜单及子菜单如图 2-2-2 所示。

📋 **敲黑板**

初学者很容易将工具栏中的某一个子菜单工具关闭，而找不到需要的工具栏，此时都是通过"工具栏"再打开相应关闭的子菜单工具栏。

另外，初学者也很容易关闭面板后就找不到了。可通过"视图"→"工作区面板"命令，打开已关闭的工作面板，也可以通过工作区面板切换按钮来打开或关闭。

2.2.2　设置图纸参数

在电路原理图绘制之前，对图纸的设置是原理图设计的重要步骤。虽然在进入原理图设计环境时，Altium Designer 系统自动给出默认的图纸相关参数，但是对于大多数电路图的设计，这些默认参数不一定适合用户的要求。尤其是图纸幅面的大小，一般都是根据设计对象的复杂程度，需要对图纸的大小重新定义。在图纸的设置参数中除了对图幅进行设置外，还包含了图纸选项、图纸格式以及栅格的设置等。

1．图纸大小设置

在菜单栏上单击"设计"→"文档选项"命令或按快捷键 O→D，打开文档选项对话框，如图 2-2-3 所示。

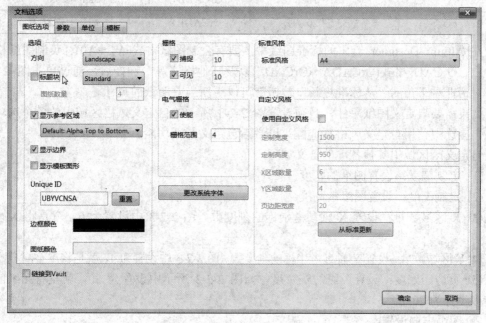

图 2-2-3　文档选项

 敲黑板

> 在 Altium Designer 中，用户可以通过菜单热键(在菜单名中带下划线的字母)来激活任何菜单。例如，前面提到的放置(P)→管脚(Pin) (P→P)，视图(V)→适合所有对象(F) (V→F)，文件(F)→保存(S)(F→S)等快捷键，都是通过菜单热键实现的。
>
> 还有一些子菜单项，除了菜单热键后，还有第二个甚至第三个快捷键。比如，文档选项对话框的菜单热键为 D→O，第二个快捷键 O→D 同样可以打开文档选项对话框。
>
> 像 O→D 这种快捷键事实是属于 Altium Designer 的系统热键，在原理图库、原理图编辑区中都是适用的，但 D→O 菜单热键只在原理图编辑区才有效。

在图纸选项卡的标准风格区域标准风格下拉列表中可选择各种规格的图纸。Altium Designer 系统提供了 18 种规格的标准图纸，各种规格的图纸尺寸如表 2-2-1 所示。

表 2-2-1　各种规格的图纸尺寸

代号	尺寸/英寸	代号	尺寸/英寸
A4	11.5 × 7.6	E	42 × 32
A3	15.5 × 11.1	Letter	11 × 8.5
A2	22.3 × 15.7	Legal	14 × 8.5
A1	31.5 × 22.3	Tabloid	17 × 11
A0	44.6 × 31.5	OrCADA	9.9 × 7.9
A	9.5 × 7.5	OrCADB	15.4 × 9.9
B	15 × 9.5	OrCADC	20.6 × 15.6
C	20 × 15	OrCADD	32.6 × 20.6
D	32 × 20	OrCADE	42.8 × 32.8

在 Altium Designer 给出的标准图纸中主要有公制图纸格式(A4～A0)、英制图纸格式 (A～E)、OrCAD 格式(OrCADA～OrCADE)以及其他格式等。选择后，通过单击图 2-2-3 所示对话框右下角的"从标准更新"按钮就可以更新当前图纸的尺寸。

如果需要自定义图纸尺寸，必须设置图 2-2-3 所示的自定义风格区域中的各个选项。首先，应选中使用自定义风格复选框，以激活自定义图纸功能。

自定义区区域中其他各项的含义如下：

(1) 定制宽度：设置图纸的宽度。

(2) 定制高度：设置图纸的高度。

(3) X 区域数量：设置 X 轴参考坐标的刻度数。图 2-2-3 中设置为 6，就是将 X 轴 6 等分。

(4) Y 区域数量：设置 Y 轴参考坐标的刻度数。图 2-2-3 中设置为 4，就是将 Y 轴 4 等分。

(5) 页边距宽度：设置图纸边框宽度。如图 2-2-3 所示中设置为 20，就是将图纸的边框宽度设置为 20 mil。

2．图纸方向设置

(1) 设置图纸方向。如图 2-2-3 所示，使用方向下拉列表框可以选择图纸的布置方向。单击右边的下拉按钮可以选择为横向(Landscape)或纵向(Portrait)。光控广告灯项目中按默认选择。

(2) 设置图纸标题栏。图纸标题栏是对图纸的附加说明。Altium Designer 提供了两种预先定义好的标题栏，分别是标准格式(Standard)和美国国家标准协会支持的格式 (ANSI)，如图 2-2-4 和图 2-2-5 所示。设置时，首先选中图 2-2-3 中的标题块复选框，然后单击右边的下拉按钮即可选择；若未选中该复选框，则不显示标题栏。

Title			
Size A4	Number		Revision
Date: 2017/12/1		Sheet of	
File: C:\Users\..\Sheet1.SchDoc		Drawn By:	

图 2-2-4　标准格式标题栏

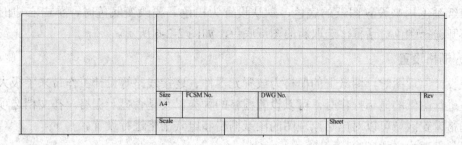

图 2-2-5 美国国家标准协会标题栏

显示参考区域复选框用来设置图纸上索引区的显示。选中该复选框后，图纸上将显示索引区。所谓索引区，是指为方便描述一个对象在原理图文档中所处的位置，在图纸的四个边上分配索引栅格，用不同的字母或数字来表示这些栅格，再用字母和数字的组合来代表由对应的垂直和水平栅格所确定的图纸中的区域。

显示边界复选框用来设置图纸边框线的显示。选中该复选框后，图纸中将显示边框线；若未选中该项，将不会显示边框线，同时索引栅格也将无法显示。

显示模板图形复选框用来设置模板图形的显示。选中该复选框后，将显示模板图形；若未选中，则不会显示模板图形。

Unique ID 文本框，可为图纸设置或重置一个唯一的 ID 号。

3. 图纸颜色设置

图纸颜色设置包括图纸边框和图纸底色的设置。

在图 2-2-3 中，边框颜色用来设置边框的颜色，默认值为黑色。单击右边的颜色框，系统会弹出选择颜色对话框，可以通过它来选取新的边框颜色，如图 2-2-6 所示。

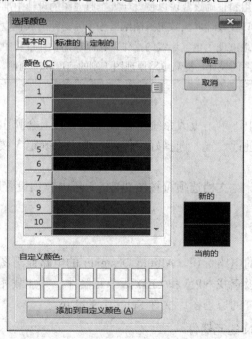

图 2-2-6 选择颜色对话框

图纸颜色用来设置图纸的底色，默认设置为白色。要改变底色时，单击右边的颜色框，打开选择颜色对话框，选取新的图纸底色，如图 2-2-6 所示。

4．栅格设置

在设计原理图时，图纸上的栅格为放置元器件、连接线路等设计工作带来了极大的方便。在进行图纸的显示操作时，可以设置栅格的种类以及是否显示栅格。在文档选项对话框中栅格设置区域可以对电路原理图的图纸栅格和电气栅格进行设置。

具体设置内容如下：

(1) 捕捉栅格：表示用户在放置或移动"对象"时光标移动的距离。捕获功能的使用可以在绘图中快速地对准坐标位置。若要使用捕捉栅格功能，先选中捕捉复选框，然后在右边的文本框中输入设定值。

(2) 可见栅格：表示图纸上可见到的栅格。要使栅格可见，选可见复选框，然后在右边的文本框中输入设定值。建议在该文本框设置与捕捉栅格文本框中相同的值，使可见栅格与捕捉栅格一致。若未选中复选框则不显示栅格。

(3) 电气栅格：用来设置在绘制图纸上的连线时捕获电气节点的半径。该选项的设置决定系统在绘制导线时，以鼠标当前坐标位置为中心，以设定值为半径向周围搜索电气节点，然后自动将光标移动到搜索到的节点表示电气连接有效。实际应用设计时，为了能准确快速地捕捉电气节点，电气栅格应该设置得比当前捕获栅格稍微小点，否则电气对象的定位会变得相当困难。

📇 **敲黑板**

> 栅格的使用和正确设置可以使设计者在原理图的设计中准确地捕捉元器件。使用可见栅格点，可以使设计者大致把握图纸上各个元器件的放置位置和几何尺寸；电气栅格的使用则大大地方便了电气连线的操作。在原理图设计过程中恰当地使用栅格设置，可方便电路原理图的设计，提高电路原理图绘制的速度和准确性。

5．其他设置

在文档选项对话框中，单击更改系统字体按钮，屏幕上会弹出系统字体对话框，可以对字体、大小、颜色等进行设置。选择好字体后，单击"确定"按钮，即可完成字体的重新设置。

光控广告灯项目中，对文档选项可按图 2-2-3 所示内容项设置即可。

2.2.3 加载元器件库

为了管理数量巨大的电路标识，Altium Designer 的电路原理图编辑器提供了强大的库搜索功能。首先在库面板查找 NPN 和 LED 两个元器件，并加载相应的库文件，然后加载用户在项目二任务一建立的原理图库文件 Schlib1.SchLib。

1．查找型号为 NPN 的元器件

(1) 单击库标签，显示 Libraries 面板，如图 2-2-7 所示。

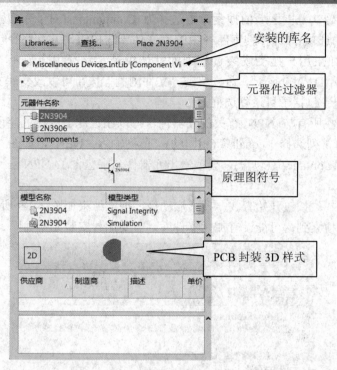

图 2-2-7　Libraries 面板

　　(2) 在 Libraries 面板中单击"查找"按钮，或执行"工具"→"查找器件"命令，将会打开"搜索库"对话框，如图 2-2-8 所示。

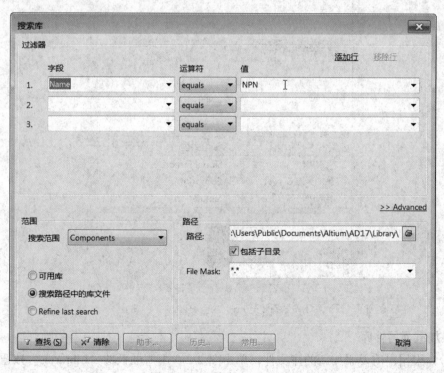

图 2-2-8　"搜索库"对话框

(3) 本例必须确认范围区域的搜索范围选择为 Components(对于库搜索存在不同的情况需要使用不同的选项)，选择搜索路径中的库文件单选按钮，并且路径包含了正确的连接到库的路径。如果用户接受安装过程中的默认目录，路径中会显示 C:\Users\Public\Documents\Altium\AD17\Library\。通过单击"文件浏览"按钮可以改变库文件夹的路径，还需要确保已经选中包括子目录复选框。

(4) 我们想查找所有与 NPN 有关的元器件，可以在过滤器区域的字段列的第一行选择"Name"，运算符列选择"equals"(相同的)，值列输入"NPN"，如图 2-2-8 所示。如果运算符列选择"Contains"(包含)，会搜索出元器件名字包含了 NPN 三个字符的所有元器件。

(5) 单击"查找"按钮开始查找。搜索启动后，搜索结果如图 2-2-9 所示。

(6) 如果没有搜索到，可能没有加元器件库，需要加载安装元器件库。

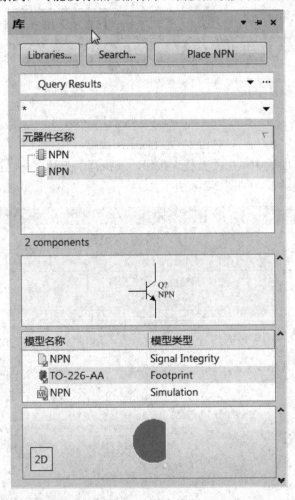

图 2-2-9　搜索结果

2. 加载元器件库

(1) 如果用户需要添加新的库文件，单击图 2-2-9 中库面板的"Libraries"按钮，弹出"可用库"对话框，如图 2-2-10 所示。

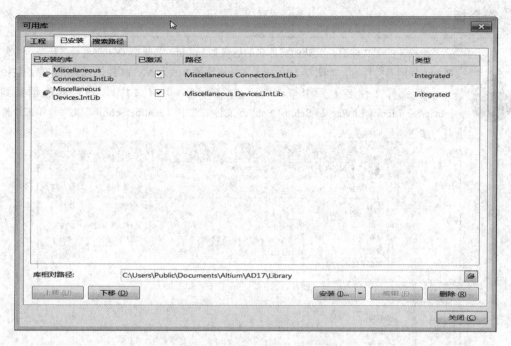

图 2-2-10　"可用库"对话框

(2) 在"可用库"对话框中，单击"安装"，选择从文件中安装，弹出打开路径的对话框，选择正确的路径，双击需要安装的库名即可，如图 2-2-11 所示。

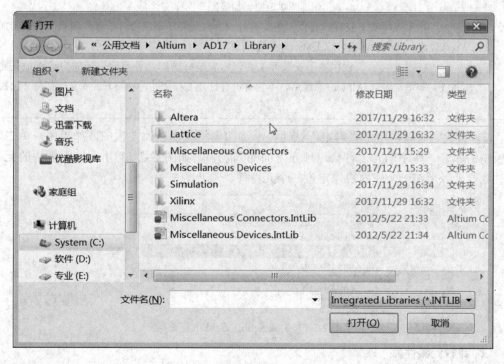

图 2-2-11　安装系统自带有两个集成库

敲黑板

加载新的库文件时，默认的文件名的后缀是.IntLib，如果需要加载项目二任务一中创建的原理图库文件时，如图 2-2-12 所示。先将路径修改为 My_PCB 文件夹所保存的路径下，然后将文件名的后缀修改为"All Files"（所有文件），这样就能浏览到 Inevitable_Library.LibPkg 和 Schlib1.SchLib 文件，选中"Schlib1.SchLib"文件，单击"打开"按钮，便加载完成。

图 2-2-12　加载原理图库文件

在工程标签下安装库文件，所安装好的库文件将随每次打开的工程项目文件一起加载完成。此安装库文件仅关联一组工程项目。

在已安装的工程标签下安装库文件，所安装好的库文件将随系统的启动而加载完成。即每次启动 Altium 系统后，不管有没有打开工程文件，安装好的库文件都会一起加载过来。

(3) 加载完成后，单击"确定"按钮，添加的库将显示在库面板中。如果用户单击库面板中的库名，库中的元器件会出现在下面的列表中，如图 2-2-13 所示。面板中的元器件过滤器可以用在一个库内快速定位一个元器件。

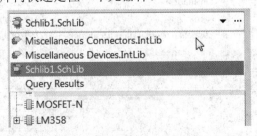

图 2-2-13　加载 Schlib1.SchLib 库后

3. 卸载元器件库

如果需要删除一个安装的库，在可用库对话框中选中该库，单击"删除"按钮即可。

2.2.4　放置元器件

根据前面提供的光控广告灯电路图，并结合项目二任务一中创建好系统自带库内缺省的元器件后，就可以在原理图编辑器中放置该电路需要的所有元器件。放置元器件大致分为以下四种方法。

1. 通过元器件库放置元器件

(1) 从菜单栏选择"视图"→"适合文件"命令(热键 V→D)，确认用户的原理图图纸显示在整体窗口中。

(2) 单击库标签(如图 2-2-1 所示)，以显示库面板(如图 2-2-7 所示)。

(3) 78M05 是光控广告灯电路中的三端稳压芯片，该芯片放在 Miscellaneous Devices.IntLib 集成库内，所以先从库面板的"安装的库名"下拉列表中选择 Miscellaneous Devices.IntLib 选项来激活这个库。

(4) 使用过滤器快速定位用户需要的元器件。默认通配符(*)可以列出所有能在库中找到的元器件。例如，在库名下的"过滤器"文本框内键入"*volt*"设置过滤器，将会列出所有包含"volt"的元器件，如图 2-2-14 所示。

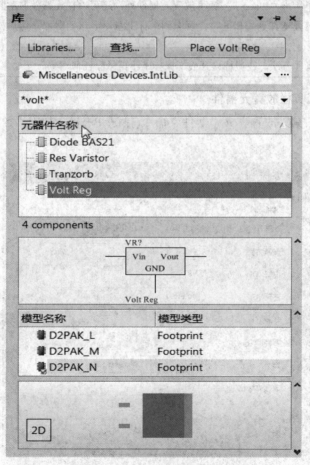

图 2-2-14　从元器件库放置元器件

敲黑板

> 如果用户记得该元器件在某一个库内，且模糊记得该元器件在该库的名称的首字
> 母，可在库面板中的元器件名称列表中单击一个元器件后，再直接从键盘键入"Vo"，此
> 时指针可直接跳转到 Vo 开头的元器件名称上。
>
> 库面板上的信息包含量比较大，和 SCH Library 面板差不多，提供了封装模型、供
> 应商等区域信息，这些不重要或不常用的区域信息，可以单击面板右边的三角箭头，将
> 其隐藏起来，让有用的区域信息量显示更多，更加方便用户查看全局。

(5) 在选中需要放置的元器件后，单击"Place"按钮，或双击需要放置元器件的元器
件名或使用鼠标单击拖拉的方式，此时光标将变成十字状，并且在光标上"悬浮"着一个
78M05 元器件的轮廓。此时，系统处于元器件放置状态，如果用户移动光标，78M05 元
器件也会随之移动。

 敲黑板

> 除了单击"Place"按钮可放置元器件外，还可以在元器件名称区加载，使用鼠标左
> 键拖拽该元器件到编辑区时，可看到鼠标上悬浮着该元器件，然后松开鼠标即可放置好
> 该元器件。
>
> 该操作方法，在鼠标松开后，鼠标上不再悬浮任何对象。

2. 通过菜单工具栏放置元器件

(1) 执行菜单工具"放置"→"器件"命令(热键 P→P)，弹出"放置部件"对话框，
如图 2-2-15 所示。

图 2-2-15 "放置部件"对话框

对话框中提供了对该部件的属性进行设置，其中"物理元器件"就是用户需要放置元器件的元器件名称。默认显示上一次放置过的元器件名称。如果此时需要放置的元器件是曾经放置过的，可单击历史，直接从历史纪录列表中选择需要放置的元器件即可；如果是要放置一个新的元器件，可以单击选择，从浏览对话框中选择需要放置的元器件，如图 2-2-16 所示。在浏览库中的操作与在库面板中的操作基本相同，选好后再单击"确定"按钮。

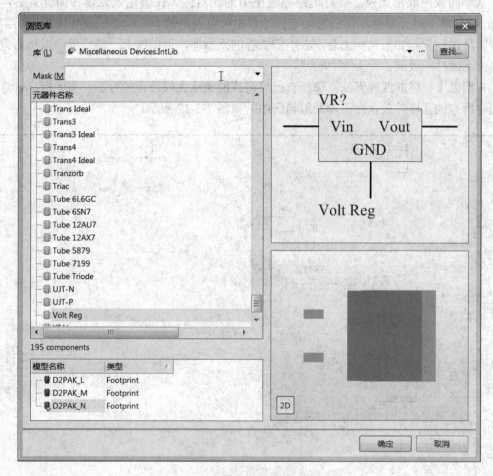

图 2-2-16　浏览需要放置的元器件

在放置部件对话框中的"逻辑符号"是不可修改的，"位号"文本框是用来给元器件定义在一张电路图中唯一序号的，如果电路图中没有定义位号是几号，可以默认为"字符+?"的形式，在整个电路完成绘制后，再整体生成即可。对于光控广告灯的 78M05 元器件，位号修改为"U?"。

"注释"文本框中可以输入该元器件的参数，比如，将默认显示的 Volt Reg 修改为78M05。"封装"列表框中可以选择为该元器件增加的封装模型，后文将介绍封装的创建与添加，这里按默认选择即可。

(2) 单击"确定"按钮后，该元器件将悬浮在鼠标的十字光标上，并随鼠标移动而移动。

3．利用快捷工具放置元器件

在电路绘图工具栏中找到放置器件 按钮，单击后弹出"放置部件"对话框，如图 2-2-15 所示。接下来的操作与上述的第 2 种方法一样。

4．通过元器件查找功能进行元器件放置

该方法参考项目二任务二中 2.2.3 加载元器件库中的第 1 点。

从库面板中取出光控广告灯电路原理图中的元器件，在确定该元器件的位置后，按 Enter 键可放下该元器件。在放置元器件过程中可以使用放大、缩小的操作来观察所需要放置的具体位置。如果鼠标上悬浮着不需放置的元器件，可以按 Esc 键或单击鼠标右键退出当前元器件的放置。

根据以上提供的四种方法，选择自己习惯或能快速完成设计的方法，将光控广告灯电路图中所有的元器件放置在原理图编辑区中，如图 2-2-17 所示。

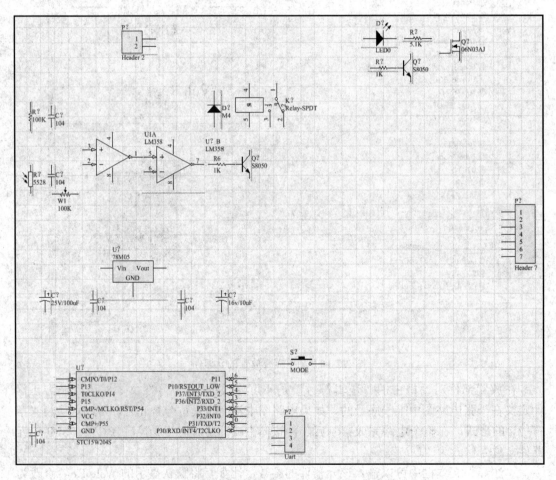

图 2-2-17　放置元器件后的光控广告灯电路图

对于初学者，很难弄清楚每个元器件在哪个库中，在该库中的元器件名称又是什么，都是一头雾水。这里提供光控广告灯电路的元器件数据表，如表 2-2-2 所示。可以根据表中提供的名称与库，查找到光控广告灯电路中需要的元器件。

表 2-2-2 光控广告灯电路元器件数据

序号	元器件名称	元器件样本	元器件参数	所属元器件库
1	单片机芯片	STC15W204S	STC15W204S	Schlib1.SchLib(新建元器件库)
2	电容无极性	Cap	0.1 μF(104)	Miscellaneous Devices.IntLib
3	电解电容	Cap Pol1	25 V/100 μF	Miscellaneous Devices.IntLib
4	电解电容	Cap Pol1	16 V/10 μF	Miscellaneous Devices.IntLib
5	光敏电阻	ResG	5528	Schlib1.SchLib(新建元器件库)
6	双运放芯片	LM358	LM358	Schlib1.SchLib(新建元器件库)
7	N-MOS 管	MOSFET-N	06N03AJ	Schlib1.SchLib(新建元器件库)
8	电位器	Pot	100 kΩ	Schlib1.SchLib(新建元器件库)
9	二极管	Diode	M4(1N4007)	Miscellaneous Devices.IntLib
10	三极管	NPN	S8050	Miscellaneous Devices.IntLib
11	集成稳压芯片	Volt Reg	78M05	Miscellaneous Devices.IntLib
12	继电器	Relay-SPDT	宏发 12V-T73	Miscellaneous Devices.IntLib
13	发光二极管	LED0	发红	Miscellaneous Devices.IntLib
14	电阻	Res1	各组阻值参数	Miscellaneous Devices.IntLib
15	按键	SW-PB		Miscellaneous Devices.IntLib
16	接线端口	Header 7		Miscellaneous Connectors.IntLib
17	接线端口	Header 4		Miscellaneous Connectors.IntLib
18	接线端口	Header 2		Miscellaneous Connectors.IntLib

2.2.5 编辑元器件属性

1. 元器件属性编辑

元器件属性编辑有两种方法。第一种是在原理图上放置元器件之前，元器件悬浮光标时按下 Tab 键，可打开 Properties for Schematic Component(元器件属性)对话框。第二种是在原理图上放置元器件之后，双击该元器件后，可打开元器件属性对话框，如图 2-2-18 所示。比如，电阻属性如图 2-2-18 所示。

(1) 在对话框 Properties 区域的 Designator 文本框中键入"R？"，以将其值作为默认序号。如果所设计的电路图明确知道该元器件是序号 1，可直接键入"R1"。

(2) 在对话框 Properties 区域的 Comment 文本框键入该电阻的阻值参数"1k"，如果是其他元器件，键入该元器件的参数即可。

(3) PCB 元器件的内容可由原理图映射过去，Comment 即是元器件的参数。在 Parameters 区域将电阻的值(Value)的可见的(Visible)复选框取消选中。

(4) 在 Models(模型)列表中确定 PCB 封装的正确性，这里按默认选择，单击"OK"按钮返回到鼠标原有的状态。

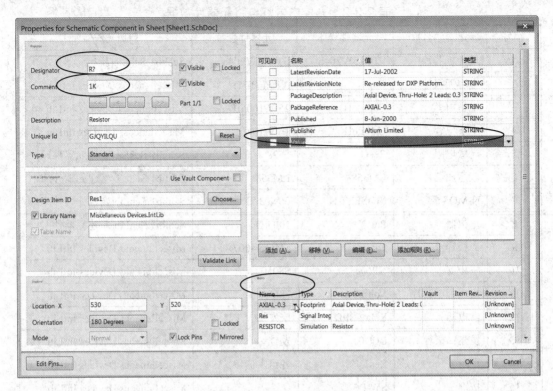

图 2-2-18　元器件属性对话框

 敲黑板

> 　　在元器件属性对话框中，最为常用修改的 4 项内容，如图 2-2-18 所示圈出的区域。Altium Designer 的集成库中的部件元器件，比如电阻、电容都会在 Parameters 区域给元器件附带一个参数值。这个区域还包含了该元器件的其他特性说明，但对于 PCB 设计中所需要的参数在 Properties 区域可全部映射到 PCB 设计中，因此通常情况下将 Parameters 区域的所有说明都是设置为不可见的。

2．元器件全局属性编辑

　　通过 SCH Inspector 面板可以查询和编辑当前或已打开文档的一个或几个对象的属性。使用 SCH Filter 面板(快捷键 F12 键)或者执行"查找相似对象"(Find Similar Objects)命令(按 Shift + F 组合键或鼠标右击对象并单击"查找相似对象"命令)，打开"查找相似对象"对话框，如图 2-2-19 所示。以无极性电容为例，用户可以对多个同类对象进行修改。

　　选中一个或多个对象，并按 F11 键或者直接单击右下角的 SCH 标签，选中 SCH Inspector 可以打开 SCH Inspector 面板。如果面板不可见，可以单击"视图"→"工作区面板"→"SCH"→"SCH Inspector"命令，也可以在优选项对话框(按快捷键 T→P)下的 Schematic Graphical Editing 页面中选中"双击运行 Inspector 检视器"复选框，从而在设计对象中双击以弹出 SCH Inspector 面板，而不弹出对象属性对话框，如图 2-2-20 所示。

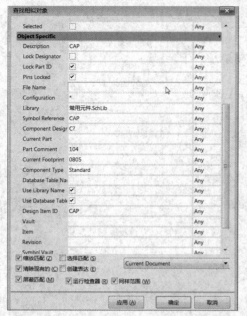

图 2-2-19　"查找相似对象"对话框

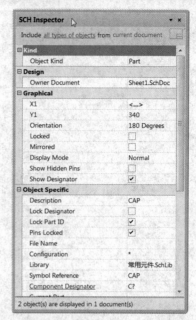

图 2-2-20　SHC Inspector 面板

 敲黑板

> SHC Inspector 面板只显示所有被选对象的共有属性。属性列表是可以在 SCH Inspector 面板中直接修改的。输入一个新的属性，选中复选框或单击下拉菜单中的命令均可。在 Enter 键或单击面板的其他位置以执行这些改动。

例如，把图 2-2-17 中所有无极性电容的封装从 0805 变为 0603C，依次单个修改太麻烦，效率太低，工作太累，这时就可以用 SCH Inspector 面板成批地修改。方法如下：

第一步：首先选择一个电容，鼠标右击，从弹出的菜单中选择"查找相似对象"命令，弹出"查找相似对象"对话框，如图 2-2-19 所示。在 Symbol Reference 的 CAP 处选择 Same 选项，在 Current Footprint 的 0805 处选择 Same 选项，表示选择封装都是 0805 的电容，然后单击"应用"按钮，再单击"确定"按钮，则图 2-2-17 中所有无极性电容被选中，并且高亮显示，如图 2-2-21 所示。

 敲黑板

> 在"查找相似对象"对话框中，选择匹配复选框一定要被选中，否则第二步的操作将会失败，在 SCH Inspector 面板将看不到任何被查找到相似的内容。

第二步：选择 SCH Inspector 面板，将 Current Footprint 处的 0805 改为 0603C 即可，然后按下 Enter 键执行。此时，在图 2-2-17 所示的原理图上检查每个无极性电容的属性中的封装模型，它们都为 0603C。

第三步：退出全局修改状态。此时，编辑区中所有无极性电容是高亮显示状态，其他元器件将被蒙板盖住，可按下 Shift + C 组合键或单击编辑区右下角的清除按钮，可清除蒙板。

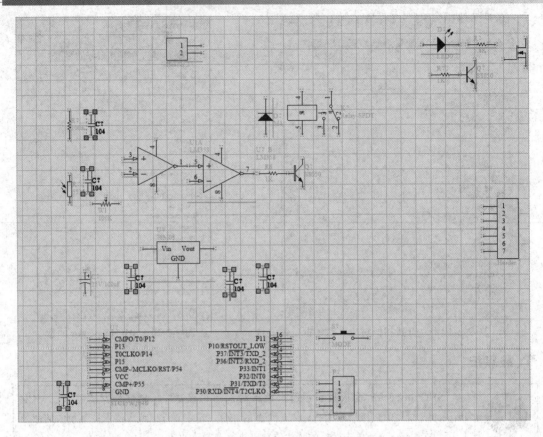

图 2-2-21　选择封装为 0805 的无极性电容

2.2.6　调整元器件位置

1．移动元器件

(1) 元器件悬浮在鼠标上时，移动鼠标位置便能移动元器件。

(2) 元器件放置好后，双击元器件，打开元器件属性对话框，在 Graphical 区域的 Locations X 和 Y 直接输入坐标值，可移动元器件。

(3) 元器件放置好后，使用鼠标左键按下该元器件不松开，直到鼠标右下角出现一个绿色的勾后，移动鼠标才可以移动元器件位置。

(4) 使用快捷键 M→M(移动)，鼠标出现十字光标，然后单击需要移动的元器件，即可移动元器件。

(5) 使用快捷键 M→D(拖动)，鼠标出现十字光标，然后单击需要移动的元器件，即可拖动元器件。当元器件有导线连接，并且两个或两个以上的元器件引脚的电气节点连接在一起时，该元器件连同导线将会一起被拖动。

(6) 选中需要移动的元器件，按快捷键 M→S(移动选中对象)，鼠标出现十字光标后，然后单击鼠标即可移动元器件。该方法通常用于被选中多个元器件的移动。

(7) 选中需要拖动的元器件，按快捷键 M→R(拖动选择)，鼠标出现十字光标后，然后单击鼠标即可拖动元器件。被拖动的元器件有导线连接的，会连同导线一起被拖动。

敲黑板

> 在 Altium Designer，移动一个对象就是对它进行重定位而不影响与之相连的其他对象。例如，移动一个元器件不会移动与之连接的任何导线；而拖动一个元器件则会牵动与之连接的导线，以保持连接线。如果用户需要在移动对象时保持导线的电气连接，需要在优选项对话框(按快捷键 T→P)下的 Schematic→Graphical Editing 选项页中选中"始终拖拽"复选框。
>
> 当这个复选框被选中后，操作就是拖动对象，按下 Ctrl 键后操作就是移动对象；当这个复选框没有被选中时，操作就是移动对象，按下 Ctrl 键后操作就是拖动对象。

(8) 使用对齐工具进行对象的移动。如图 2-2-22 所示，是对被选中的操作对象进行对齐的工具，该工具只在选中对象时有效。从左到右，从上至下，依次为器件左对齐、器件右对齐排列、器件水平中心对齐排列、器件水平等间距对齐排列、器件顶对齐排列、器件底部对齐排列、器件垂直中心对齐排列、垂直等间距对象对齐排列、器件对齐到当前栅格上。

图 2-2-22 对齐工具

(9) 在原理图文档中，用户可以通过 Ctrl 键和方向键的组合，或者 Ctrl 键、Shift 键和方向键的组合来移动选中的对象。被选中对象的移动是根据文档选项对话框(按快捷键 O→D)中当前捕获栅格的设置来决定的。可使用该对话框来修改捕获栅格的值，这些栅格设置同时会在 Altium Designer 的状态栏中显示出来。在优选项对话框(按快捷键 T→P)下的 Schematic→Grid 选项卡中还可以设置栅格的公制和英制预设值。使用 G 键可在不同栅格的设置值间切换。用户还可以通过"视图"→"栅格"子菜单或者右键菜单进行设置。

被选的对象可以在按住 Ctrl 键时，通过方向键进行小步微动(步进量受限于当前的捕获栅格)。

被选的对象也可以在按 Ctrl+Shift 组合键时，通过方向键进行大步进移动(步进量为10 单位栅格)。

 敲黑板

> 为防止原理图对象被意外移动，用户可以通过锁定属性来保护它们不被修改。方法：双击该对象，在弹出的属性对话框中都能找到一个"锁定"复选框 锁定 ■，则选中"锁定"复选框即可。
>
> 如果用户试图编辑一个被锁定的设计对象，需要在弹出的询问用户是否需要继续这个动作的对话框中进行确认。
>
> 如果优选项对话框(按快捷键 T→P)下的 Schematic→Graphical Editing 选项页中的"保护锁定的对象"复选框被选中，则针对对象的移动不会有效，同时不会有任何确认提示。当用户试图选择一系列包括被锁定对象在内的对象时，被锁定的对象将不能被选中。

2. 旋转元器件

(1) 元器件悬浮在鼠标上时，可使用空格键，对鼠标上的元器件进行 90 度旋转；或者元件放置好后，先单击选中该元器件(可以是多个元器件)，再使用空格键。

(2) 在元器件属性对话框的 Graphical 区域的 Orientation 下拉选项中，可以改变元器件的方向，在原理图编辑中，元器件只有 4 种方向的改变。

(3) 元器件悬浮在鼠标上时，可使用 X 键对元器件进行水平 180 度翻转，或使用 Y键对元器件进行垂直 180 度翻转；或使用鼠标左键按下该元器件不松开，直到十字光标出现后可使用 X 键或 Y 键进行元器件翻转。

3. 复制、剪切、粘贴和删除元器件

(1) 复制：选中需要复制的对象(可以是多个对象)，然后按 Ctrl + C 组合键或执行"编辑"→"复制"命令，或单击工具栏 📇 图标等方式，均可将被选中的对象进行复制。

(2) 剪切：选中需要剪切的对象(可以是多个对象)，然后按 Ctrl + X 组合键或执行"编辑"→"剪切"命令，或单击工具栏 ✂ 图标等方式，均可将被选中的对象进行剪切。

(3) 粘贴：选中需要粘贴的对象(可以是多个对象)，然后按 Ctrl + V 组合键或执行"编辑"→"粘贴"命令，或单击工具栏 📋 图标等方式，均可将被选中的对象进行粘贴。使用此命令的前提必须保证粘贴板上存在可粘贴的对象。

(4) 快速复制：选中需要复制的对象(可以是多个对象)，按下 Shift 键不松开，再使用鼠标左键按下拖拽的方法，可将被复制对象直接进行粘贴。该方法的效果达到了复制与粘贴两个步骤一起完成。

(5) 快速粘贴：选中需要粘贴的对象(可以是多个对象)，然后按 Ctrl + R 组合键或执行"编辑"→"橡皮图章"命令，或单击工具栏 📋 图标等方式，均可将被选中的对象进行粘贴。该命令的操作实际上是包含了复制与粘贴两个步骤，用户却能一步到位完成粘贴，与方法(4)中的复制、粘贴很相似。

(6) 删除：选中需要删除的对象(可以是多个对象)，按下 Delete 键或执行"编辑"→"清除"命令即可。

(7) 连续删除多个对象：使用热键 E→D 或执行"编辑"→"删除"命令，鼠标出现十字光标后，单击需要被删除的对象，每单击一次均能执行删除一次，按 Esc 键或鼠标右键可退出。该命令对元器件的位号、参数无效。

(8) 智能粘贴：先将需要粘贴的对象进行复制操作，然后按下 Shift + Ctrl + V 组合键或执行"编辑"→"智能粘贴"命令，弹出如图 2-2-23 所示的"智能粘贴"对话框。

在光控广告灯电路图上，其中指示灯及驱动电路共有 6 组，每一组的电路与参数均相同，可以使用"智能粘贴"，先将其中一组驱动电路进行复制。在对话框中，粘贴阵列区域的"使能粘贴阵列"复选框不选中的情况下，单击"确定"按钮，所粘贴的内容与平常的操作是一样的。当该复选框被选中，列区域的数目就是需粘贴所有列的数目，设置为 1列，间距为 0(可视栅格)，行区域的数目为 5 行，间距为 110，然后单击"确定"按钮，可复制出 1 列 5 行间距坐标等差为(0，110)的 5 组驱动电路，如图 2-2-24 所示。

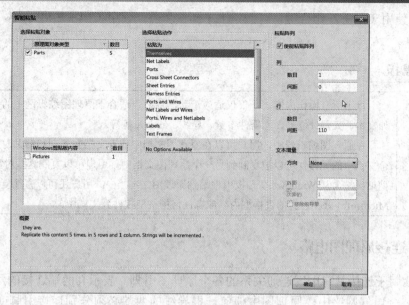

图 2-2-23 "智能粘贴"对话框

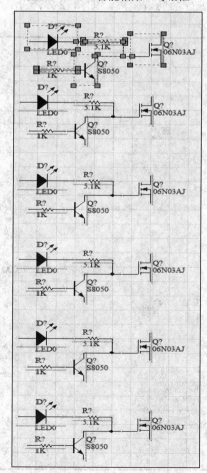

图 2-2-24 智能粘贴后的结果

(9) 使用 Ctrl + Z 组合键，可撤销上一操作步骤。使用 Ctrl + Y 组合键，可重做上一操作步骤。

📋 **敲黑板**

> 以上所有操作内容，不仅仅适应于元器件，也适合于原理图编辑区中的任何部件，比如文本、元器件位号、元器件参数、导线、线条，等等。
>
> 在原理图编辑器中，用户可以在原理图文档中或者文档间复制和粘贴对象。例如，一个文档中的元器件可以被复制到另一个原理图文档中。用户可以复制这些对象到 Windows 剪贴板，再从 Windows 剪贴板中粘贴到原理图文本档中。用户还可以直接复制、粘贴诸如 Microsoft Excel 之类的表格型内容或者任何栅格型控件到文档中。

2.2.7 连接原理图电路

导线用于连接具有电气连通关系的各个原理图引脚，表示其两端连接的两个电气节点处于同一个电气网络中。原理图中任何一根导线的两端必须分别连接引脚或其他电气符号。将光控广告灯的原理图进行全局调整后，如图 2-2-25 所示。下来就可以对电路图进行导线连接等操作。

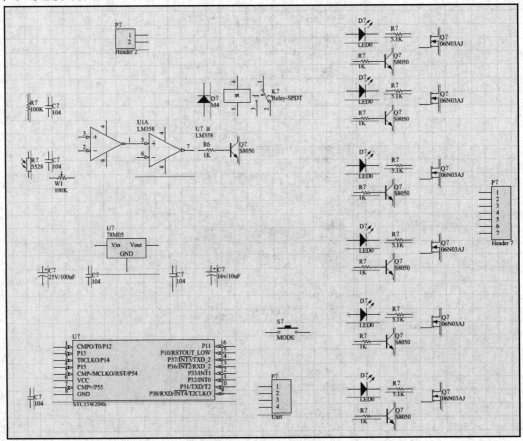

图 2-2-25 所有元器件放置完成的光控广告灯原理图

1. 放置导线

(1) 在主菜单中选择"放置"→"线"命令 (按热键 P→W)，或者单击布线工具栏中的放置导线工具按钮 ≂，此时鼠标指针变成十字形状，表示系统处于放置导线状态。

(2) 按 Tab 键，打开如图 2-2-26 所示的"导线"对话框。

(3) 单击"导线"对话框中的颜色框，可以改变导线的颜色。单击线宽后 ▼ 按钮，弹出的下拉菜单可以选择导线的线宽，本项目中的导线全部选 Small。设置完成后单击"确定"按钮，即进入导线放置模式。

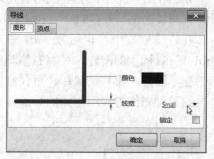

图 2-2-26　"导线"对话框

具体放置方法如下：

将光标放在 78M05 的输入端(Vin)，当用户放对位置时，一个红色的连接标记会出现在光标处(使用 PgUp 放大可看得更清楚)，这表示光标在元器件的一个电气连接点上，如图 2-2-27 所示。

单击或按 Enter 键固定第一个导线点，移动光标，用户会看见一根导线从光标处延伸到固定点。将光标向左下方移动到无极性电容的引脚上，位置合适时用户会看见光标变成一个红色连接标记，如图 2-2-27 所示。此时，单击或按 Enter 键，在该点固定导线。这样在第一个和第二个固定点之间的导线就放好了。

完成了这根导线的放置，注意光标仍为十字形状，表示仍处于导线放置状态，单击右键或按 Esc 键，则退出放置导线命令状态，恢复箭头光标。

(4) 放置导线时，按"Shift + 空格键"可以切换导线放置模式。

导线放置模式有 90 度、45 度、自由角度、自动连接四种。"自由角度"是指导线按照直线连接其两端的电气节点。"自动连接"是一种提供给用户完成原理图里面两点间自动连接的特殊模式，它可以自动绕过障碍物走线。在这种模式下，Tab 键可打开如图 2-2-28 所示的"点对点布线选项"对话框。

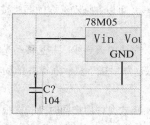

图 2-2-27　连接时的红色标记

图 2-2-28　"点对点布线选项"对话框

该对话框用以设置自动布线的规则，其中"几秒后超时"文本框用来设置自动布线的时间限制，这个时间设置得越长，系统的自动布线效果会越好，但花费的时间也就越长。自动布线系统默认值为 3 秒。"避免切线"滑块用于设定自动布线过程中避免与其他线交叉的要求程度，越向右则要求越高，相应布线质量也就越好，但布线速度会减慢，花费时间也就增加了。

以上模式规定了放置导线时转角产生的不同方法。按空格键可以在顺时针方向和逆时针方向布线之间切换(如 90 度和 45 度模式),或在任意角度和自动连接之间切换。

在连线过程中,也可按 Ctrl 键＋鼠标上的滑轮,可以任意放大或缩小原理图;按 Shift 键+鼠标上的滑轮,可左右移动原理图;按鼠标上的滑轮,可上下移动原理图;按鼠标右键不松开,再移动鼠标,可任意方向移动编辑区原理图。

这四种布线方式所生成的导线如图 2-2-29 所示。

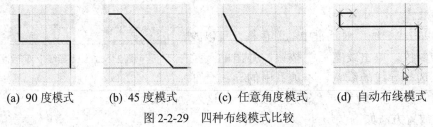

(a) 90 度模式   (b) 45 度模式   (c) 任意角度模式   (d) 自动布线模式

图 2-2-29　四种布线模式比较

 敲黑板

放置导线过程中,可能会存在固定第一个点、第二点、第三个点的情况。如果在固定点的过程中,发现方向、模式不合适,需要返回到前面的固定点,可以直接使用退格键(Backspace),每按一次则返回到上一次的固定点,从返回到的那个固定点可重新再更改放置导线的方向与模式。

单击选中导线,使导线出现绿色节点后,鼠标可以移动到导线上,将会出现两种光标,一种是十字箭头形,一种是双箭头形,如图 2-2-30 所示。

(a) 十字箭头形   (b) 双箭头形

图 2-2-30　导线上的光标形式

(1) 修改线长度。要延长或缩短某一条导线的长度,应该先选中它。将光标定位在想改变的线的端点处,此时光标会变成双箭头的形状,然后按下鼠标左键并拖动该线端到一个新的位置,单击即可。要在相同的方向延长导线,可以在拖动线端的同时按下 Alt 键(可防止导线出现拐角)。

(2) 移动线段。用户可以对线的一段进行移动。先选中该导线,并且移动光标到要移动的那一段线上,此时光标会变为十字箭头的形状,然后按下鼠标左键并拖动该线段到一个新的位置即可。

(3) 多段线的延长。原理图编辑器中的多线编辑模式允许用户同时延长多根导线。如果多条并行线的结束点具有相同坐标,则用户选中那些线,把鼠标移动到选中的导线上,当鼠标是十字箭头形状时,可单击拖动其中一根导线进行整体的移动;当鼠标是双箭头的形状时,可单击拖动其中一根线的末端就可以同时拖动其他线,并且并行线的末端始终保持对准。

导线选中状态下拖拽或器件在拖拽时,导线均会连接上其他导线或随器件一起移动,在移动过程中可以使用空格键来切换导线的走线方向或按下 Shift + 空格键改变走线模式。

（4）断线。有时在绘制过程中，发现导线多余了长度，或需要从某根导线中间截断，可以执行"编辑"→"打破"命令(按热键 E→W)，可将一条导线断成两段。该命令也可以在光标停留在导线上的时候，在右键菜单中找到。默认情况下，会显示一个可放置到需要断开导线上的"断线刀架"标

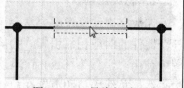

图 2-2-31　导线打破

志。被断开的情形如图 2-2-31 所示，断开的长度就是两段新线段之间的那部分。按下空格键可以循环切换 3 种截断方式(整线段、按照栅格尺寸以及特定长度)；按 Tab 键来设置特定的切断长度和其他切断参数；单击以切断导线；右击或按 Esc 键以退出断线模式；断线选项也可以在优选项对话框下(按快捷键 T→P)的 Schematic→Break Wire 选项页中进行设置。

用户可以在优选项对话框下的 Schematic→General 选项页中选中"元器件割线"复选框。当该复选框被选中时，用户可以放置一个元器件到一条导线上，同时线段会自动分成两段而成为这个元器件的两个连接端。

导线绘制过程中，某些元器件引脚连线导线时，对接的引脚不在同一水平线上，移动元器件时也无法对准，此时可以切换捕捉栅格(G 键可切换)，再尝试移动元器件，让对接的引脚在同一水平线上，以便布出的导线更美观。

根据以上所学习的放置导线命令的方法，连接光控广告灯电路图的部分电路如图 2-2-32 所示。

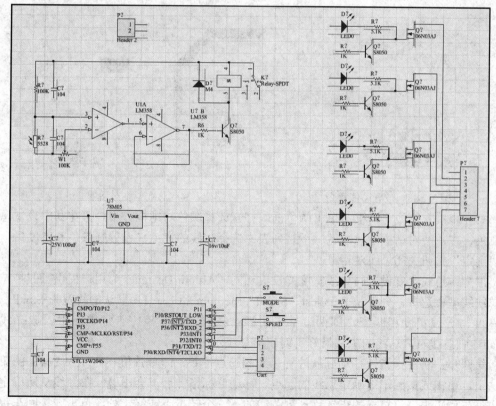

图 2-2-32　光控广告灯电路部分布线效果

2. 总线绘制

在数字电路原理图中常会出现多条平行放置的导线，由一个器件相邻的引脚连接到另一个器件的对应相邻引脚。为降低原理图的复杂度，提高原理图的可读性，用户可在原理图中使用"总线"(Bus)命令。总线是若干条性质相同的信号线的组合。一条完整的总线由总线、总线入口和放置在总线上的网络标签构成。

在 Altium Designer 的原理图编辑器中，总线和总线入口线实际上都不具有电气意义，仅仅是为了方便原理图连接而采取的一个种示意形式。电路上依靠总线形式连接的相应点的电气关系不是由总线和总线入口线确定的，而是由对应电气连接点上放置的网络标签(Net Label)确定的，只有网络标签相同的各个点之间才真正具备电气连接关系。

通常情况下，总线比一般导线粗，而且在两端有多个总线入口线和网络标签。放置总线的过程与导线基本相同，以光控广告灯电路图的部分电路连接为例，其具体步骤如下：

(1) 放置总线。

第一步：单击布线工具栏上的放置"总线"工具按钮 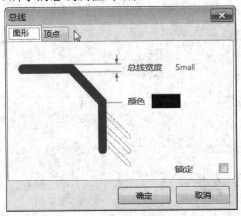，或者选择主菜单中的"放置"→"总线"命令(按热键 P→B)，如图 2-2-33 所示。

此时，鼠标指针自动变成十字形状，表示系统处于放置总线状态。鼠标指针的具体形状与总线属性对话框中的设置有关。

第二步：按 Tab 键，打开如图 2-2-34 所示的总线属性对话框。

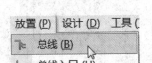

图 2-2-33　放置总线命令　　　　图 2-2-34　总线属性对话框

第三步：在总线对话框中单击颜色框，打开选择颜色对话框。用户可在其中设置总线的颜色，在总线对话框的总线宽度下拉列表中选择总线的宽度，设置好颜色和宽度后，单击"确定"按钮关闭总线对话框。

注意：总线宽度设置与导线宽度的设置相同，Altium Designer 为用户提供了四种宽度的总线线型供选择，分别是 Smallest、Small、Medium 和 Large，默认的线宽为 Small。总线宽度与导线宽度相匹配，即两者都采用同一设置。在光控广告灯电路中，选择线宽 Small。画总线时，总线的末端最好不要超出总线入口线。

第四步：将鼠标指针移动到欲放置总线的起点位置，即单片机 STC15W204S 的第 4 脚边上，单击或按回车键确定总线的起点。移动鼠标指针后，会出现一条细线从所确定的端点处延伸出来，将鼠标的指针移动到总线的下一个转折点或终点处，单击或按回车键添加导线上的第二个固定点，此时在端点和固定点之间的总线就绘制好了。可以继续移动鼠标指针，确定总线上的其他固定点，最后到达总线的终点后，先单击或按回车键，确定终点，再单击右键或按 Esc 键退出绘制总线命令状态。这样，一条完整的导线就绘制好了。

注意： 总线与导线的放置方式相同，总线编辑也为用户提供了四种放置总线模式，分别是 90 度、45 度、任意角度及自动连线模式。通过按 Shift 键 + 空格键可以在各种模式间进行循环切换。

按照上述步骤对光控广告灯原理图进行放置总线后的效果如图 2-2-35 所示。

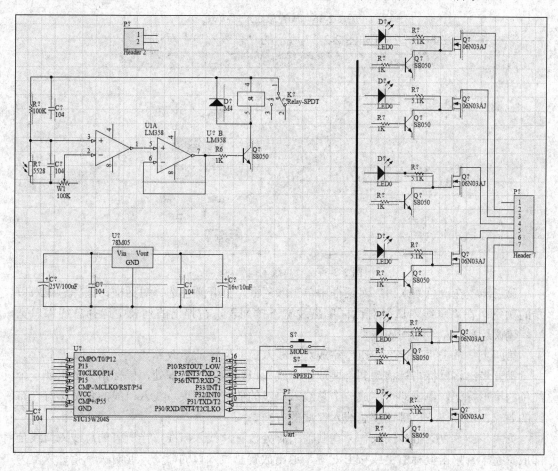

图 2-2-35　放置完所有总线的光控广告灯原理图

仅仅在原理图中绘制完总线并不代表任何意义，总线仍无法直接连接器件，还需要为其添加总线入口线和网络标签。

(2) 放置总线入口。

第一步：单击布线工具栏中的放置总线入口线按钮 ，或者在主菜单选择"放置"→"总线入口"命令(按热键 P→U)。启动放置总线入口线命令后，鼠标指针变成十字光标，并且自动"悬浮"一段与灰色水平方向夹角为 45 度或 135 度的导线，如图 2-2-36 所示，表示系统处于放置总线入口线状态。

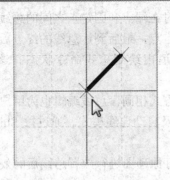

图 2-2-36　放置总线入口状态

第二步：按 Tab 键，打开如图 2-2-37 所示的"总线入口"对话框。

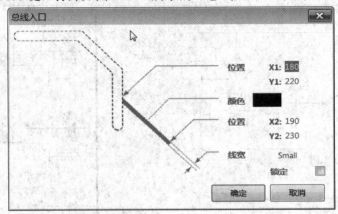

图 2-2-37　"总线入口"对话框

第三步：在"总线入口"对话框中单击颜色框，打开颜色选择对话框，选择总线入口线的颜色；在"总线入口"对话框单击线宽下拉列表，在弹出的列表中选择总线入口宽度，建议选择与总线相同的线型。

第四步：单击"确定"按钮，完成对总线入口线属性的修改。

第五步：将鼠标指标移动到将要放置总线入口线的器件引脚处，鼠标指针上出现一个红色的星形标记，单击即可完成一个总线入口线的放置。如果总线入口线的角度不符合布线的要求，可以按空格键调整总线入口线的方向。

第六步：重复第五步的操作，在其他引脚处放置总线入口线，当所有的总线入口线全部放置完毕，单击鼠标右键或按 Esc 键，退出放置总线入口的命令，此时鼠标指针恢复为箭头状态。

第七步：单击选中总线，按住鼠标左键不放，调整总线的位置，使其与一排总线入口线相连，绘制好的总线入口如图 2-2-38 所示。如果总线在调整移动过程中与其他导线或总线入口线连接在了一起并发生移动，可先按下 Ctrl 键，再进行总线移动，或使用快捷键 M→M 进行移动。

(3) 放置网络标签。彼此连接在一起的一组元器件引脚和连线称为网络。图 2-2-38 所示的继电器网络包括了继电器的下端引脚、二极管的阳极引脚、三极管的集电极引脚。在设计中识别重要的网络是很容易的，因为用户可以添加网络标签(Net Label)。

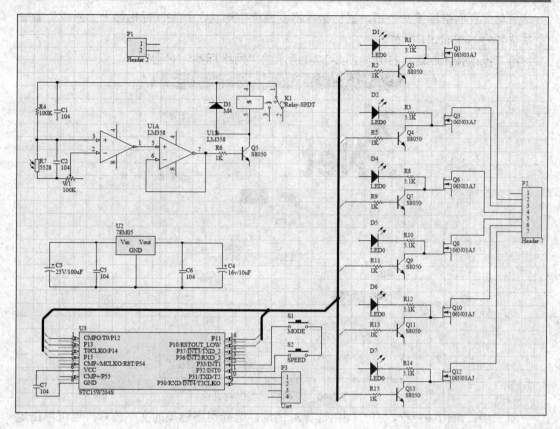

图 2-2-38　绘制好的总线入口

　　如图 2-2-38 所示，总线引入口添加完后，实际上并未在电路图上建立正确的引脚连接关系，此时还需要添加网络标签。网络标签是用来为电气对象分配网络名称和一种符号，在没有实际连线的情况下，也可以用来将多个信号线连接起来。网络标签可以在图纸中连接相距较远的元器件引脚，使图纸清晰整齐，避免长距离连线造成识图不便。网络标签可以水平或者垂直放置。在原理图中，采用相同名称的网络标签标识的多个电气节点被视为同一条电气网络上的点，等同于有一条导线将这些点都连接起来。因此，在绘制复杂电路时，合理地使用网络标签可以使原理图看起来更加简洁明了。在光控广告灯原理图中放置网格标签的步骤如下：

　　第一步：在主菜单中选择"放置"→"网络标签"命令(按热键 P→N)，如图 2-2-39 所示；或在布线工具栏上选择放置网络标签工具按钮 Net 。

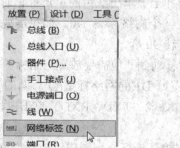

图 2-2-39　选择"放置"→"网络标签"命令

启动放置网络标签命令后，鼠标指针将变成十字形状，并在鼠标指针上"悬浮"着一个默认名为 NetLabel1 标签。

第二步：按 Tab 键，打开如图 2-2-40 所示的"网络标签"对话框。

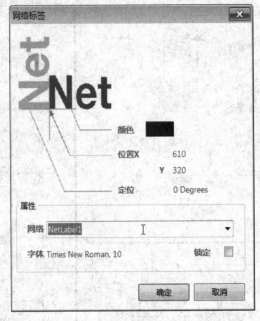

图 2-2-40 "网格标签"对话框

第三步：单击颜色框，打开颜色选择对话框，选择网络标签的文字色彩；也可单击定位右侧的文字，在弹出的列表中选择网络标签的旋转角度；也可单击字体右侧的文字，设置网络标签的字体；在网络处输入 D0。设置好相关内容后，单击"确定"按钮，则网络标签设置完成。

敲黑板

     Altium Designer 系统中，网络标签的字母不区分大小写。在放置过程中，如网络标签的最后一个字符为数字，则该数字会按照在优选项对话框(按快捷键 T→P)的 General 选项页中对放置是自动增加项的设置，即自动按指定的数字递增。

第四步：将鼠标指针移动到需要放置网络标签的导线上，如单片机 STC15W204S 的第 15 引脚处，当鼠标指针上显示出红色的星形标记时，表示鼠标指针已捕捉到该引脚延长的导线，单击即可放置一个网络标签 D0。如果需要调整网络标签的方向，按空格键，网络标号会逆时针方向旋转 90 度。

第五步：将鼠标指针移动到其他需要放置网络标签的位置上，如单片机 STC15W204S 的第 16 引脚处，单击放置好 D1 的网络标签(D 后面的数字自动递增)，依此方法放置好网络标签 D2～D5、Key1、Key2、TXD、RXD。单击鼠标右键或按 Esc 键，即可结束放置网络标签状态。

图 2-2-41 所示的是光控广告灯原理图中已放置好网络标签的总线的一端。

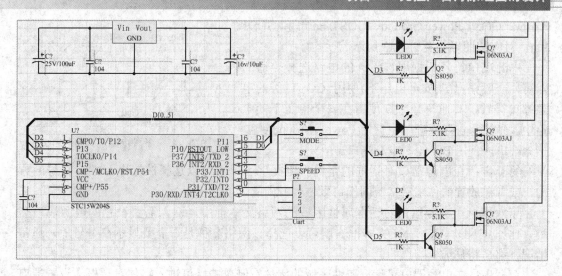

图 2-2-41　光控广告灯原理图绘制好总线的部分

> 相同的网络标签名表示是同一根导线。
>
> 总线上可以放置一个网络标签 D[1..5]，表示这条总线连接着 6 个网络。通常情况下不需要放置这个标签，只是为了识读方便。

3．放置电源端口及其他端口符号

在 Altium Designer 系统中，除了网络标签可以连接各元器件引脚外，还有两个符号一样可以达到同样的效果，即电源符号与端口符号。这两种符号带有图形化，与网络标签意义相同，但是更能方便识读原理图。

(1) 在光控广告灯原理图上放置电源和接地符号的步骤如下：

第一步：执行主菜单"放置"→"电源端口"命令(热键 P→O)，或单击布线工具栏中的 GND 端口 ⏚ 按钮或 VCC 电源端口 按钮。启动放置电源端口命令后，鼠标指针将变成十字形状，并在鼠标指针上"悬浮"着一个电源端口符号。

第二步：按 Tab 键，打开图 2-2-42 所示的"电源端口"对话框。

第三步：单击颜色框，打开颜色选择对话框，选择电源端口的色彩，然后单击"确定"按钮，返回到"电源端口"对话框。通常都是按默认颜色选择即可。

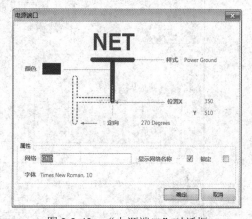

图 2-2-42　"电源端口"对话框

第四步：单击样式右侧的文字，出现下拉列表框。在列表框中提供了 11 种图形符号，分别是 Circle、Arrow、Bar、Wave、Power Ground、Signal Ground、Earth、GOST

Arrow、GOST Power Ground、GOST Earth 和 GOST
Bar。对应的图形如图 2-2-43 所示。

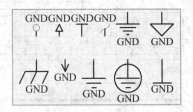

电源端口符号根据用户设计的电路选择合适的
即可，一般强电(非安全电压下)使用 GOST 类的电
源端口符号，其他符号常规使用在安全电压下的电
路中。光控广告灯原理图中使用 Power Ground 绘制
接地端口，使用 Bar 绘制电源端口。

图 2-2-43　各种电源端口符号样式

第五步：在电源端口对话框的定向右侧文字上单击可以选择放置电源端口符号的方
向，或者在放置前使用空格键同样可以做到方向的切换。

第六步：在电源端口对话框属性区域的网络文本框中，键入需要设置的电源端口名
称，比如 GND、VCC。在文本框右侧可以选择该网络名称是否需要显示在符号上，通常
情况下都是将复选框勾选的。

第七步：在电源端口对话框属性区域的字体右侧单击，可进入字体对话框，设置端口
名称的字体、大小等参数，单击"确定"后可返回电源端口对话框，再单击"确定"按
钮，开始放置电源端口符号。

第八步：根据设置的端口符号及名称，将鼠标指针移动到需要放置该电源端口的网络
上，鼠标指针上出现红色星形标记时，说明电源端口符号已捕捉到电气特性的导线或引
脚；单击鼠标或按回车键，可确定放置第一个电源端口符号。

第九步：按第二步到第八步的操作，放置好整个原理图中需要的电源端口符号，如图
2-2-44 所示。放置完成后，单击鼠标右键或按 Esc 键，可退出放置电源端口状态。

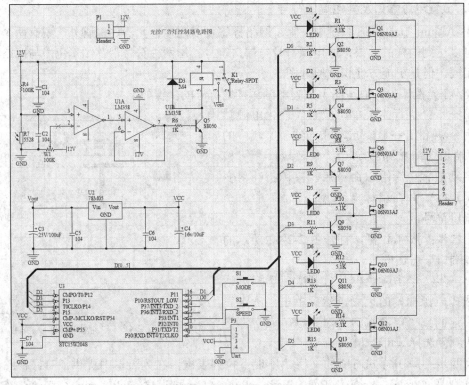

图 2-2-44　放置好电源端口后的光控广告灯原理图

(2) 在一些特殊原理图设计中，会用到端口作为网络标签，如在电源接口元器件放置两个端口。放置端口的步骤如下：

第一步：在主菜单执行"放置"→"端口"命令(按热键 P→R)，或在布线工具栏中单击放置端口 D1 按钮。启动放置端口命令后，鼠标指针将变成十字形状，并在鼠标指针上"悬浮"着一个端口符号。

第二步：按 Tab 键，弹出"端口属性"对话框，如图 2-2-45 所示。

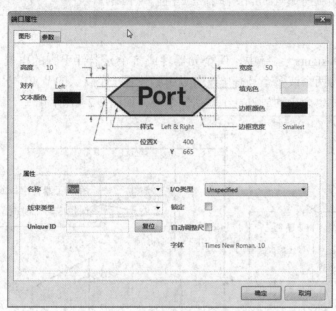

图 2-2-45　"端口属性"对话框

第三步：在"端口属性"对话框的图形选项卡下，可以设置图形的高度、宽度、填充区的颜色、边框区的颜色、边框线的宽度。

第四步：在属性区中的名称下拉列表框键入需要命名的端口名称，比如 Vin。右侧的 I/O 类型下拉列表中提供了四种，分别是 Unspecified、Output、Input、Bidirectional。在不确定类型的情况下按默认选择即可，其他选项全部按默认即可。

第五步：端口名称是显示在填充区域中的，在该区域中可设置名称的文本颜色和对齐方向。对齐方向有 Left(Top)、Center、Right(Bottom)三个选择。端口也具有样式的选择，包含有 Left & Right(左右方向样式)、None Horizontal(默认水平方向)、Left(左方向)、Right(右方向)、None Vertical(默认垂直方向)、Top、Bottom、Top & Bottom。这里就选用 Right 样式。

第六步：单击"确定"按钮后，端口符号"悬浮"在鼠标指针上，移动鼠标将端口的一端连接在接口元器件的第一引脚上，鼠标指针出现红色标记时表示已捕捉到电气节点。此时，单击鼠标或按回车键，可放置端口的第一个固定点；然后再移动鼠标，单击鼠标或按回车键，可确定端口的终点。第一个端口符号放置完成，如图 2-2-46 所示，按 Esc 键或单击鼠标右键可退出放置端口符号状态。

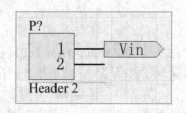

图 2-2-46　放置好的端口符号

敲黑板

> 在同一张原理图中或同一项目工程中包含的多个子原理图中，不管是相同名称的网络标签、相同名称的电源端口、相同名称的端口，还是在网络标签、电源端口、端口上都同时使用了同一个名称来命名的，都表示这两点或两点以上的电气形成了一个节点，所连接在这个节点的所有引脚都是属于同一个网络。

4. 放置节点

在 Altium Designer 系统中，两个元器件或多个元器件引脚的电气节点重叠在一起时，系统会自动将两个或多个具有电气节点引脚放置一个默认的节点。另外，在放置导线时，相交叉的导线也会自动放置一个默认的节点，如图 2-2-47 所示。

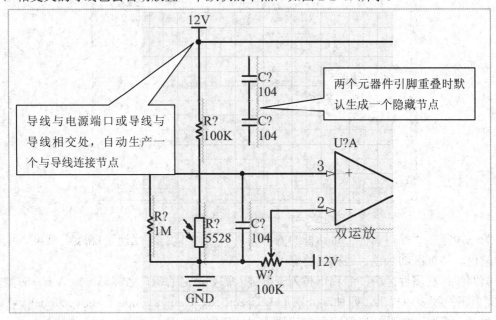

图 2-2-47　电气节点演示电路

在运放的第 3 脚所延伸的导线处，有相交到 104 参数的电容，已默认生成一个节点，而电阻 1 M 和光敏电阻 5528 所形成的交叉点系统没有生成节点。这种情况下，我们只能手工放置一个节点，让 5528 光敏电阻有一支引脚与运放的第 3 脚形成一个网络，操作法如下：

第一步：在主菜单执行"放置"→"手工接点"命令(按快捷键 P→J)，启动后鼠标指针将"悬浮"一个节点。

第二步：按 Tab 键，弹出图 2-2-48 所示的"连接"对话框，可以设置连接节点的颜色及尺寸。Altium Designer 提供了 Smallest、Small、Medium、Large 四种尺寸，通常按默认尺寸选择即可，然后单击"确定"按钮。

第三步：移动鼠标至两个相交需要放置节点的导线处，单击鼠标或按回车键，即放置好了第一个节点，如图 2-2-49 所示。按 Esc 键或鼠标右键，可退出放置节点状态。

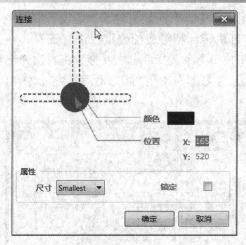

图 2-2-48　"连接"对话框

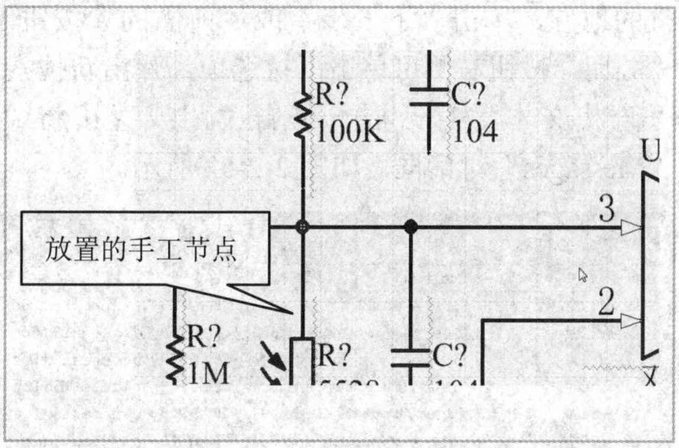

图 2-2-49　放置好节点的演示电路

5．元器件定位查找

(1) 文本查找法。在原理图编辑器中，提供了控件查找功能，Microsoft Word 一样，可使用 Ctrl+F 组合键以文本方式来查找在原理图中的元器件或其他部件，弹出的对话框如图 2-2-50 所示。

在该对话框中的查找的文本下拉编辑框中，可输入需要存在原理图中的任何文本字符，比如运放、100 k、25 V 等。在范围区域中的图纸页面范围右侧的下拉列表框中，选中被查找的范围，分为 Current Document(当前项目)、Project Document(工程项目)、Open Document(打开的项目)、Project Physical Document(工程物理项目)。在选择右侧的下拉列表框中，可在某指定范围内查找，比如 All Objects(所有对象)、Selected Objects(被选中的对象)、DeSelected Objects(非被选中的对象)。在标识

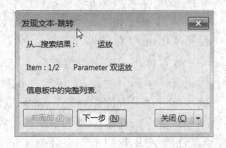

图 2-2-50　"查找文本"对话框

符右侧的下拉列表框中，可选择 All Identifiers(所有标识符)、Net Identifiers Only(仅网络标识符)、Designators Only(仅指定的标签符)。

在选项区域中有三个复选框，分别为区分大小写、整词匹配、跳至结果。整词匹配勾选后，将查找与被查找文本的内容必须一字不差；不勾选时，将查找的内容是包含了被查找的文本内容。跳至结果勾选后，在执行查找时，在显示区直接跳转到被查找的对象上，默认是勾选的。根据需要对以上做出设置后单击"确定"按钮，如果没有查找到对应的文本将弹出"Error"对话框，提示"运放"Not Found；如果有被查找到，将弹出"发现文本-跳转"对话框，如图 2-2-51 所示。

图 2-2-51　"发现文本-跳转"对话框

从发现文本对话框可了解到光控广告灯原理图项目中，有两处包含了"运放"文本字符的地方，单击"下一步"或"前面的"按钮，可跳转到相对应的位置上进行查看。在"关闭"按钮右侧可单击下拉选项，弹出新搜索和关闭两个选择；单击新搜索将再次弹出"查找文本"对话框，单击关闭或直接将"发现文本"对话框关闭后，将会弹出"Messages"对话框，如图 2-2-52 所示。

Messages						
Class	Document	Source	Message	Time	Date	No.
Find: 104	C:\Users\Administrator\Desktop\My_PCB\MYPCB_Project\Sheet1.SchDoc	Schematic	104 in Parameter (231,471)	10:17:14	2017/12/7	1
Find: 104	C:\Users\Administrator\Desktop\My_PCB\MYPCB_Project\Sheet1.SchDoc	Schematic	104 in Parameter (231,551)	10:17:14	2017/12/7	2
Find: 104	C:\Users\Administrator\Desktop\My_PCB\MYPCB_Project\Sheet1.SchDoc	Schematic	104 in Parameter (291,301)	10:17:14	2017/12/7	3
Find: 104	C:\Users\Administrator\Desktop\My_PCB\MYPCB_Project\Sheet1.SchDoc	Schematic	104 in Parameter (421,301)	10:17:14	2017/12/7	4
Find: 104	C:\Users\Administrator\Desktop\My_PCB\MYPCB_Project\Sheet1.SchDoc	Schematic	104 in Parameter (201,121)	10:17:14	2017/12/7	5
Find: 运放	C:\Users\Administrator\Desktop\My_PCB\MYPCB_Project\Sheet1.SchDoc	Schematic	双运放 in Parameter (289,474)	10:17:40	2017/12/7	6
Find: 运放	C:\Users\Administrator\Desktop\My_PCB\MYPCB_Project\Sheet1.SchDoc	Schematic	双运放 in Parameter (447,516)	10:17:40	2017/12/7	7
Find: 运放	C:\Users\Administrator\Desktop\My_PCB\MYPCB_Project\Sheet1.SchDoc	Schematic	双运放 in Parameter (289,474)	10:33:03	2017/12/7	8
Find: 运放	C:\Users\Administrator\Desktop\My_PCB\MYPCB_Project\Sheet1.SchDoc	Schematic	双运放 in Parameter (447,516)	10:33:03	2017/12/7	9
Find: 运放	C:\Users\Administrator\Desktop\My_PCB\MYPCB_Project\Sheet1.SchDoc	Schematic	双运放 in Parameter (289,474)	10:34:28	2017/12/7	10
Find: 运放	C:\Users\Administrator\Desktop\My_PCB\MYPCB_Project\Sheet1.SchDoc	Schematic	双运放 in Parameter (447,516)	10:34:28	2017/12/7	11

图 2-2-52 "Messages"对话框

该对话框提示在项目路径中共找 11 处类似的对象。在"Messages"对话框中双击其中一项，同样可跳转到该对象所处的位置上。

(2) 定位法。使用快捷键跳转命令 J，或执行"编辑"→"跳转"命令，如图 2-2-53 所示。

原点：单击"原点"命令(使用快捷键 J→O)，可直接定位跳转到原理图编辑区的左下角，默认左下角的坐标是(0，0)原点。

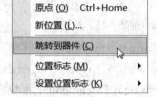

图 2-2-53 跳转选项命令

新位置：单击"新位置"命令(使用快捷键 J→L)，将弹出跳转到坐标对话框，在 X 区域和 Y 区域输入需要定位跳转的坐标值，然后按回车键，鼠标指针立即跳转到所指定的坐标上。

跳转到器件：单击"跳转到器件"命令(使用快捷键 J→C)，弹出元器件位号对话框，在对话框中输入需要被定位的元器件位号，单击"确定"按钮或按回车键，鼠标立即将定位跳到指定的元器件位号上。如果什么都不输入，将弹出"发现文本"对话框，信息上将显示原理图编辑区中的所有元器件；如果找不到输入的元器件位号，将弹出"Error"对话框。

位置标志：单击"位置标志"命令，右侧将列出可选的 10 处标记过的位置，如果曾标记过，单击 1 至 10 序号，鼠标指针将直接跳转到曾标记过的位置上；如果没有标记过，单击"设置位置标志"命令，在右侧将标出可选 10 处需要标记的位置。假设单击 1 序号，鼠标指针将出现十字光标，在原理图编辑区找到需要标记的位置，再单击，那么单击的位置坐标将记录在序号为 1 的命令中。下次执行位置标志命令→1 时，将直接跳到刚才设置的序号 1 坐标位置上。

敲黑板

> 如果在原理图编辑区找到两个或两个以上同名的元器件位号，那么说明原理图项目中违反了元器件位号唯一性的设计规则，这个原理图项目将会出编译错误。
>
> 在原理图编辑区中，如果有违反规则的地方，Altium Designer 系统会自动检测出来，并在对应的元器件下方增加一个红色的波浪线标记，如图 2-2-54 所示。光控广告灯原理图项目图纸中，所有元器件的位号都没定义，也就是位号发生了重复，Altium Designer 系统将增加红色波浪标记以做提醒。
>
>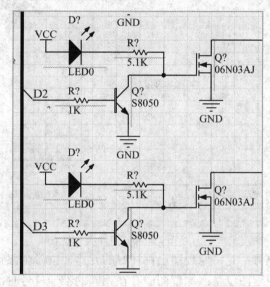
>
> 图 2-2-54 重复命名的元器件位号出现的警告标记

6．元器件位号标注与重标注

在 Altium Designer 中，有 3 种方法可以对设计进行标注：原理图级标注、板级标注和 PCB 标注。

原理图级标注功能允许针对参数来设置元器件，全部重置或者重置类似对象的标识符。

在原理图编辑器中，使用"工具"→"标注"命令后，将弹出下级子菜单，如图 2-2-55所示。

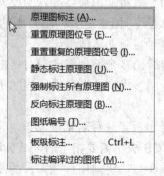

图 2-2-55 标注的下级子菜单命令

在子菜单中包含了各种命令供用户选择，比如，可以选择原理图标注、重置原理图位号，重置重复的原理图位号、静态标注原理图、强制标注所有原理图、反向标注原理图、图纸编号、板级标注、标注编译过的图纸。

原理图标注：执行该命令后，可以打开"标注"对话框，如图 2-2-56 所示。用户可以对项目所有或已选的部分进行重新分配，以保证它们是连续和唯一的。

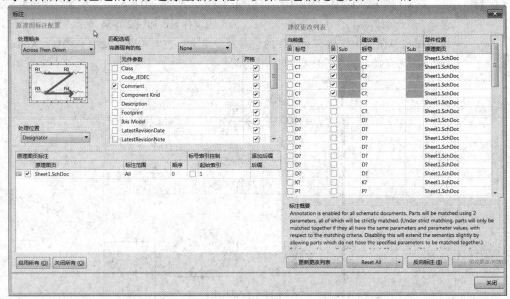

图 2-2-56 "标注"对话框

重置原理图位号：是将原理图已标注好的元器件位号全部重置为带"？"的位号。

重置重复的原理图位号：原理图中存在相同的唯一位号时，会将其中重复的位号按增量递加的方法修改位号。

静态标注原理图：如果图纸中所有元器件都未定义过位号，此命令将按默认的设置快速直接地将所有元器件进行标注。已标注过的元器件，不会进行修改，只标注没有被标注的元器件。

强制标注所有原理图：该命令将所有原理图中的元器件位号全部重置后再及默认设置及标注。将清除已标注过的元器件再重新进行标注。(此命令即保证了方向性、连续性，也保证了唯一性。)

反向标注原理图：执行该命令后将弹出需要导入的反向标注文本，否则将返回到原理图标注命令下的标注对话框中。反向标注是工程项目中的 PCB 板中修改了某元件位号时，被关联的原理图元器件的位号也就随之改变。

图纸编号：执行该命令后将弹出多个原理图选项对话框。在一个项目中包含了多个原理图时，可使用图纸编号命令，将按设置的顺序对不同的子原理图中的元器件进行连续、唯一的标注。

板级标注：执行该命令后弹出板级注释对话框，该对话框主要是用于和 PCB 板图关联的标注设置，可整体修改在 PCB 板中需要指定的区域标注。

标注编译过的图纸：执行该命令后将弹出标注编译的图纸对话框，在对话框中可进行图纸的筛选。

在"标注"对话框中，实际包含了很多前面介绍的标注命令。在处理顺序区域中，可选择 Across Then Down、Across Then Up、Down Then Across、Up Then Across 四种方向。每选择一种，在下方有一个样式参数图。

在处理位置区域的下拉列表框中，可选 Designator 和 Part。

在匹配选项中，通常都是对元器件进行标注，选择 Comment 即可。

在原理图页标注区域中，可选择对某一个原理图或多个原理图进行标注。

在建议更改列表区域中，将展示原理图中的所有元器件的位号，左边是等待标注的元器件，右边是将左边等待标注的元器件映射到右边，并等待执行更新。

单击更新更改列表按钮，将会完成执行更新。

单击"Reset All"按钮，将重置元器件标注。

单击"反向标注"按钮，将 PCB 中更新的标注关联到原理图中。

"接收更改(创建 ECO)"按钮，只在更改列表发生变化后才有效。单击该按钮，弹出"工程变更指令"对话框，如图 2-2-57 所示。

图 2-2-57 "工程变更指令"对话框

在工程变更指令中，将列出所有元器件变更前与变更后的位号。单击"验证变更"按钮，将预先检查所变更的元器件是否存在错误；可单击右侧"仅显示错误"复选框，列表中会显示出变更有错误的元器件。单击"执行变更"按钮，将会更新有效，此时原理图中的所有元器件将会按前面所设置的参数进行位号变更，如图 2-2-58 所示。单击"报告变更"按钮，可弹出报告预览对话框，可导出或打印一份变更报表。

然后单击关闭按钮，可返回到"标注"对话框，关闭"标注"对话框即可。

敲黑板

标注所有元器件后，会发现元器件下方的红色波浪警告标记消失了，说明元器件位号不存在重复了。

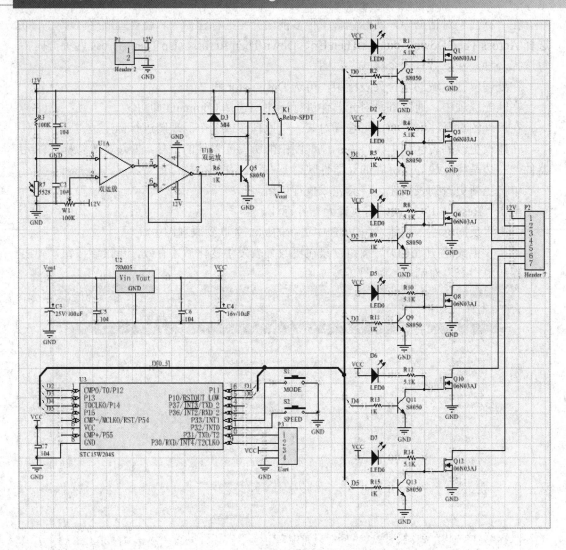

图 2-2-58　标注后的光控广告灯原理图

2.2.8　检查原理图

可以检查设计文件中的设计原理图和电气规则的错误，并提供给用户一个排除错误的环境。

1. 编译项目

第一步：要编译光控广告灯电路，选择"工程"→"Compile PCB Project MYPCB_Project.PrjPcb"命令。

第二步：当项目被编译后，任何错误都将显示在 Messages 面板上。如果电路图有严重的错误，Messages 面板将自动弹出，否则不出现。如果报告给出错误，则检查用户的电路并纠正错误。图 2-2-59 所示中，发现 28 处信息，其中 27 为警告，1 处为错误。

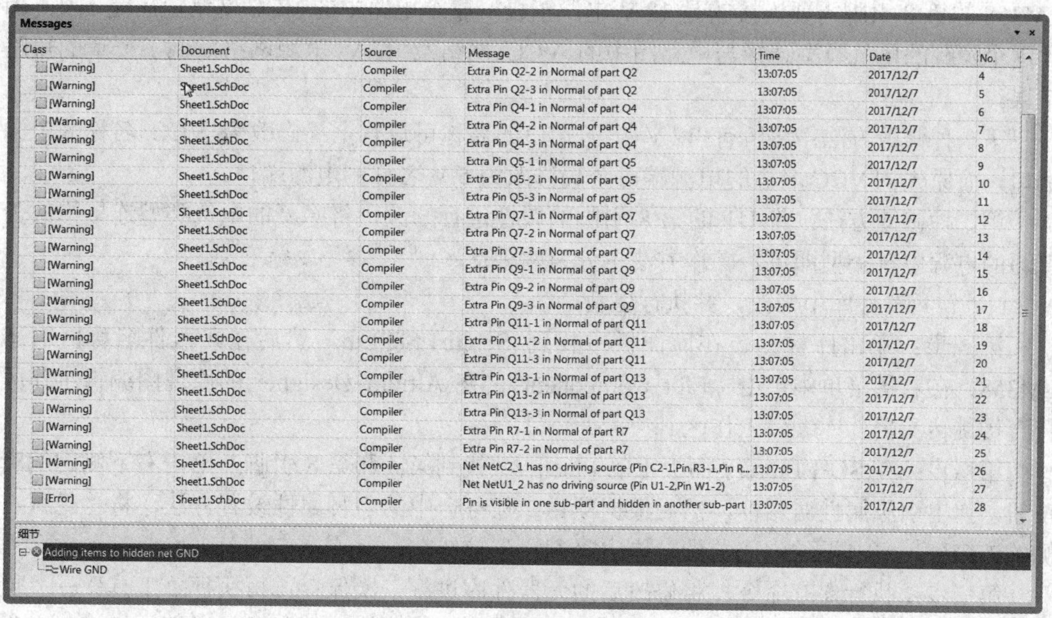

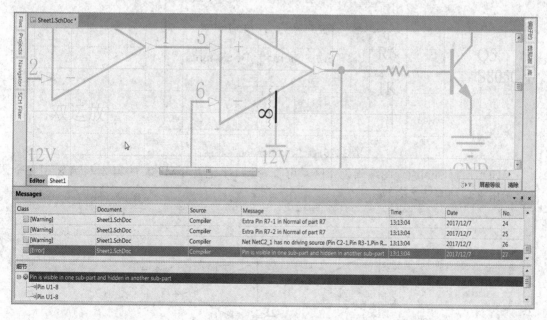

图 2-2-59　"Messages"对话框

警告性提醒可以直接忽略掉，而错误性提醒必须要修改。双击错误信息，可定位到错误处的坐标值上，如图 2-2-60 所示。

图 2-2-60　错误信息查询

2. 修改错误

从"Messages"对话框中的细节区域可以了解到 U1 的第 8 引脚是一个隐藏的电气类型连接的设置。现在我们回想一下，在项目二任务一中设计 LM358 元器件库时，对该元器件的电源引脚做过隐藏，并连接到了 VCC 网络上。而我们在设计光控广告灯电路时，LM358 的第 8 引脚需要连接的是 12 V 电源正极，整个电路中的 VCC 网络电压是 5 V，因此这个隐藏的电气类型连接与电路图中的 VCC 网络及 12 V 电源网络发生了严重的短路错误。

第一种修改方法：将所有 12 V 电源端口的名称可进行全局修改为 VCC 名称的电源端口，而原先的 VCC 名称的电源端可全局修改为 5 V 名称的电源端口。

第二种修改方法：将 U1 的第 8 引脚的属性进行修改，将隐藏的电气类型连接修改为普通的电源电气类型即可。操作方法也分为两种：

(1) 到元器件库中修改，并执行更新。

第一步：单击库标签，在库面板中找到 Schlib1.SchLib，然后在元器件名称区右击 LM358，在右键菜单中单击"Edit Component"。在 Altium Designer 的原理图编辑工作区将直接跳转元器件库编辑工作区。

第二步：在 SCH Library 面板上的 Pins 区域找到第 4 和第 8 引脚，单击右下侧的编辑按钮，弹出引脚属性对话框，然后根据项目二任务一中的引脚属性设置方法，将"隐藏右侧的连接到"复选框的勾选去掉，单击"确定"按钮。

第三步：执行保存命令，将修改后的元器件库进行一次保存；再执行"工具"→"更新到原理图"命令，弹出"Information"对话框，如图 2-2-61 所示。对话框的提示信息告诉我们，将有 2 个元器件被更新到一个原理图项目中，单击"OK"按钮执行。

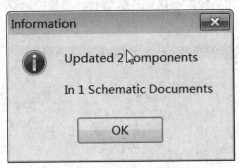

图 2-2-61 "Information"对话框

第四步：返回到原理图编辑工作区，可查看到 U1 芯片 LM358 的第 4 与第 8 引脚全部显示出来，如图 2-2-62 所示。

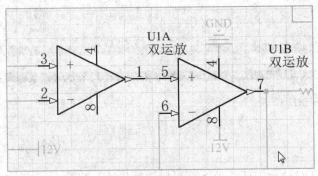

图 2-2-62 被修改并更新到原理图后的 LN358 元器件

第五步：再次进行原理图编译时，弹出的 Messages 对话框中将不会出现 Error 信息了。

(2) 在原理图中直接修改元器件引脚属性。

第一步：双击 U1 芯片 LM358，弹出元器件属性对话框，如图 2-2-63 所示。

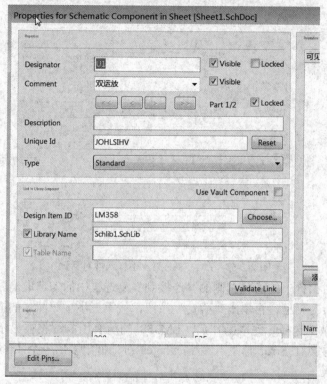

图 2-2-63　LM358 元器件属性对话框

第二步：单击对话框左下角的"Edit Pins"按钮，弹出"元件管脚编辑器"对话框，如图 2-2-64 所示。

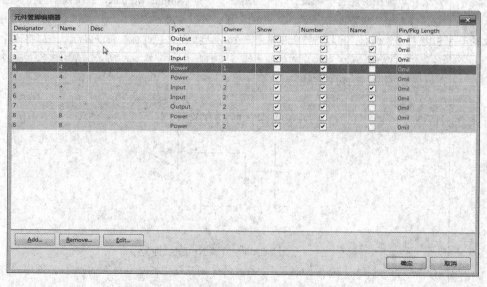

图 2-2-64　LM358 "元件管脚编辑器"对话框

第三步：在对话框中可双击 Designator 区域下的 4 和 8，或选中 4 或 8 单击下方的"Edit"按钮，弹出"管脚属性"对话框，如图 2-2-65 所示。

图 2-2-65　LM358 的第 4 引脚属性对话框

第四步：将对话框中的隐藏右侧的"连接到"复选框中的勾选取消，单击"确定"按钮，返回到上一级对话框，再单击"确定"按钮，按第三步、第四步的操作方法将余下连接到的引脚全部撤销选择。完成操作后，LM358 的所有引脚都将被显示出来，再次进行原理图编译，不再会有 Error 信息，在 Messages 对话框中多出一个 Info 的信息，信息描述为没有发现错误。

 敲黑板

在原理图中还有一些设计，人为增加了一些 Altium Designer 系统误报为错误的信息，或希望一些警告信息不接收 ERC。那么可以通过"放置"→"指示"→"通用 No ERC 标号"命令，鼠标指针上将悬浮一个 45 度角的红色光标，移动鼠标单击，将该标号放置在 U1A 的第 2 引脚所连接的导线或引脚上，如图 2-2-66 所示。单击鼠标右键或按 Esc 键可退出放置 No ERC 标号。

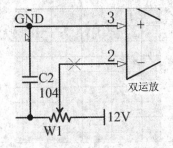

图 2-2-66　放置 No ERC 标号

然后再进行原理图编译时，在 Messages 对话框中将减少一条 NetU1_2 网络的警告信息。

在一些原理图方案不能完全确定的情况下，通常会在原理图设计时给出两种电路图方案，或放置多余的元器件在原理图，这些电路图方案或多余的元器件在原理图编译时都会发生警告或错误提示，或会关联到 PCB 中引起更麻烦的修改。因此，在 Altium Designer 原理图编辑工作区提供了一个编译屏蔽的命令，可将第二方案电路或多余的元器件进行编译屏蔽。

首先，我们在光控广告灯原理图工作区使用 Shift+拖拽的方法复制 R7 光敏电阻，放置在 R7 的左侧，复制出来的元器件自动标注位号为 R8，与原理图中的原 R8 电阻的位号发生了重复冲突，所以两个 R8 电阻下方都将出现红色波浪警告。

然后，执行"放置"→"指示"→"编译屏蔽"命令，鼠标指针变成十字光标，将光标移动到复制出来的 R8 光敏电阻左上方进行单击，确定第一个固定点；再移动到 R8 光敏电阻下方进行单击，确定终点，如图 2-2-67 所示。单击鼠标右键或按 Esc 键可退出放置模式。

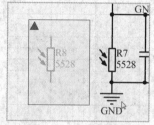

图 2-2-67　放置编译屏蔽

在编译屏蔽区的左上方有一个红色三角标记，单击这个标志可开放被编译屏蔽的区域，再次单击可恢复该区域的编译屏蔽。

被编译屏蔽的电路或元器件都不会被自动编译检测、重置标注等。

项目编译完成后，在 Navigator 面板中将列出所有对象的连接关系(网络关系)。如果 Navigator 面板没有显示，单击工作区窗口右下角的 Design Compiler 按钮，然后将 Navigator 选项单击一次即可，或执行"视图"→"工作区面板"→"Design Compiler"命令。

第五步：对于已编译过的原理图文件，用户还可以使用 Navigator 面板选取其中的对象进行编辑，如图 2-2-68 所示。

在该面板上部是该项目所包含的原理图文件的列表，这里只包含一个光控广告灯电路的原理图文件。

在该面板中部是元器件列表，列出了原理图文件中的所有元器件信息。如果用户需要选择任何一个元器件进行修改，可以单击元器件列表中的对应元器件编号，即可在工作区放大显示该元器件，且其他元器件被自动蒙板盖

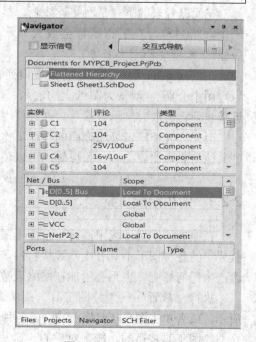

图 2-2-68　Navigator 面板

住，如图 2-2-69 所示。这就是在 Navigator 面板中的元器件列表中选择了编号为 R7 的电阻后，工作区的显示情况。

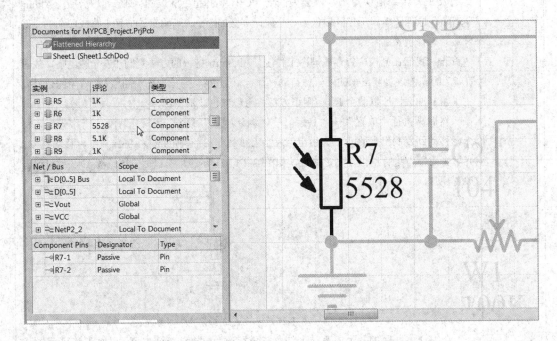

图 2-2-69　在 Navigator 面板中选择编号为 R7 的电阻

采用这种方法，就能很快地在元器件众多的原理图中定位某个元器件。

在元器件表的下方是网络连线表，显示所有网络连线的名称和应用的范围。单击任何一个网络名称，在工作区都会放大显示该网络连接线，并且使用自动蒙板将其他对象盖住。

在 Navigator 面板的最下方是端口列表，显示当前所选对象的端口("端口"将在层次原理图中介绍)，默认为图纸上的输入、输出端口的信息。当用户在元器件列表或者网络连接线列将会放大显示该信息，并且使用自动蒙板将其他图元对象盖住。

至此，光控广告灯原理图的设计工作全面完成，如果还想在原理图编辑工作区放置一些其他信息，比如文本、图像等，可以使用注释中的绘图工具来完成。

2.2.9　使用绘图工具

在原理图编辑环境中，有一个图形工具栏，用于在原理图中绘制各种图形。该图形工具栏中的各种图形不具有电气连接特性，系统在做 ERC 检查及转换成网络表时，它们不会产生任何影响，也不会附加在网络表数据中。

执行"放置"→"绘图工具"菜单命令，图形工具子菜单中的各项命令如图 2-2-70 所示；或者单击图形工具图标 ，各种绘图工具按钮如图 2-2-71 所示。图形工具菜单命令与绘图工具按钮的功能是对应的。这些命令按钮与元器件库编辑区中的一些命令按钮功能是完全一致的。

图 2-2-70　绘图工具子菜单命令

图 2-2-71　绘图工具栏按钮

1．绘制直线

在原理图中，直线可以用来绘制一些如表格、箭头和虚线等注释性的图形，也可在编辑元器件时绘制元器件的外形。直线在功能上完全不同于前面所说的导线，它不具有电气连接特性，不会影响电路的电气结构。

绘制直线的步骤如下：

第一步：执行"放置"→"绘图工具"→"直线"菜单命令，或单击工具栏的绘制直线按钮 ╱ ，这时鼠标指针变成十字形状。

第二步：移动指针到需要放置直线位置处，单击鼠标左键，确定直线的起点，多次单击可确定多个固定点。一条直线绘制完毕后，单击鼠标右键退出当前直线的绘制。

第三步：此时鼠标仍然处于绘制直线的状态，重复第二步的操作，即可绘制其他的直线。

第四步：在直线绘制过程中，需要拐弯时，可以单击鼠标来确定拐弯的位置，同时通过按"Shift+空格键"来切换拐弯的模式。在 T 型交叉点处，系统不会自动添加节点。

第五步：单击鼠标右键或按下 Esc 键，便可退出操作。

第六步：设置直线属性。双击需要设置属性的直线(或在绘制状态下按 Tab 键)，系统将弹出相应的"直线属性设置"对话框，如图 2-2-72 所示。在该对话框中可以对线宽、类型和直线的颜色等属性进行设置。

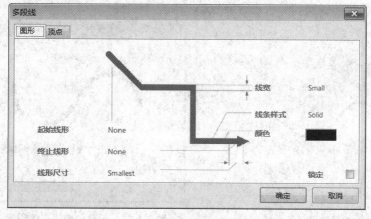

图 2-2-72　"直线属性设置"对话框

（1）"线宽"：设置直线的线宽，有 Smallest(最小)、Small(小)、Medium(中等)和 Large(大)四种线宽供用户选择。

（2）"线条样式"：设置直线的线型，有 Solid(实线)、Dashed (虚线)、Dotted(点画线)三种线型可供选择。

（3）"颜色"：设置直线的颜色。

（4）"起始线形"、"终止线形"：设置直线的起点和终点的线型，有 None(无)和 Arrow(箭头)、SolidArrow(实心箭头)、Tail(燕尾)、SolidTail(实心燕尾)、Circle(圆)、Square(方)六种线型可供选。线型样式如图 2-2-73 所示。

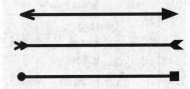

图 2-2-73　直线起点与终点的线型样式

（5）"线形尺寸"：设置线型的尺寸，与线宽一样，提供了四种线型可选。

属性设置完毕后，单击"确定"按钮，关闭直线属性设置对话框。

2．绘制贝赛尔曲线

贝赛尔曲线是一种表现力非常丰富的曲线，主要用来描述各种波形曲线，如正弦和余弦曲线等。贝赛尔曲线的绘制与直线的绘制类似，固定多个顶点(最少 4 个，最多 50 个)后即可完成曲线的绘制。

绘制贝赛尔曲线的步骤如下：

第一步：执行"放置"→"绘图工具"→"贝赛尔曲线"菜单命令，或单击工具栏的贝赛尔曲线图标按钮 ∿，这时光标变成十字形状。

第二步：移动指针到需要放置贝赛尔曲线的位置处，多次单击鼠标左键确定多个固定点。图 2-2-74 所示为绘制完成的余弦曲线的选中状态，移动 4 个固定点，即可改变曲线的形状。

第三步：此时，鼠标仍处于放置贝赛尔曲线的状态，重复第二步的操作，即可放置其他的贝赛尔曲线。

第四步：此时，单击鼠标右键或按 Esc 键，便可退出操作。

第五步：设置贝赛尔曲线属性。双击需要设置属性的贝赛尔曲线(或在绘制状态下按 Tab 键)，系统弹出相应的贝赛尔曲线属性设置对话框，如图 2-2-75 所示。在该对话框中可以对贝赛尔曲线的线宽和颜色进行设置。

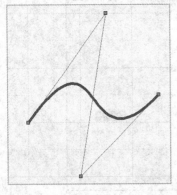

图 2-2-74　绘制好的贝赛尔曲线

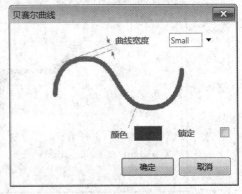

图 2-2-75　贝赛尔曲线属性设置对话框

属性设置完毕后，单击"确定"按钮，关闭贝赛尔曲线属性设置对话框。

3．绘制椭圆弧

绘制椭圆弧的步骤如下：

第一步：执行"放置"→"绘图工具"→"椭圆弧"菜单命令，或单击工具栏的椭圆弧按钮 ，这时光标变成十字形状。

第二步：移动指针到需要放置椭圆弧的位置处，单击鼠标左键，第一次确定椭圆弧的中心，第二次确定椭圆弧长轴的长度，第三次确定椭圆弧短轴的长度，第四次确定椭圆弧的起点，第五次确定椭圆弧的终点，从而完成椭圆弧的绘制。

第三步：此时，鼠标仍处于绘制椭圆弧的状态，重复第二步的操作，即可绘制其他的椭圆弧。

第四步：单击鼠标右键或按下 Tab 键便可退出操作。

第五步：设置椭圆弧属性。双击需要设置属性的椭圆弧或在绘制状态下按 Tab 键，系统弹出相应的椭圆弧属性设置对话框，如图 2-2-76 所示。

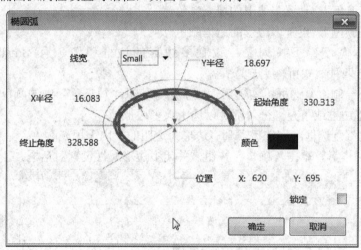

图 2-2-76　椭圆弧属性设置对话框

(1)　"线宽"下拉列表框：设置弧的线宽，有 Smallest、Small、Medium、Large 四种线宽可供用户选择。

(2)　"X 半径"：设置椭圆弧 X 方向的半径长度。

(3)　"Y 半径"：设置椭圆弧 Y 方向的半径长度。

(4)　"起始角度"：设置椭圆弧的起始角度。

(5)　"终止角度"：设置椭圆弧的终止角度。

(6)　"颜色"：设置椭圆弧的颜色。

(7)　"位置"：设置椭圆弧的位置。

属性设置完毕后，单击"确定"按钮，关闭椭圆弧属性设置对话框。

对于有严格要求的椭圆弧的绘制，一般应先在该对话框中进行设置，然后再放置。这样在原理图中不移动指针，连续单击 5 次，即可完成放置操作。

圆弧实际上是椭圆弧的一种特殊形式，圆弧的绘制与椭圆弧绘制相同。当然可以直接执行"放置"→"绘图工具"→"圆圈"命令，也可以放置圆弧。

4．绘制多边形

绘制多边形的步骤如下：

第一步：单击"放置"→"绘图工具"→"多边形"菜单命令，或单击工具栏的绘制多边形按钮，这时指针变成十字形状。

第二步：移动指针到需要放置多边形的位置处，单击鼠标左键确定多边形的一个点，接着每单击一次鼠标左键，就确定一个顶点，绘制完毕后，单击鼠标右键，退出当前多边形的绘制。

第三步：此时，系统仍处于绘制多边形的状态，重复第二步的操作，即可绘制其他的多边形。

第四步：单击鼠标右键或按下 Esc 键，便可退出操作。

第五步：设置多边形属性。双击需要设置属性的多边形或在绘制状态下按 Tab 键，系统弹出相应的多边形属性设置对话框，如图 2-2-77 所示。

(1) "填充颜色"：设置多边形的填充颜色。

(2) "边框颜色"：设置多边形的边框颜色。

(3) "边框宽度"下拉列表：设置多边形的边框粗细，有 Smallest、Small、Medium、Large 四种线宽可供用户选择。

(4) "实心绘制"复选框：勾选后，则多边形将以"填充色"中的颜色填充多边形，此时单击多边形边框或填充部分，都可以选中该多边形。

(5) "透明"复选框：勾选后，则多边形为透明的，内无填充颜色。

属性设置完毕后，单击"确定"按钮，关闭多边形属性设置对话框。

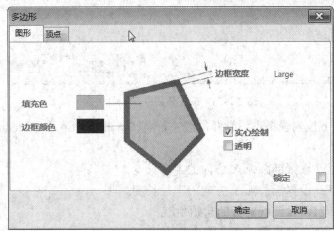

图 2-2-77　多边形属性设置对话框

5．绘制圆角矩形和矩形

可以将矩形看成是圆角矩形中的一种特殊形式，两者的绘制操作基本是一样的，但系统中给它们各自分配了独立的菜单命令和图形按钮工具。

绘制圆角矩形步骤如下：

第一步：执行"放置"→"绘图工具"→"圆角矩形"菜单命令，或单击工具栏的绘制圆角矩形按钮，这时光标变成十字形状，并带有一个圆角矩形图形。

第二步：移动指针到需要放置圆角矩形的位置处，单击鼠标左键确定圆角矩形的一个顶点，移动指针到合适的位置，再一次单击，确定其对角顶点，从而完成圆角矩形的绘制。

第三步：此时，系统仍处于绘制圆角矩形的状态，重复第二步的操作，即可绘制其他的圆角矩形。

第四步：单击鼠标右键或 Esc 键，便可退出操作。

第五步：双击需要设置属性的圆角矩形或在绘制状态下按 Tab 键，系统弹出相应的圆角矩形属性对话框，如图 2-2-78 所示。

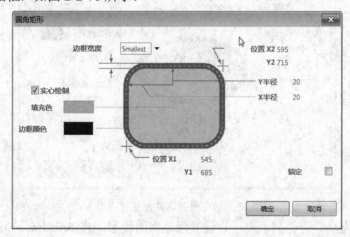

图 2-2-78　圆角矩形属性设置对话框

(1) "边框宽度"下拉列表框：设置圆角矩形边框的线宽，有 Smallest、Small、Medium、Large 四种线宽供用户选择。

(2) "X 半径"：设置 1/4 圆角 X 方向的半径长度。

(3) "Y 半径"：设置 1/4 圆角 Y 方向的半径长度。

(4) "实心绘制"复选框：勾选后，将以"填充色"中的颜色填充圆角矩形框，此时单击边框或填充部分，都可以选中该圆角矩形。

(5) "填充色"：设置圆角矩形的填充颜色。

(6) "边框颜色"：设置圆角矩形的边框颜色。

(7) "位置"：设置圆角矩形起始与终止顶点的位置。

属性设置完毕后，单击"确定"按钮，关闭圆角矩形属性设置对话框。

矩形的绘制操作步骤及属性修改与绘制圆角矩形及属性设置对话框非常类似。执行"放置"→"绘图工具"→"矩形"命令，或单击工具栏的绘制矩形按钮，这时鼠标指针将悬浮一个矩形，接下来按圆角矩形的绘制操作即可。

6. 绘制椭圆

绘制椭圆的步骤如下：

第一步：执行"放置"→"绘图工具"→"椭圆"菜单命令，或单击工具栏的绘制椭圆按钮，这时鼠标指针变成十字形状，并带有一个椭圆图形。

第二步：移动指针到需要放置椭圆的位置处，单击鼠标左键，第一次确定椭圆的中心，第二次确定椭圆长轴的长度，第三次确定椭圆的短轴，从而完成椭圆的绘制。

第三步：此时，系统仍处于绘制椭圆的状态，重复第二步的操作，即可绘制其他的椭圆。

第四步：单击鼠标右键或按 Esc 键，便可退出操作。

第五步：双击需要设置属性的椭圆或在绘制状态下按 Tab 键，系统将弹出相应的椭圆属性设置对话框，如图 2-2-79 所示。

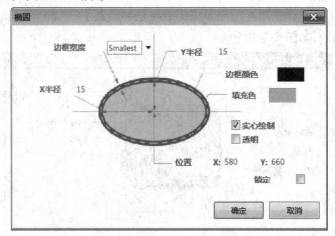

图 2-2-79　椭圆属性设置对话框

(1) "边框宽度"下拉列表框：设置椭圆边框的线宽，有 Smallest、Small、Medium、Large 四种线宽可供用户选择。

(2) "X 半径"：设置椭圆 X 方向的半径长度。

(3) "Y 半径"：设置椭圆 Y 方向的半径长度。

(4) "实心绘制"复选框：勾选后，将以"填充色"中的颜色填充椭圆框，此时单击边框或填充部分都可以选中该椭圆。

(5) "透明"复选框：被勾选后，则填充框为透明的，内无填充颜色。

(6) "填充色"：设置椭圆的填充颜色。

(7) "边框颜色"：设置椭圆的边框颜色。

(8) "位置"：设置椭圆的中心位置。

属性设置完毕后，单击"确定"按钮，关闭椭圆属性对话框。

对于有严格要求的椭圆的绘制，一般应先在该对话框中进行设置，然后再放置。这样在原理图中不移动指针，连续单击 3 次，即可完成放置操作。

圆是椭圆中的一种特殊形式，其操作方式与绘制椭圆是一样的。

7. 绘制饼形图

绘制饼形图的步骤如下：

第一步：执行"放置"→"绘图工具"→"饼形图"菜单命令，或单击工具栏的绘制饼形图按钮 ，这时光标变成十字形状，并带有一个饼形图图形。

第二步：移动指针到需要放置饼形图的位置处，单击鼠标左键，第一次确定绘制饼形图的中心，第二次确定饼形图的半径，第三次确定饼形图的起始角度，第四次确定饼形图的终止角度，从而完成饼形图的绘制。

第三步：此时，系统仍处于绘制饼形图的状态，重复第二步的操作，即可绘制其他的饼形图。

第四步：单击鼠标右键或按 Esc 键，便可退出操作。

第五步：双击需要设置属性的饼形图，或在绘制饼形图状态下按 Tab 键，系统将弹出相应的饼形图属性设置对话框，如图 2-2-80 所示。

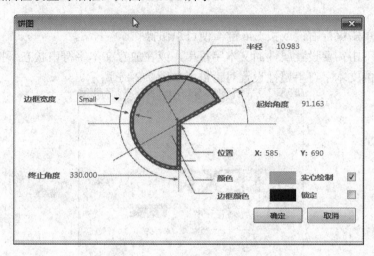

图 2-2-80　饼形图属性设置对话框

(1)　"边框宽度"下拉列表框：设置饼形图弧线的线宽，有 Smallest、Small、Medium、Large 四种线宽供用户选择。

(2)　"半径"：设置饼形图的半径长度。

(3)　"实心绘制"复选框：勾选后，将以"填充色"中的颜色填充饼形图，此时单击边框或填充部分都可以选中该饼形图。

(4)　"起始角度"：设置饼形图的起始角度。

(5)　"终止角度"：设置饼形图的终止角度。

(6)　"颜色"：设置饼形图的填充颜色。

(7)　"边框颜色"：设置饼形图的边框颜色。

(8)　"位置"：设置饼形图的中心位置。

属性设置完毕后，单击"确定"按钮，关闭饼形图属性对话框。

对于有严格要求的饼形图的绘制，一般应先在该对话框中进行设置，然后再放置。这样在原理图中不移动指针，连续单击 4 次，即可完成放置操作。

8．放置文字标注

为了增加原理图的可读性，可以在原理图的一些关键的位置处，添加一些文字说明。

在 Altium Designer 系统原理图编辑工作区中，可放置两种文字标注，一种是文本字符串，另一种是文本框。文本字符串只能放置简单的单选文字。如果原理图中需要大段的文字说明，就需要使用文本框。文本框可以放置多行文本，并且字数没有限制，它仅仅是对用户所设计的电路进行说明，本身不具有电气的意义。

添加说明文本字符串的步骤如下：

第一步：执行"放置"→"文本字符串"菜单命令，或单击工具栏的添加文本字符串按钮 **A**，这时光标变成十字形状，并带有一个文本字符串"Text"标志。

第二步：移动指针到需要放置文本字符串的位置处，单击鼠标左键，即可放置该文本字符串。

第三步：此时，系统仍处于文本字符串的状态，重复第二步的操作，即可放置其他的文本字符串。

第四步：单击鼠标右键或按 Esc 键，便可退出操作。

第五步：双击需要设置属性的文本字符串，或在放置文本字符串状态下按 Tab 键，系统将弹出相应的文本字符串属性设置对话框，如图 2-2-81 所示。

图 2-2-81　文本字符串属性设置对话框

(1) "颜色"：设置文本字符串的颜色。

(2) "位置"：设置文本字符串的位置。

(3) "定位"下拉列表框：设置文本字符串在原理图中的放置方向，有 0 Degrees(0 度)、90 Degrees(90 度)、180 Degrees(180 度)、270 Degrees(270 度)四个选项。

(4) "水平对齐"下拉列表框：调整文本字符串在水平方向上的位置，有 Left(左)、Center(中)、Right(右)三个选项。

(5) "垂直对齐"下拉列表框：调整文本字符串在垂直方向上的位置，有 Top(顶)、Center(中)、Bottom(底)三个选项。

(6) "文本"输入框：输入文本字符串的具体内容。也可以在放置完毕后选中对象，然后直接单击，即可直接在窗口输入文本内容。

(7) "字体"：设置文本字符串的字体。

属性设置完毕后，单击"确定"按钮，关闭文本字符串属性对话框。

添加文本框的步骤如下：

第一步：执行"放置"→"文本框"菜单命令，或单击工具栏的添加文本框按钮
，这时光标变成十字形状，并带有一个虚框。

第二步：移动指针到需要放置文本框的位置处，单击鼠标左键，确定文本框的一个顶点，移动光标到合适位置，再单击一次，确定其对角顶点，完成文本框的放置。

第三步：此时，系统仍处于文本框的状态，重复第二步的操作，即可放置设置其他的文本框。

第四步：单击鼠标右键或按 Esc 键，便可退出操作。

第五步：双击需要设置属性的文本框，或在放置文本框状态下按 Tab 键，系统将弹出相应的文本框属性设置对话框，如图 2-2-82 所示。

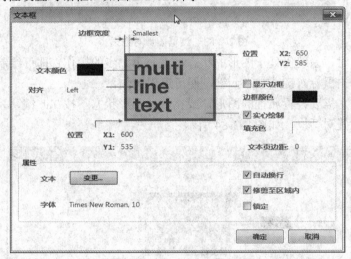

图 2-2-82　文本框属性设置对话框

文本框属性设置和文本字符串属性设置大致相同，这里不再赘述。

属性设置完毕后，单击"确定"按钮，关闭文本框属性对话框。

9．添加图像

有时在原理图中需要放置一些如厂家标志、广告等图像文件，这可以通过使用"图像"命令在原理图上实现图像的添加。

图像有多种含义，其中最常见的定义是各种图形和影像的总称。在原理图中添加的图像文件通常是一些图形文件，以下简称为图形。

添加图形的步骤如下：

第一步：执行"放置"→"绘图工具"→"图像"菜单命令，或单击工具栏的添加图像按钮 ，这时光标变成十字形状，并带有一个矩形框。

第二步：移动指针到需要放置图形的位置处，单击鼠标左键，确定文本框的一个顶点，移动光标到合适位置，再单击一次，此时将弹出如图 2-2-83 所示的浏览图形对话框。从对话框中选择要添加的图形文件，然后移动指针到工作窗口中，再单击左键，这时所选的图形将被添加到原理图窗口中。

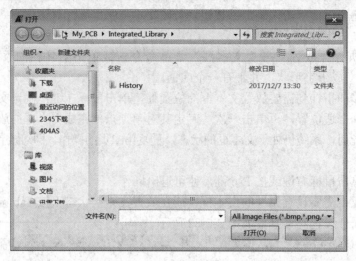

图 2-2-83　浏览图形对话框

第三步：此时，系统仍处于图形的状态，重复第二步的操作，即可绘制其他的图形。

第四步：单击鼠标右键或按 Esc 键，便可退出操作。

第五步：双击需要设置属性的图形，或在放置图形状态下按 Tab 键，系统将弹出相应的文本框属性设置对话框，如图 2-2-84 所示。

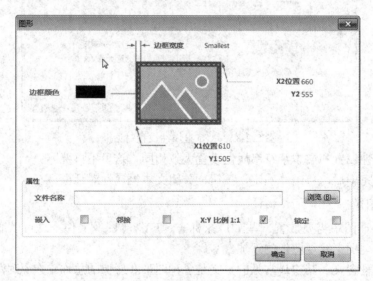

图 2-2-84　图形属性设置对话框

(1) "边框颜色"：设置图形的边框颜色。

(2) "边框宽度"下拉列表框：设置图形边框的线宽，有 Smallest、Small、Medium、Large 四种线宽供用户选择。

(3) "位置"：设置图形的对角顶点位置。

(4) "文本名称"文本框：选择图片所在的文件路径名。

(5) "嵌入"复选框：勾选后，图片将被嵌入到原理图文件中，这样可以方便文件的转移。如果取消对该选项的选中状态，则在文件传递时需要将图片的链接也转移过去，否则将无法显示图片。

(6) "邻接"复选框：是否显示图片的边框。

(7) "X：Y 比例 1：1"复选框：勾选后，则以 1：1 的比例显示图片。

属性设置完毕后，单击"确定"按钮，关闭图形属性对话框。

2.2.10　设置原理图工作环境

在原理图绘制过程中，其工作效率与正确性往往与原理图设计环境参数的设置有着密切的关系。原理图设计环境参数合理与否，将直接影响到设计过程中设计软件的功能是否能充分发挥。

在 Altium Designer 17 系统中，原理图编辑器的工作环境设置是由原理图"优选项"设置对话框来完成的。

执行"工具"→"原理图优选项"菜单命令(按快捷键 T→P)，或在编辑窗口内单击鼠标右键，在弹出的右键快捷菜单中执行"选项"→"原理图优选项"命令，将会打开原理图优选项设定对话框。

"优选项"对话框中主要有 9 个标签页，分别为"General"(常规)、"Graphical Editing"(图形编辑)、"Compiler"(编译器)、"AutoFocus"(自动获得焦点)、"Library AutoZoom"(库扩充方式)、"Grids"(栅格)、"Break Wire"(断开连线)、"Default Units"(默认单位)、"Default Primitives"(默认图元)。

1. General 参数设置

在"优选项"对话框中，单击"General"(常规)标签，弹出"General"(常规)参数设置对话框如图 2-2-85 所示，可以用来设置电路原理图设计的常规环境参数。

图 2-2-85　"General"(常规)参数设置对话框

(1) "选项"区域中的一些选项功能如下：

"在结点处断线"复选框：勾选该项后，在自动连接处断线。

"优化走线和总线"复选框：勾选该项后，在进行导线和总线的连接时，系统将自动选择最优路径，并且可以避免各种电气连线和非电气连线的相互重叠。此时，下面的"元件割线"选项也呈现可选状态。若不勾选该复选框，则用户可以自动进行连线路径的选择。

"元件割线"复选框：勾选该项后，会启动使用元器件切割导线的功能，即当放置 1 个元器件时，若元器件的 2 个引脚同时落在 1 根导线上，则该导线将被切割成 2 段，2 个端点自动分别与元器件的 2 个引脚相连。

"使用 In-Place 编辑"复选框：勾选该项后，在选中原理图中的文本对象时，如元器件的序号、标注等，双击后可以直接进行编辑、修改，而不必打开相应的对话框。

"Ctrl + 双击打开图纸"复选框：勾选该项后，按下 Ctrl 键，同时双击原理图文档图标，即可打开该原理图。

"转换十字结点"复选框：勾选该项后，用户在画导线时，在重复的导线处自动连接并产生结点，同时终结本次画线操作。若没有选择该复选框，则用户可以随意覆盖已经存在的连线，并可以继续进行画线操作。

"显示 Cross-Overs"(显示交叉点)复选框：勾选该项后，非电气连接的交叉处会半圆弧显示出横跨状态。

"Pin 方向"(引脚方向)复选框：勾选该项后，单击元器件某一引脚时，会自动显示该引脚的编号及输入、输出特性等。

"图纸入口方向"复选框：勾选该项后，在顶层原理图的图纸符号中，会根据子图中设置的端口属性显示是输出端口、输入端口或其他性质的端口。图纸符号中相互连接的端口部分则不跟随此项设置改变。

"端口方向"复选框：勾选该项后，端口的样式会根据用户设置的端口属性显示是输出端口、输入端口或其他性质的端口。

"未连接的从左到右"复选框：勾选该项后，由子图生成顶层原理图时，左、右可以不进行物理连接。

"使用 GDI + 渲染文本 +"复选框：勾选该项后，可使用 GDI 字体渲染功能，精细到字体的粗细、大小等功能。

"垂直拖拽"复选框：勾选该项后，在原理图上拖动元器件时，与元器件相连的导线只能保持直角。若不选中该选项，则与元器件相连接的导线可以呈现任意的角度。

(2) "包含剪帖板"区域中的一些选项功能如下：

"No-ERC 标记"(忽略 ERC 检查符号)复选框：勾选该项后，在复制、剪切到剪贴板或打印时，均包含图纸的忽略 ERC 检查符号。

"参数集"复选框：勾选该项后，在使用剪贴板进行复制操作或打印时，包含元器件的参数信息。

(3) "Alpha 数字后缀"(字母和数字后缀)选项功能用来设置某些元器件中包含多个

相同子部件的标识后缀，每个子部件都具有独立的物理功能。在放置这种复合元器件时，其内部的多个子部件通常采用"元器件标识+后缀"的形式来加以区别。

"字母"选项：选中该单选按钮，子部件的后缀以字母表示，如 U?: A、U?: B 等。

"数字"选项：选中该单选按钮，子部件的后缀以数字表示，如 U?: 1、U?: 2 或 U?.1，U?.2 等。

(4) "管脚余量"选项功能包含以下文本框选项：

"名称"文本框：设置元器件的引脚编号与元器件符号边缘之间的距离，系统默认值为 5 mil(1 mil = 0.254 cm)。

"数量"文本框：设置元器件的引脚编号与元器件符号边缘之间的距离，系统默认值为 8 mil。

(5) "过滤和选择的文档范围"下拉列表用来设置过滤器和执行选择功能时默认的文件范围，有两个选项。

"Current Document"(当前文件)选项：表示仅在当前打开的文件中使用。

"Open Document"(打开文件)选项：表示在所有打开的文档中都可以使用。

(6) "放置是自动增加"选项功能用来设置元器件标识序号及引脚号的自动增量数。

"首要的"文本框：设置在原理图上连续放置同一种元器件时，元器件标识序号的自动增量数，系统默认值为 1。

"次要的"文本框：设定创建原理图符号时，引脚号的自动增量数，系统默认值为 1。

"移除前导零"复选框：勾选该项后，增加前的序号 0 自动移除，如，U01 放置后显示为 U1。

(7) "端口交叉参考"选项功能如下：

"图纸类型"下拉列表框：设置端口交叉以图纸的"Name"(名称)或"Number"(数字)类型进行参考。

"位置类型"下拉列表框：设置端口交叉以"Zone"(原点)或"Location X，Y"(坐标)类型进行参考。

(8) "默认空白纸张模板及尺寸"选项功能如下：

"模板"下拉列表框：设置当前原理图文档以哪种模板的形式进行设置，系统提供了 28 种模板。

"图纸尺寸"下拉列表框：在模板选用无时，图纸尺寸可修改其他方式的；在使用其他模板时，图纸尺寸为固定模板的尺寸。

2．Graphical Editing 参数设置

在"优选项"对话框中，单击"Graphical Editing"(图形编辑)标签，弹出的"Graphical Editing"对话框如图 2-2-86 所示，主要用来设置与绘图有关的一些参数。

(1) "选项"区域中的各项功能如下：

"剪贴板参考"复选框：设置将选取的元器件复制或剪切到剪贴板时，是否要指定参考点。勾选该项后，进行复制或剪切时，系统会要求指定参考点。对于复制一个将要粘贴回原来位置的原理图部分指定的参考点非常重要，该参考点是粘贴时被保留部件的点。建

议用户勾选该复选框。

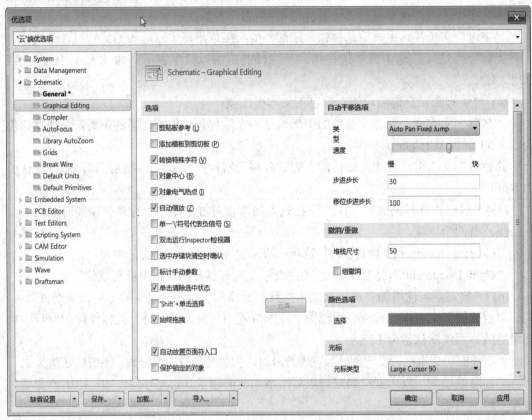

图 2-2-86　"Graphical Editing"对话框

"添加模板到剪切板"复选框：添加模板到剪贴板上。勾选该项后，当执行复制或剪切操作时，系统会把模板文件添加到剪贴板上；若不勾选该复选框，可以直接将原理图复制到 Word 文档中。建议用户不勾选该复选框。

"转换特殊字符"复选框：用于设置将特殊字符串转换成相应的内容。勾选该项后，则在原理图中使用特殊字符串时，显示时会转换成实际字符串；否则，将保持原样。

"对象中心"复选框：设置当移动元器件时，指针捕捉的是元器件的参考点还是元器件的中心。要想实现该选项的功能，必须取消"对象电气热点"选项的勾选。

"对象电气热点"复选框：勾选该项后，可以通过距离对象最近的电气点移动或拖动对象。建议用户勾选该复选框。

"自动缩放"复选框：设置插入组件时，原理图是否可以自动调整视图显示比例，以适合显示该组件。建议用户勾选该复选框。

"单一'\'符号代表负信号"复选框：勾选该项后，只要在网络标签名称的第 1 个字符前加一个'\'，就可以将该网络标签名称全部加上横线。

"双击运行 Inspector 检视器"复选框：勾选该项后，则在原理图上双击一个对象时，弹出的不是"Properties for Schematic Component in Sheet"(原理图元器件属性)对话框，而是如图 2-2-87 所示的"SCH Inspector"对话框。建议用户不勾选该复选框。

图 2-2-87 "SCH Inspector"对话框

"选中存储块清空时确认"复选框：勾选该项后，在清除选择存储器时，系统将会出现一个确认对话框；否则，确认对话框不会出现。通过这项功能可以防止由于疏忽而清除选择存储器，建议用户勾选该复选框。

"标计手动参数"复选框：设置是否显示参数自动定位被取消的标记点。

"单击清除选中状态"复选框：单击取消选择对象。该选项用于单击原理图编辑窗口内的任意位置，以取消对象的选择状态。不选定此项时，取消元器件被选中状态需要执行菜单命令"编辑"→"取消选中"→"所有打开的当前文件"，或单击工具栏图标按钮 ，来取消元器件的选中状态。勾选该项后，取消元器件的选取状态可以有两种方法：一是直接在原理图编辑窗口的任意位置单击鼠标左键，即可取消元器件的选取状态；二是执行菜单命令"编辑"→"取消选中"→"所有打开的当前文件"，或单击工具栏图标按钮 ，来取消元器件的选中状态。

"'Shift'+单击选择"复选框：勾选该项后，只要在按下"Shift"键时，单击鼠标左键才能选中元器件。使用此功能会使原理图编辑很不方便，建议用户不要勾选该复选框。

"始终拖拽"复选框：勾选该项后，当移动某一元器件时，与其相连的导线也会被随之拖动，保持连接关系；否则，移动元器件时，与其相连的导线不会被拖动。

"自动放置页面符入口"复选框：勾选该项后，系统会自动放置图纸。

"保护锁定的对象"复选框：勾选该项后，系统会对锁定的图元进行保护；不勾选该复选框，则锁定对象不会被保护。

"页面符入口和端口使用线束颜色"复选框：勾选该项后，页面符入口和端口使用同导线一致的颜色。

"粘贴时重置元件位号"复选框：勾选该项后，粘贴元器件时，元器件位号将被重置。

"网络颜色覆盖"复选框：勾选该项后，可使用布线工具栏中的网络颜色按钮进行网络导线的颜色高亮显示，颜色用户可以自己选定。

(2)"自动平移选项"区域主要用于设置系统的自动平移功能。自动平移是指当鼠标处于放置图纸元器件的状态时，如果将指针移动到编辑区边界上，图纸边界自动向窗口中心移动。"自动平移选项"区域主要包括如下设置：

"类型"下拉列表：单击该选项右边的下拉按钮，弹出图 2-2-88 所示的下拉列表。

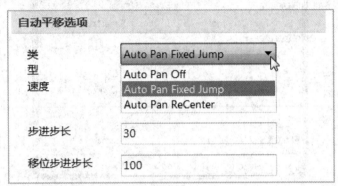

图 2-2-88 "类型"下拉列表

其各项功能如下：

Auto Pan Off ：取消自动平移功能。

Auto Pan Fixed Jump：以"步进步长"和"移位步进步长"所设置的值进行自动移动。系统默认为"Auto Pan Fixed Jump"。

Auto Pan ReCenter：重新定位编辑区的中心位置，即以指针所指的边为新的编辑区中心。

"速度"：调节滑块设定的自动移动速度。滑块越向右，移动速度越快。

"步进步长"：设置滑块每一步移动的距离值。系统默认值为 30。

"移位步进步长"：设置在按下"Shift"键时，原理图自动移动的步长。一般该栏的值大于"步进步长"中的值，这样按下"Shift"键后，可以加速原理图图纸的移动速度，系统默认值为 100。

(3)"撤销/重做"选项区域中的"堆栈尺寸"框，用于设置堆栈次数。

(4)"颜色选项"选项区用来设置所选对象的颜色。单击后面的颜色选择栏，即可自行设置。

(5)"光标"选项主要用来设置指针的类型。

"指令类型"下拉列表：指针的类型有四种选择，即"Large Cursor 90"(长十字形指针)、"Small Cursor 90"(短十字形指针)、"Small Cursor 45"(短 45 度交错指针)、"Tiny Cursor 45"(小 45 度交错指针)。系统默认为"Small Cursor 90"(短十字形指针)，建议用户选用"Large Cursor 90"(长十字形指针)。

3. Compiler 参数设置

在"优选项"对话框中，单击"Compiler"(编译器)标签，弹出的"Compiler"对话框如图 2-2-89 所示，用于检查原理图设计中的一些错误或疏漏之处。系统根据用户的设置，会对整个电路图进行电气检查，对检测出的错误生成各种报表和统计信息，帮助用户进一步修改和完善自己的设计工作。

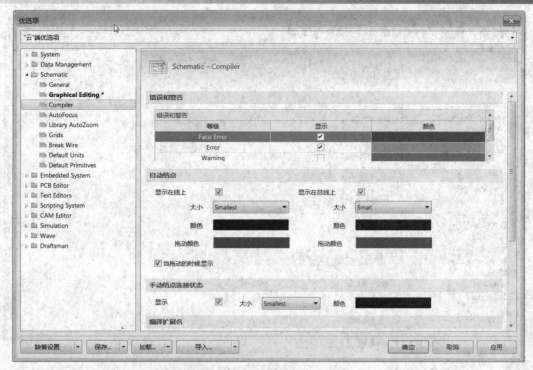

图 2-2-89 "Compiler"对话框

(1) "错误和警告"选项区域用来设置对于编译过程中出现的错误是否显示出来，并可以选择颜色加以标记。系统错误有三种，分别是"Fatal Error"(致命错误)、"Error"(错误)、"Warning"(警告)。此选项区域采用系统默认即可。

(2) "自动结点"选项区主要用来设置在电路原理图连线时，在导线的 T 字型连接处，系统自动添加电气节点的显示方式，有两个选项供选择。

"显示在线上"复选框：在导线上显示，若选中该项，导线上的 T 字型连接处会显示电气节点。电气节点的大小用"大小"设置，有"Smallest"、"Small"、"Medium"、"Large"四种选择。在"颜色"中可以设置电气节点的颜色。

"显示在总线上"复选框：在总线上显示，若选中该项，总线上的 T 字型连接处会显示电气节点。电气节点的大小和颜色设置操作与前面相同。

(3) "手动结点连接状态"选项区中的设置与"自动结点"选项区中的设置基本相同，其中"显示"复选框勾选后，在原理图中可显示出手动结点。

(4) "编译扩展名"选项区主要用来设置要显示对象的扩展名。若选中"位号"选项后，在电路原理图上会显示标志的扩展名。其他对象的设置操作同上。

4．AutoFocus 参数设置

在 Altium Designer 17 系统中，提供了一种自动聚焦功能，能够根据原理图中的元器件或对象所处的状态(连接或未连接)分别进行显示，便于用户直观、快捷地查询或修改。该功能的设置通过"AutoFocus"对话框来完成。

在"优选项"对话框中，单击"AutoFocus"(自动聚焦)标签，弹出"AutoFocus"对话框，如图 2-2-90 所示。

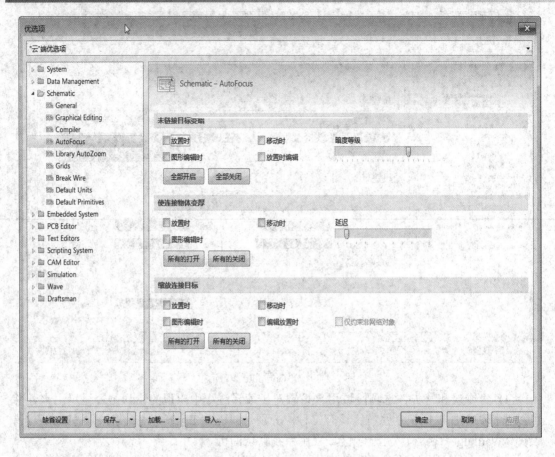

图 2-2-90 "AutoFocus" 对话框

(1) "未连接目标变暗" 选项区用来设置对未连接的对象的淡化显示, 有四个选项可供选择, 分别是 "放置时"、"移动时"、"图形编辑时"、"放置时编辑"。单击 "全部开启" 按钮, 可以全部选中; 单击 "全部关闭" 按钮, 可以全部取消选择。淡化显示的程度, 可以由右面的滑块来调节。

(2) "使连接物体变厚" 选项区用来设置对连接对象的加强显示, 有三个选项可供选择, 分别是 "放置时"、"移动时"、"图形编辑时"。其他的设置同上。

(3) "缩放连接目标" 选项区用来设置对连接对象的缩放, 有五个选项可供选择, 分别是 "放置时"、"移动时"、"图形编辑时"、"编辑放置时"、"仅约束非网络对象"。第 5 个选项在选择了 "编辑放置时" 复选框后, 才能进行选择。其他设置同上。

5. Library AutoZoom 参数设置

在原理图中可以设置元器件的自动缩放形式, 主要通过 "Library AutoZoom" 对话框。

在 "优选项" 对话框中, 单击 "Library AutoZoom" (元器件自动缩放)标签, 弹出 "Library AutoZoom" 对话框, 如图 2-2-91 所示。

在对话框中, 有三个选择项可供用户选择, 即 "切换器件时不进行缩放"、"记录每个器件最近缩放值"、"编辑器中每个器件居中"。系统默认 "编辑器中每个器件居中"。

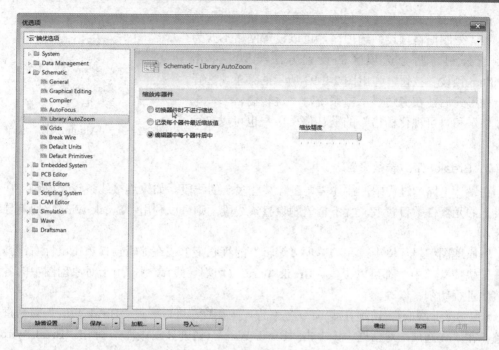

图 2-2-91 "Library AutoZoom"对话框

6. Grids 参数设置

在"优选项"对话框中，单击"Grids"(栅格)标签，弹出"Grids"对话框，如图 2-2-92 所示。原理图中的各种网格可以通过"Grids"对话框来设置数值大小、形状、颜色等。

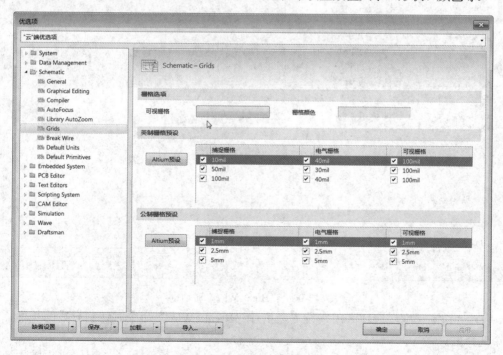

图 2-2-92 "Grids"对话框

在"Grids"对话框中，包含有"英制栅格预设"选项区和"公制栅格预设"选项区，可以设置网格形式为英制或公制。两个选项区的设置方法类似。单击"Altium 预设"按钮，弹出图 2-2-93 所示的菜单。选择某一种形式后，在旁边显示出系统对"跳转栅格"、"电气栅格"和"可视化栅格"的默认值。用户也可以自行设置。

图 2-2-93 "Altium 预设"菜单

7. Break Wire 参数设置

在设计电路的过程中，往往需要删除某些多余的线段。如果连接线条较长或连接在该线段上的元器件数目较多，且不希望删除整条线段，则可以利用"Break Wire"(切割导线)功能。

在原理图编辑环境中，在菜单项"编辑"的级联菜单或在编辑窗口单击鼠标右键弹出的右键快捷菜单中，都可以提供"Break Wire"(切割导线)命令，用于对原理图中的各种连接线进行切割、修改。

和"Break Wire"(切割导线)命令有关的一些参数，可以通过"Break Wire"对话框来设置。在"优选项"对话框中，单击"Break Wire"(切割导线)标签，弹出"Break Wire"对话框，如图 2-2-94 所示。

图 2-2-94 "Break Wire"对话框

(1) "切割长度"选项区用来设置当执行"Break Wire"命令时切割导线的长度，有三个选择框。

"捕捉段"：对准片断。选择该项后，当执行"Break Wire"命令时，光标所在的导线被整段切除。

"捕捉格点尺寸倍增"：捕获网格的倍数。选择该项后，当执行"Break Wire"命令时，每次切割导线的长度都是网格的整数倍。用户可以在右边的数字栏中设置倍数，倍数的大小为2～10。

"固定长度"：固定长度。选择该项后，当执行"Break Wire"命令时，每次切割导线的长度是固定的。用户可以在右边的数字栏中设置每次切割导线的固定长度值。

(2) "显示切刀盒"选项区有"从不"、"总是"和"导线上"三个选项选择，用来设置当执行"Break Wire"命令时，是否显示切割框。

(3) "显示末端标记"选项区有"从不"、"总是"和"导线上"三个选项选择，用来设置当执行"Break Wire"命令时，是否显示导线的末端标记。

8. Default Units 参数设置

在原理图绘制中，可以使用英制单位系统，也可以使用公制单位系统，具体设置通过"Default Units"对话框完成。在"优选项"对话框中，单击"Default Units"(默认单位)标签，弹出"Default Units"对话框，如图2-2-95所示。

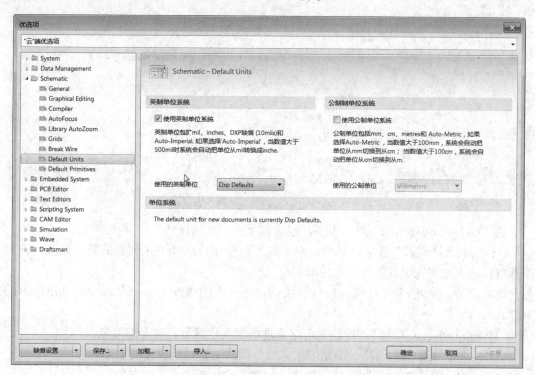

图 2-2-95　"Default Units"对话框

(1) 在"英制单位系统"选项区，将"使用英制单位系统"的复选框勾选后，在"使用的英制单位"下拉列表框中会有四种选择，分别是"Dxp Default"、"Mils"、"Inches"和"Auto-Imperial"，系统默认为"Dxp Default"。对于每一种选择，下面的"单位系统"都有相应的说明。

(2) 在"公制单位系统"选项区，将"使用公制单位系统"的复选框勾选后，下面的

"使用的公制单位"下拉列表框被激活，其设置方法同上。

9．Default Primitives 参数设置

在"优选项"对话框中，单击"Default Primitives"(原始默认值)标签，弹出"Default Primitives"对话框，如图 2-2-96 所示。"Default Primitives"(原始默认值)对话框用来设定原理图编辑时常用图元的原始默认值。这样，在执行各种操作时，如图形绘制、元器件插入等，就会以所设置的原始默认值为基准进行操作。

图 2-2-96 "Default Primitives"对话框

在"Default Primitives"对话框中，包含如下两个选项区和一个功能按钮区：

(1) 在"元件列表"选项区域中，单击其下拉按钮，选择下拉列表的某一选项，该类型所包括的对象将在"元器件"框中显示。

"All"选项：指全部对象。选择该项后，在下面的"Primitives"框中将列出所有的对象。

"Wiring Objects"选项：指绘制电路原理图工具栏所放置的全部对象。

"Drawing Objects"选项：指绘制非电气原理图工具栏所放置的全部对象。

"Sheet Symbol Objects"选项：指绘制层次图时与子图有关的对象。

"Library Objects"选项：指元器件库有关的对象。

"Other"选项：指上述类别所没有包括的对象。

(2) 在"元器件"选项区域中，可以选择"元器件"列表框中显示的对象，并对所选的对象进行属性设置或者复位到初始状态。

在"元器件"列表框中选定某个对象，例如选中"Pin"(引脚)，单击"编辑值"按钮或双击对象，弹出"管脚属性"设置对话框，修改相应的参数设置，再单击"确定"按

钮，即可返回。

如果在此处修改相关的参数，那么在原理图上绘制引脚时，默认的引脚属性是修改过的"管脚属性"设置。

在原始值列表框选中某一对象，单击"复位"按钮，则该对象的属性复位到初始状态。

(3) 功能按钮区包括以下三种：

"保存为…"按钮：保存默认的原始设置。当所有需要设置的对象全部设置完毕，单击"保存为…"按钮，弹出文件保存对话框，保存默认的原始设置。默认的文件扩展名为 *.dft，以后可以重新进行加载。

"装载…"按钮：加载默认的原始设置。要使用以前曾经保存过的原始设置，单击"装载…"按钮，弹出打开文件对话框，选择一个默认的原始设置档，就可以加载默认的原始设置。

"重置全部"按钮：恢复默认的原始设置。单击"重置全部"按钮，所有对象的属性都回到初始状态。

课后练习

1. 单管放大电路原理图的绘制。

电路中的元器件都取自 Miscellaneous Devices.lib 库。

(1) 要求图纸尺寸为 A4，去掉标题栏，关闭显示栅格，使能捕捉栅格和电气栅格，使能自动连接点放置。

(2) 画完电路后，要按照图中元器件参数逐个设置元器件属性，但是元器件要自动编号，并进行电气规则检查。

(3) 原理图样张如图 2-2-97 所示。

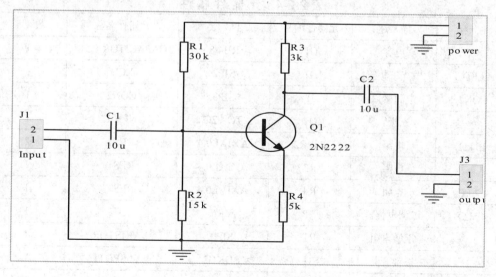

图 2-2-97 单管放大电路原理图样张

(4) 单管放大电路元器件参数表如表 2-2-3 所示。

表 2-2-3　元器件参数表

元器件类型	元器件编号	封　装	元器件类型	元器件编号	封　装
2N2222	Q1	TO-92A	15 kΩ	R2	AXIAL0.3
3 kΩ	R3	AXIAL0.3	30 kΩ	R1	AXIAL0.3
5 kΩ	R4	AXIAL0.3	Input	J1	SIP-3
10 μF	C2	RAD0.1	output	J3	SIP-2
10 μF	C1	RAD0.1	power	J2	SIP-2

2. 水开报警器原理图的绘制。

(1) 水开报警器原理图样张如图 2-2-98 所示。

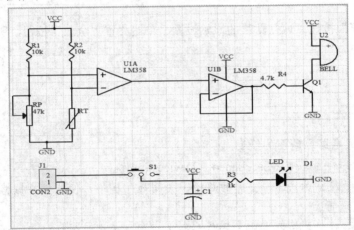

图 2-2-98　水开报警器原理图样张

(2) 元器件属性如表 2-2-4 所示。

表 2-2-4　元 器 件 属 性

注　释	描　述	元器件编号	封　装	元器件名称	数　量
	电容	C1	RB4/8	CAPACITOR POL	1
LED	发光二极管	D1	SIP2	LED	1
CON2	电源接口	J1	SIP2	CON2	1
	三极管	Q1	TO-92C	NPN 1	1
10 kΩ	电阻	R1, R2	AXIAL0.4	RES1	2
1 kΩ	电阻	R3	AXIAL0.4	RES1	1
4.7 kΩ	电阻	R4	AXIAL0.4	RES1	1
47 kΩ	可调电位器	RP	VR6	POT2	1
	压敏电阻	RT	SIP2	VARISTOR	1
	按键开关	S1	BDKG2	SW-SPDT1	1
LM358	运算放大器	U1	DIP8	NE5532	1
BELL	蜂鸣器	U2	BELL	BELL	1

3. 心形 LED 循环彩灯原理图的绘制。

(1) 原理图分为 4 个部分：电源部分、集基耦合振荡器电路(控制)部分和显示部分。

(2) 心形 LED 循环彩灯原理图样张如图 2-2-99。

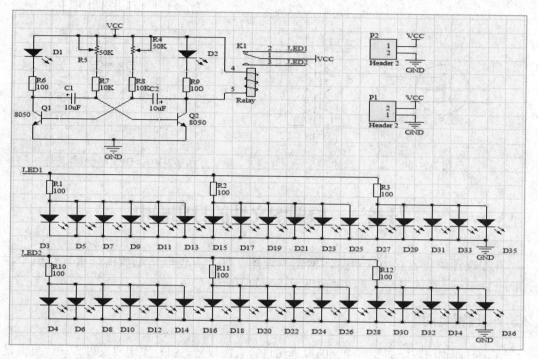

图 2-2-99　心形 LED 循环彩灯原理图样张

(3) 元器件属性如表 2-2-5 所示。

表 2-2-5　心形 LED 循环彩灯原理图元器件属性

注　释	描　述	元器件编号	封　装	元器件名称	数量
10 μF	电解电容	C1, C2	E25/47	Cap Pol2	2
	发光二极管	D1～D36	led1	LED0	36
Relay	开关	K1	OMRON_G5LA	Relay	1
Header 2	2 针插座	P1, P2	2ERJVC-3.5-2P	Header 2	2
8050	三极管	Q1, Q2	TO92-2	NPN	2
100 Ω	电阻	R1, R2, R3, R6, R9, R10, R11, R12	AXIAL-0.4	Res2	8
50 kΩ	可调电位器	R4, R5	VR5	RPot	2
10 kΩ	电阻	R7, R8	AXIAL-0.4	Res2	2

4. 原理图元器件的设计。

(1) 手动创建以下图 2-2-100 所示的两个元器件符号，分别命名为 MOSFET-2GN 和 Trans CT。

(2) 从原理图库 Miscellaneous Devices.IntLib 中复制数码管原理图符号 DPY Blue-CA，并修改成图 2-2-101 所示的元器件符号，并命名为 DPY1。

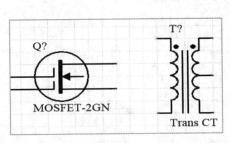

图 2-2-100　元器件符号

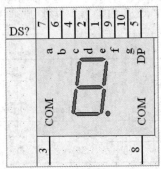

图 2-2-101　DPY1 元器件符号

任务三　原理图文件的打印输出

在原理图编辑窗口中，可打印输出原理图文件，方便取出纸质图纸进行交流。在 Altium Designer 系统中提供了两种输出形式，如下所述。

2.3.1　设置页面

在做打印输出时，需要对绘制的原理图进行页面设置。执行菜单"文件"→"页面设置"命令，弹出图 2-3-1 所示的对话框。

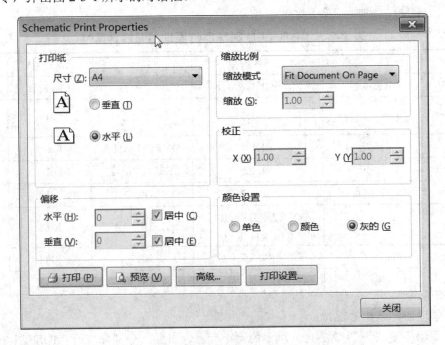

图 2-3-1　原理图页面打印设置对话框

在"打印纸"选项区的尺寸下拉列表框中，可以选择打印输出的图纸大小，比如 A4 或 A3 等；打印的方向可以选择垂直与水平两种形式。

在"偏移"选项区的水平输入框右侧，默认为居中复选框勾选。如果不勾选该复选框，打印的水平位置可以通过输入框确定需要打印水平位置的具体坐标区域。

在"偏移"选项区中的垂直输入框右侧，默认为居中复选框勾选。如果不勾选该复选框，打印的垂直位置可以通过输入框确定需要打印垂直位置的具体坐标区域。

在"缩放比例"选项区域的缩放模式下拉列表框中，可选择全局和指定比例两种进行打印。当选择全局时，下方的缩放输入框与校正区域中的 X、Y 输入框均不可用，此时打印的图纸将以 1∶1 全局打印。如果选择的是指定比例时，缩放输入框中可以定义需要被打印的图纸是以放大或缩小的形式进行打印，同时在校正区域中可设定 X、Y 坐标的偏离值。

在"颜色设置"选项区域中，可设定需要打印的图纸是以单色、颜色、灰的三种颜色输出。选择单色时，将以纯黑白颜色打印；选择颜色时，将按原理图设计中的对象默认的颜色打印；选择灰的时，原理图设计中的所有对象将以灰白颜色打印。

在功能按钮区，单击"高级"按钮，弹出图 2-3-2 所示的"原理图打印属性"对话框。该对话框中可选择在设计图中体现出的一些标注和图纸区域，选择好后单击"确认"或"取消"按钮均会退出本级与上级对话框。

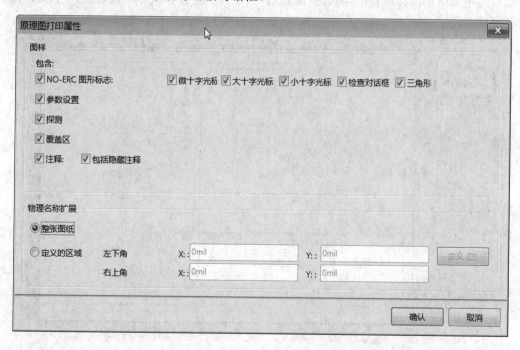

图 2-3-2 "原理图打印属性"对话框

在"原理图页面打印"设置对话框中单击打印设置按钮，将弹出图 2-3-3 所示的打印属性设置对话框。该对话框可选择需要被连接的打印机，并对打印机进行属性设置，以及需要打印的范围与打印的份数进行设置，选择好后单击"确定"按钮，可返回到上级对话框。

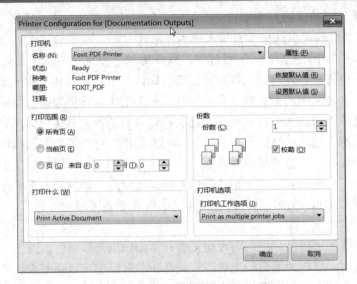

图 2-3-3 打印属性设置对话框

在功能按钮区，单击"预览"按钮，可弹出预被打印图纸的预览效果图，如图 2-3-4 所示。在对话框下方的功能按钮中，可选择图纸全屏显示与放大缩放尺寸。在预览区域中也可以使用 Ctrl + 鼠标滑轮的形式进行缩放，在放大后可按住鼠标右键不松，再移动鼠标进行平移查看。

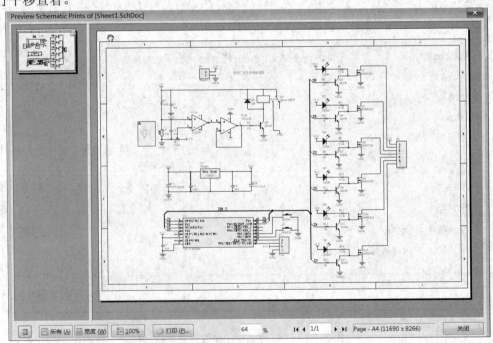

图 2-3-4 打印图预览效果

在该对话框中单击"打印"按钮，即跳转至图 2-3-3 所示的对话框。在预览区单击鼠标右键，弹出的右键菜单选项如图 2-3-5 所示。在菜单中也可以进行打印输出属性的设置，如果单击"复制"命令，可将预览区的图纸直接粘贴在 Word 文本中。

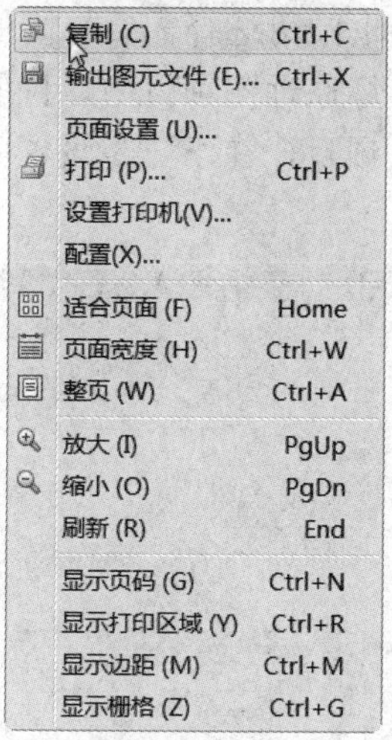

图 2-3-5 预览区中的右键菜单

2.3.2 打印输出图纸

打印输出图纸的命令有以下两种：

其一，执行菜单“文件”→“打印”命令或直接单击功能菜单中的直接打印当前文件按钮 ，弹出图 2-3-3 所示的打印属性设置对话框，单击“确定”按钮便能直接打印。如果你的计算机中安装了虚拟打印机，可直接将输出的图纸打印在虚拟打印机上，以 PDF 文件文本输出。这种方式输出的图纸，直接连接打印机后便可输出图纸。如果是靠虚拟打印机输出在 PDF 文本中，可能会出现导线非常粗且不便于阅读，此时可采用第二种输出方式。

其二，执行菜单“文件”→“智能 PDF”命令，弹出图 2-3-6 所示的对话框。

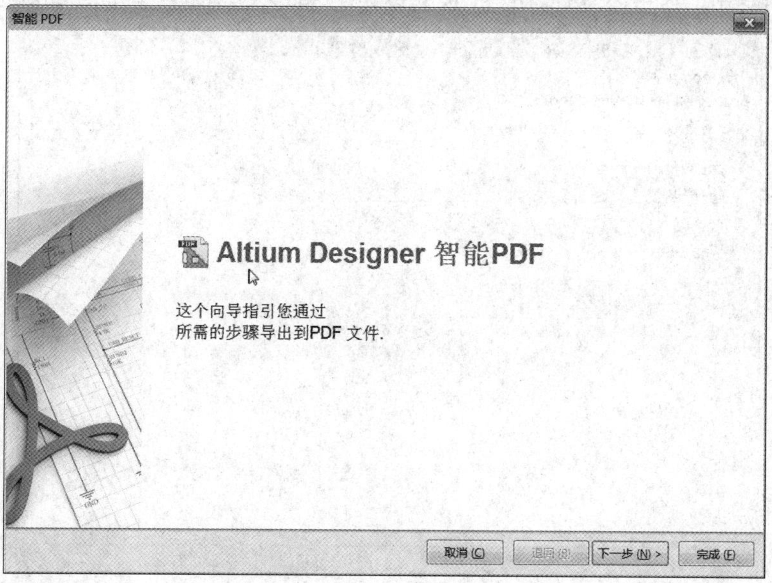

图 2-3-6 智能 PDF 打印对话框

　　单击"下一步"按钮，在对话框中可选择需要打印的项目或文件，及打印后输出的路径，如图 2-3-7 所示。在光控广告灯原理图项目中，目前只设计到原理图，因此这里选择当前文档即可。如果需要打印整个项目，在下一步设置中将会包含有 PCB 打印的相关设置，这些内容将在后文中描述。

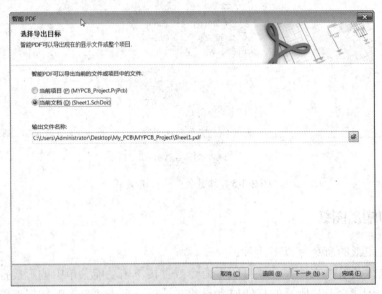

图 2-3-7　"选择导出目标"对话框

　　然后单击"下一步"按钮，弹出"导出 BOM 表"对话框。在该对话框中可选择输出BOM 的类型以及选择 BOM 模板，Altium Designer 提供了各种各样的模板，比如其中的BOM Purchase.xlt 一般是在物料采购中使用较多，BOM Manufacturer.xlt 一般是在生产中使用较多。这个对话框中不建议用户勾选"导出原材料的 BOM 表"，因为 BOM 材料表通常是在PCB 图中直接导出，这里还没有完成 PCB 的设计，因此不需勾选复选框，如图 2-3-8 所示。

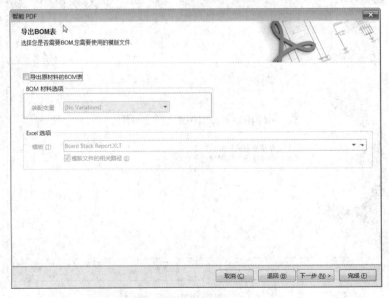

图 2-3-8　"导出 BOM 表"对话框

　　随后单击"下一步"按钮，弹出"添加打印设置"对话框，如图 2-3-9 所示。该对话框与原理图打印属性对话框非常类似，所完成的操作也类似，用户可根据需要选择即可。

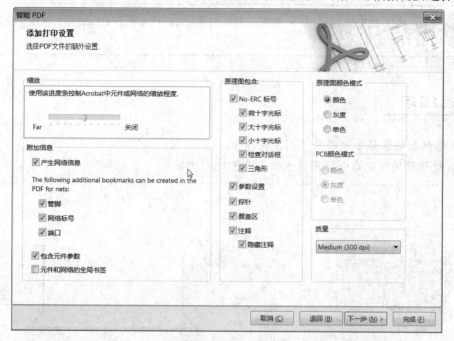

图 2-3-9　"添加打印设置"对话框

　　接着单击"下一步"按钮，弹出最后步骤对话框。在该对话框中可选择输出文本的路径等信息，单击"完成"按钮，Altium Designer 系统将处理输出后的 PDF 文本，如图 2-3-10 所示。在 PDF 文件中，使用鼠标左键单击一个元器件时，可弹出当前元器件的相关属性，并在书签中能显示出原理图中的每个元器件及网络号。

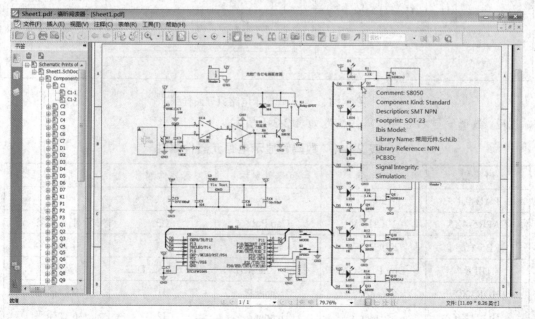

图 2-3-10　输出的 PDF 文件

敲黑板

> 用户的电脑上必须安装 PDF 文件的阅读软件，或安装了 Office 办公软件并能兼容阅读 PDF 文件。

课后练习

1. 绘制数码管显示电路原理图并输出。

(1) 数码管显示电路原理图样张如图 2-3-11 所示。

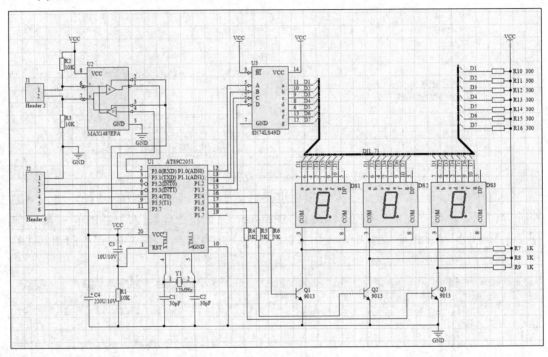

图 2-3-11 数码管显示电路原理图样张

(2) 数码管显示电路元器件属性如表 2-3-1 所示。

表 2-3-1 数码管显示电路元器件属性

封 装	注 释	元器件名称	元器件编号	描 述
RAD-0.1	30 pF	Cap	C1, C2	电容
CAPR5-4X5	10U/10 V	Cap Pol2	C3	电解电容
RB5-10.5	220U/10 V	Cap Pol2	C4	电解电容
DIP8	Dpy Blue-CA	Dpy Blue-CA	DS1, DS2, DS3	数码管
HDR1X2	Header 2	Header 2	J1	2 针插座
HDR1X6	Header 6	Header 6	J2	6 针插座

封　　装	注　　释	元器件名称	元器件编号	描　　述
TO-92A	9013	2N3904	Q1, Q2, Q3	三极管
AXIAL-0.4	10 kΩ	Res2	R1, R2, R3	电阻
AXIAL-0.4	5 kΩ	Res2	R4, R5, R6	电阻
AXIAL-0.4	1 kΩ	Res2	R7, R8, R9	电阻
AXIAL-0.4	300 Ω	Res2	R10～R16	电阻
DIP-20	AT89C2051	AT89C2051	U1	单片机
DIP8	MAX1487EPA	MAX1487EPA	U2	RS-485 接口芯片
DIP14	SN74LS49D	SN74LS49D	U3	译码驱动器
R38	12 MHz	XTAL	Y1	晶振

(3) 输出数码管显示电路原理图的 PDF 文件。

光控广告灯 PCB 的设计

/////////////////////////////

内容提要

本项目结合光控广告灯 PCB 设计项目，讲述了 PCB 编辑器的功能和环境设置、PCB 设计工具的使用、封装的认识、制作元器件的封装、为原理图元器件添加封装、PCB 的创建，以及布局、布线的方法和技巧，并根据需要输出不同的 PCB 文件。

能力目标

(1) 能根据项目需要自制元器件的封装模型并合理管理。
(2) 能够建立 PCB 文件，设计板框。
(3) 能够根据需要设计对应的 PCB。

知识目标

(1) 掌握 PCB 管理器的使用方法。
(2) 掌握元器件封装模型的制作方法。
(3) 掌握 PCB 设计的方法和技巧。

任务一　PCB 设计环境

3.1.1　PCB 编辑器的功能

Altium Designer 17 的 PCB 设计能力非常强，能够支持复杂的 32 层 PCB 设计。但是，在每个设计中无需使用所有的层。对于比较小的项目规模，使用双面走线的 PCB 就能完成。这时，只需要启动 "Top Layer"(顶层)和 "Bottom Layer"(底层)的信号层以及对应的机械层即可，无需其他信号层和内部电源层。

Altium Designer 17 的 PCB 编辑器提供了一条设计 PCB 的快捷途径。PCB 编辑器通过它的交互性编辑环境将手动设计和自动化设计进行完美融合。通过对功能强大的设计法则的设置，用户可以有效地控制 PCB 的设计过程。对于特别复杂的、有特殊布线要求的、计算机难以自动完成的布线工作，可以选择手动布线。总之，Altium Designer 17 的

PCB 设计系统功能强大而方便，它具有以下特点。

1．丰富的设计法则

随着电子工业的飞速发展，对 PCB 的设计人员提出了更高的要求。为了能够成功设计出一块性能良好的电路板，用户需要仔细考虑电路板阻抗匹配、布线间距、走线宽度、信号反射等各项因素。而 Altium Designer 17 强大的设计法则极大地方便了用户。Altium Designer 17 提供了超过 25 种设计法则类型，覆盖了设计过程中的各个方面。这些定义的法则可以应用于某个网络、某个区域，以至整 PCB 上，这些法则互相组合，能够形成方便的复合法则，使用户迅速地完成 PCB 设计。

2．易用的编辑环境

和前面所讲的原理图编辑器一样，PCB 的编辑器完全符合 Windows 应用程序风格，操作起来非常简单方便，编辑工作非常自然直观。

3．合理的元器件自动布局功能

Altium Designer 17 提供了好用的元器件自动布局功能。通过自动布局，计算机将根据原理图生成的网络报表对元器件进行初步布局，用户可以根据实际需要再自行调整，达到设计要求。

4．高智能的、基于形状的自动布线功能

Altium Designer 17 在 PCB 自动布线技术上有了很大的改进。在自动布线的过程中，计算机将根据定义的布线规则，并基于网络形状对电路板进行自动布线。自动布线可以在某个网络、某个区域直至整个电路板的范围内进行，大大减轻了用户的布线工作量。

5．易用的交互性手动布线

对于没有特殊布线要求的网络或者特别复杂的电路设计，Altium Designer 17 提供了易用的手动布线功能。电气栅格的设置使得手动布线时能够快速定位连线点，操作起来简单而准确。

6．强大的封装绘制功能

Altium Designer 17 提供了常用的元器件封装，对于超出 Altium Designer 17 自带元器件封装库的元器件，在 Altium Designer 17 的封装编辑器中可以方便地绘制出来。此外，Altium Designer 17 采用库的形式来管理新建的封装，使得在一个设计项目中绘制的封装，也能在其他的设计项目中得到引用。

7．恰当的视图缩放功能

Altium Designer 17 提供了强大的视图缩放功能，方便了大型的 PCB 设计。

8．强大的编辑功能

Altium Designer 17 的 PCB 设计系统有标准的编辑功能，用户可以方便地使用编辑功能提高工作效率。

9．强大的设计检验功能

PCB 文件作为电子设计的最终结果是绝对不能出错的。Altium Designer 17 提供了强大的设计法则检验器(DRC)，用户可以通过对 DRC 的规则进行设置，然后计算机自动检

测整个 PCB 文件。

10．高质量的输出功能

Altium Designer 17 能够给出各类关于 PCB 的报表文件，方便随后的工作。它支持标准的 Windows 打印输出功能，可以输出高质量的不同文件。

3.1.2　PCB 编辑环境的优先项设置

Altium Designer 为用户进行 PCB 编辑提供了大量的辅助功能，以方便用户的操作，同时系统允许用户对这些功能进行设置，使其更符合自己的操作习惯。设置后的选项将用于用户的工程设计环境，并不随 PCB 文件的改变而改变。

单击"工具"→"优先选项"菜单命令，或单击"DXP"→"优选项"菜单命令(按快捷键 T→P)，即可打开"优选项"设置对话框，如图 3-1-1 所示。

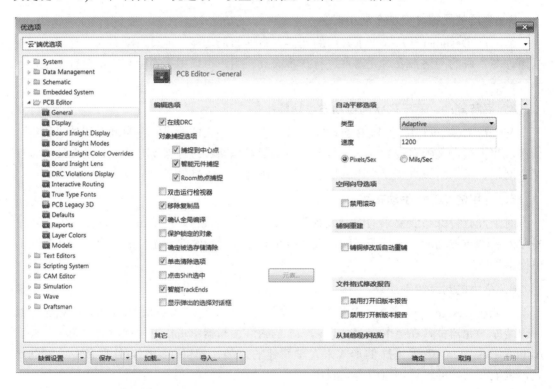

图 3-1-1　"优选项"设置对话框

1．General(常规)参数设置对话框

(1) "编辑选项"栏。

① "在线 DRC"复选框：勾选该项时，所有违反 PCB 设计规则的地方都将被标记出来；取消该项的勾选状态时，用户只能通过单击"工具"→"设计规则检查"菜单命令，在"设计规则检查"属性对话框中进行查看。PCB 设计规则在"PCB 规则及约束编辑器"对话框中定义(按快捷键 D→R)。

② "捕捉到中心点"复选框：勾选该项后，鼠标捕获点将自动移到对象的中心。对

焊盘或过孔来说，鼠标捕获点将移向焊盘或过孔的中心；对元器件来说，鼠标捕获点将移向元器件的第 1 个引脚；对导线来说，鼠标捕获点将移向导线的一个顶点。

③ "智能元件捕捉"复选框：勾选该项，当选中元器件时，指针将自动移到离点击处最近的焊盘上；取消对该项的勾选，当选中元器件时，指针将自动移到元器件的第 1 个引脚的焊盘处。

④ "双击运行检视器"复选框：勾选该项后，在一个对象上双击，将打开该对象的"PCB Inspector"(封装检查)对话框，而不是打开该对象属性编辑对话框。

⑤ "移除复制品"复选框：勾选该项，当数据进行输出时将同时产生一个通道，这个通道将检测通过的数据并将重复的数据删除。

⑥ "确认全局编译"复选框：勾选该项，用户在进行全局编辑时，系统将弹出一个对话框，提示当前的操作影响到对象的数量。建议保持对该项的选中状态，除非用户对Altium Designer 17 系统的全局非常熟悉。

⑦ "保护锁定的对象"复选框：勾选该项，当对锁定的对象进行操作时，系统将弹出一个对话框，询问是否继续此操作。

⑧ "确定被选存储清除"复选框：勾选该项，当用户删除某一个记忆时，系统将弹出一个警告的对话框。在默认状态下，取消勾选该复选框。

⑨ "单击清除选项"复选框：通常情况下该项保持勾选状态。用户单击选中一个对象，然后去选择另一个对象时，上一次选中的对象将恢复未被选中的状态；取消对该选项框的选中状态时，系统将不清除上一次的选中记录。

⑩ "点击 Shift 选中"复选框：勾选该项后，用户需要在按 Shift 键的同时单击要选择的对象，才能选中该对象。通常取消勾选该复选框。

(2) "其它"栏。

① "撤销/重做"文本框：该项主要用于设置撤销/恢复操作的范围。通常情况下，范围越大，要求的存储空间就越大，这将降低系统的运行速度。但在自动布局、对象的复制和粘贴等操作中，记忆容量的设置是很重要的。

② "旋转步进"文本框：在进行元器件的放置时，单击空格键可改变元器件的放置角度。通常设置默认的 90 度。

③ "光标类型"下拉列表：可选择工作窗口鼠标的类型，有 3 种选择，即"Large 90 度"、"Small 90 度"、"Small 45 度"。建议选用 Large 90 度。

④ "器件拖拽"下拉列表：该项决定了在进行元器件的拖动时，是否同时拖动与元器件相连的布线。选中"Connected Tracks"(连线拖拽)选项，则在拖动元器件的同时拖动与之相连的布线；选中"none"(无)选项，则只拖动元器件。

(3) "自动平移选项"栏。

① "类型"下拉列表：在此项中可以选择视图自动缩放的类型。系统默认为"Adaptive"(自适应)。

② "速度"文本框：当在"类型"项中选择了"Adaptive"时将出现该项，从中可以进行缩、放步长的设置，单位有"Pixels/Sec"和"Mil/Sec"2 种。

(4) "铺铜重建"栏。

勾选"铺铜修改后自动重铺"复选框后，总是进行"重新铺铜"操作。

2. Display 参数设置对话框

Display 参数设置对话框如图 3-1-2 所示。

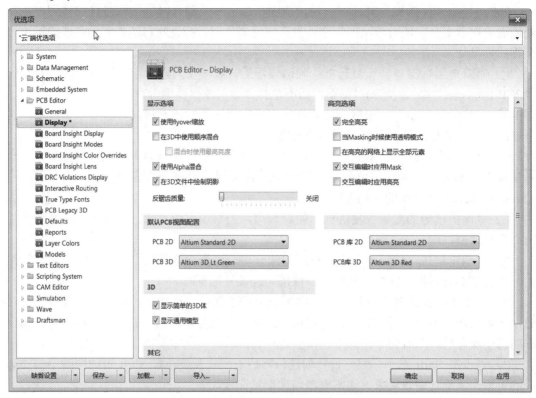

图 3-1-2　Display 参数设置对话框

"高亮选项"栏包括以下内容:

①　"完全高亮"复选框:勾选该项后,选中的对象将以当前的颜色突出显示出来;不勾选该项,对象将以当前的颜色被勾勒出来。

②　"当 Masking 时候使用透明模式"复选框:勾选该项后,"Mask"(掩膜)时会将其余的对象透明化显示。

③　"在高亮的网络上显示全部元素"复选框:勾选该项后,在单层模式下,系统将显示所有层中的对象(包括隐藏层中的对象),而且当前层被高亮显示出来。取消选中状态后,在单层模式下,系统只显示当前层中的对象,而多层模式下所有层的对象都会在高亮的网络上显示出来。

④　"交互编辑时应用 Mask"复选框:勾选该项后,用户在交互式编辑模式下可以使用 Mask。

⑤　"交互编辑时应用高亮"复选框:勾选该项后,用户在交互式编辑模式下可以使用高亮显示功能,对象的高亮颜色在"视图设置"对话框中设置。

3. Board Insight Display 参数设置对话框

Board Insight Display 参数设置对话框如图 3-1-3 所示,该对话框用于定义 PCB 板的焊盘、过孔字型显示模式,PCB 板的单层显示模式及元器件高度的显示方式等内容。

图 3-1-3 Board Insight Display 参数设置对话框

(1) "焊盘与过孔显示选项"区域。

① "应用智能显示颜色"复选框：勾选该项后，允许 Altium 用户按系统的设置自动显示焊盘与过孔资料的字体特性，使手动设置字体特性无效；当不勾选该项时，可以设置焊盘与过孔字体的显示方式。

② "字体颜色"颜色框：在没有勾选"应用智能显示颜色"时，该颜色框有效。单击右边的颜色框，在弹出的选择颜色对话框中可以选择字体的颜色。

③ "透明背景"复选框：在没有勾选"应用智能显示颜色"时，该复选框有效。勾选该复选框后，显示焊盘/过孔的资料不需要任何可视的背景，否则就可以使用 Background Color 为背景选择指定的颜色。

④ "背景色"颜色框：在勾选"透明背景"复选框后，该颜色框有效。单击右边的颜色框，在弹出的选择颜色对话框中可以选择背景颜色。

⑤ "最小/最大字体尺寸"编辑框：用于设置最小/最大字体的值。

⑥ "字体名"编辑框：通过单击右边的下拉列表框，选择需要的字体。

⑦ "字体类型"编辑框：通过单击右边的下拉列表框，选择字体的类型。

⑧ "最小对象尺寸"编辑框：在编辑框中可设置最小物体的尺寸，单位是像素。

(2) "可用的单层模式"区域。该区域设置 PCB 板的单层显示模式。

① "隐藏其他层"复选框：该复选框允许用户显示有效的当前层，其他层不显示。同时按 Shift + S 组合键可以在单层与多层显示之间切换。

② "其余层级别"复选框：该复选框允许用户显示有效的当前层，其他层灰度显示，灰色和程度取决于层颜色的计划。同时按 Shift + S 组合键可以在单层与多层显示之间切换。

③ "其余层单色"复选框：该复选框允许用户显示有效的当前层，其他层黑白显示。同时按 Shift+S 组合键可以在单层与多层显示之间切换。

(3) "实时高亮"区域。

① "使能的"复选框：勾选该项后，当光标停留在元器件上时，允许与元器件相连

的网络线高亮显示。如果不勾选该项，可防止任何物体高亮显示。

② "仅换键时实时高亮"复选框：表示该选项允许用户按 Shift 键时激活网络线高亮度显示。

③ "初始亮度"滑块：移动右边滑块可以设置高亮度第一次出现时的初始程序。

④ "Ramp up Time"(上升时间)滑块：当光标移到高亮度的物体上时，移动右边滑块可以设置达到满刻度高亮时的上升时间。

⑤ "Ramp down Time"(下降时间)滑块：当光标移到高亮度的物体上时，移动右边滑块可以设置达到满刻度高亮时的下降时间。

⑥ "外形力度"滑块：移动右边滑块可以设置高亮显示的网络轮廓线的宽度，单位是像素。

⑦ "外形颜色"颜色框：单击右边颜色框，可以在弹出的选择颜色对话框中改变高亮显示网络轮廓线的颜色。

(4) "显示对象已锁定的结构"区域。

① "从不"单选框：锁住的本质是用户能很容易地从未锁住的物体中区分锁住的物体，锁住物体的特征被显示一个 Key，勾选"从不"单选框后显示锁住的特征。

② "总是"单选框：勾选该项后，用锁住的特征显示锁住的物体。

③ "仅当实时高亮"单选框：勾选该项后，仅当物体被高亮显示时才显示锁住的特征。

4．Board Insight Modes 参数设置对话框

Board Insight Modes 参数设置对话框如图 3-1-4 所示，用于定义工作区的浮动状态栏显示选项。

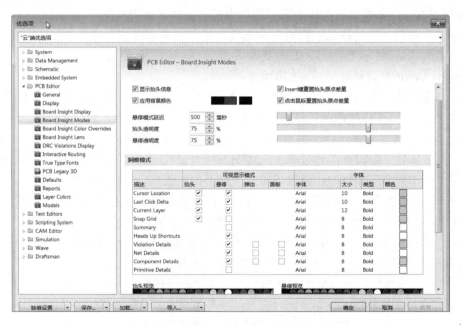

图 3-1-4　Board Insight Modes 参数设置对话框

浮动状态栏是 Altium Designer 的 PCB 编辑器新增的一项功能，该半透明的状态栏悬浮于工作区上方，如图 3-1-5 所示。

图 3-1-5 浮动状态栏

通过该浮动状态栏，用户可以方便地从浮动状态栏中获取当前鼠标指针的位置坐标、相对移动坐标等操作信息。为了避免浮动状态栏影响用户的正常操作，Altium Designer 给浮动状态栏设置了两个模式：一个是 Hover 模式，当鼠标指针处于移动状态时，浮动状态栏处于该模式，此时为避免影响鼠标移动，显示较少的信息；另一个是 Head Up 模式，当鼠标指针处于静止状态时，浮动状态栏处于 Head Up 模式，此时可以显示较多信息。为了充分发挥浮动状态栏的作用，用户可在 Board Insight Modes 对话框内对其进行设置，以满足自己的操作习惯。

(1) "显示"区域。"显示"区域用于设置浮动状态栏的显示属性。

① "显示抬头信息"复选框：表示显示浮动状态栏。勾选该复选框后，浮动状态栏将显示在工作区中。在工作过程中，用户也可以通过 Shift + H 组合键来切换浮动状态栏的显示状态。

② "应用背景颜色"颜色框：设置浮动状态栏的背景色。单击该色块将打开选择颜色对话框，用户可以选择任意颜色作为浮动状态栏的背景色。

③ "悬停模式延迟"编辑框：设置浮动状态栏从 Hover 模式到 Head Up 模式转换的时间延迟。即当鼠标指针静止的时间大于该延迟时间时，浮动状态栏就从 Hover 模式转换到 Head Up 模式。

④ "抬头透明度"编辑框：设置浮动状态栏处于 Hover 模式下的不透明度。不透明度数值越大，浮动状态栏越不透明。在调整这个数值时，用户可以通过对话框左下方的 Heads Up Preview 图例预览透明度显示效果。

⑤ "悬停透明度"编辑框：设置浮动状态栏处于 Hover 模式下的不透明度。不透明度数值越大，浮动状态栏越不透明。在调整这个数值时，用户可以通过对话框右下方的 Hover Preview 图例预览透明度显示效果。

⑥ "Insert 键重置抬头原点差量"复选框：表示使用 Insert 键设置浮动状态栏中显示的鼠标相对位置坐标零点。

⑦ "点击鼠标重置抬头原点差量"复选框：表示使用鼠标左键设置浮动状态栏中显示的鼠标相对位置坐标零点。

(2) "洞察模式"区域。"洞察模式"区域用于设置相关操作信息在浮动状态栏中的显示属性。该列表分两大栏：一栏是可视显示模式，用于选择浮动状态栏在各种模式下的操作信息内容，用户只需勾选对应内容项即可，显示效果可参考下方的预览；另一栏是字体，用于设置对应内容显示的字体样式信息。Altium Designer 共提供了 10 种信息供用户选择在浮动状态栏中显示，分别介绍如下：

① Cursor Location：表示当前鼠标指针的绝对坐标信息。

② Last Click Delta：表示当前鼠标指针相对上一次单击点的相对坐标信息。

③ Current Layer：表示当前所在的 PCB 图层名称。

④ Snap Grid：表示当前的对齐栅格参考信息。

⑤ Summary：表示当前鼠标指针所在位置的元器件对象信息。

⑥ Heads Up Shortcuts：表示鼠标静止时与浮动状态栏操作的快捷键及功能。

⑦ Violation Details：表示鼠标指针所在位置的 PCB 图中违反规则的错误的详细信息。

⑧ Net Details：表示鼠标指针所在位置的 PCB 图中网络的详细信息。

⑨ Component Details：表示鼠标指针所在位置的 PCB 图中元器件的详细信息。

⑩ Primitive Details：表示鼠标指针所在位置的 PCB 图中基本元器件对象的详细信息。

(3) 抬头预览和悬停预览区域。该区域便于用户对设置的浮动状态栏的两种模式显示效果进行预览。

5. Board Insight Lens 参数设置对话框

为了方便用户对 PCB 板中较复杂的区域细节进行观察，Altium Designer 在 PCB 编辑器中新增了放大镜功能，放大镜显示效果如图 3-1-6 所示。通过放大镜，用户能观察到鼠标指针所在位置的电路板中的细节，同时又能了解电路板的整体布局情况。

为了让放大镜更适合操作习惯，Altium Designer 允许用户对放大镜的显示属性进行自定义。Board Insight Lens 对话框就是专用于设置放大镜显示属性的，如图 3-1-7 所示。

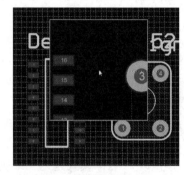

图 3-1-6 放大镜显示效果

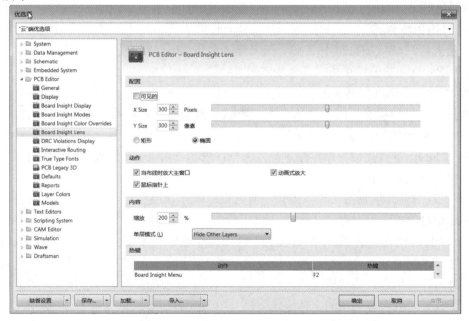

图 3-1-7 Board Insight Lens 参数设置对话框

各选项功能如下：

(1) "配置"区域。"配置"区域用于设置放大镜视图的大小和形状。

① "可见的"复选框：勾选该项后，表示使用放大镜，否则不使用放大镜。

② "X Size"编辑框：设置放大镜视图的 X 轴向尺寸，即长度，单位是像素。用户可以在编辑框中直接输入设置的数值，或者拖动右侧的滑块设置尺寸数值。

③ "Y Size"编辑框：设置放大镜视图的 Y 轴向尺寸，即宽度，单位是像素。用户可以在编辑框中直接输入设置的数值，或者拖动右侧的滑块设置尺寸数值。

④ "矩形"单选框：勾选该项后，表示使用矩形的放大镜。

⑤ "椭圆"单选框：勾选该项后，表示使用椭圆形的放大镜。

(2) "动作"区域。"动作"区域用于设置放大镜的动作。

① "当布线时放大主窗口"复选框：勾选该项后，表示在进行布线时，使用放大镜缩放主窗口。

② "动画式放大"复选框：勾选该项后，表示使用动画形式缩放。

③ "鼠标指针上"复选框：勾选该项后，表示放大镜总是位于鼠标指针的位置。

(3) "内容"区域。"内容"区域用于设置放大镜视图中的显示内容。

① "缩放"编辑框：设置放大镜的放大比例。用户可以在编辑框中直接输入放大比例数值，或者拖动右侧滑块设置放大比例数值。

② "单层模式"下拉列表框：设置在放大镜视图中使用单层模式。其中："Not In Single Layer Mode"表示不使用单层显示模式，显示所有 PCB 图层；"Hide Other Layers"表示使用单层显示模式，隐藏其他的图层；"Monochrome Other Layers"表示其他图层使用单色黑白显示模式。

(4) "热键"区域。"热键"区域是一个列表，用于设置与放大镜视图有关的快捷键，列表左侧是动作行为描述，右侧是设置的快捷键。系统默认的设置如下：

① F2：启动 Board Insight 菜单，设置浮动状态栏和放大镜视图。

② Shift + M：切换放大镜视图的显示和隐藏状态。

③ Shift + N：绑定放大镜视图到鼠标指针上。

④ Ctrl + Shift + S：在放大镜视图内切换单层模式。

⑤ Ctrl + Shift + N：将放大镜视图设置到鼠标指针位置，并随鼠标指针移动。

6. Interactive Routing 参数设置对话框

Interactive Routing 参数设置对话框如图 3-1-8 所示。该对话框用于定义交互布线的属性，其中各项的功能和意义如下：

(1) "布线冲突方案"区域。"布线冲突方案"区域用于设置交互布线过程中出现布线冲突时的解决方式。

① "忽略障碍"复选框：表示忽略障碍物。

② "推挤障碍"复选框：表示推开障碍物。

③ "绕开障碍"复选框：表示围绕障碍物走线。

④ "在遇到第一个障碍时停止"复选框：表示遇到第一个障碍物时停止。

⑤ "紧贴并推挤障碍"复选框：表示紧靠和推开障碍物。

⑥ "在当前层自动布线"复选框：表示在当前层可自动布线。

⑦ "多层自动布线"复选框：表示可在多层间自动布线。

图 3-1-8   Interactive Routing 参数设置对话框

(2) "交互式布线选项"区域。"交互式布线选项"区域用于设置交互式布线属性。

① "限制为 90/45"复选框：表示设置布线角度为 90/45。

② "跟随鼠标轨迹"复选框：表示跟随鼠标轨迹。

③ "自动终止布线"复选框：表示自动判断布线终止时机。(建议不勾选此项)

④ "自动移除闭合回路"复选框：表示自动移除布线过程中出现的回路。

⑤ "移除天线"复选框：表示在布线后，出现的天线式无连接点的导线自动移除。

⑥ "允许过孔推挤"复选框：表示允许推挤过孔。

⑦ "显示间距边界"复选框：表示显示边界间距。

(3) "布线优化方式"区域。"布线优化方式"区域用于设置布线光滑情况，有三个单选框可选，分别是"关闭"、"弱"和"强"。

(4) "拖拽"区域。"拖拽"区域用于设置拖移元器件时的情况。

① "拖拽时保留角度"复选框：表示拖移时保持任意角度。

② "忽略障碍"单选框：表示忽略障碍物。

③ "避免障碍(捕捉栅格)"单选框：表示避开障碍物(捕获格栅打开)。

④ "避免障碍"单选框：表示避开障碍物。

⑤ "取消选择过孔/导线"下拉列表框：可选用 Drag(拖拽)方式和 Move(移动)方式。

⑥ "选择过孔/导线"下拉列表框：可选用 Drag(拖拽)方式和 Move(移动)方式。

⑦ "元器件推挤"下拉列表框：可选用 Ignore(忽视)方式、Avoid(避开)和 Push(推开)方式。

(5) "交互式布线宽度来源"区域。"交互式布线宽度来源"区域用于设置在交互式布线中的铜膜导线宽度和过孔尺寸的选择属性。

① "从已有布线中选择线宽"复选框：表示从已布置的铜膜导线中选择铜膜导线的宽度。

② "线宽模式"下拉列表框：设置交互布线时铜膜导线的宽度，默认选项 Rule Preferred 表示选布线规格中的设置的适中值宽度。

② "过孔尺寸模式"下拉列表框：设置交互布线时过孔的尺寸，默认选项 Rule Preferred 表示选布线规格中的设置的适中值尺寸。

7. True Type Fonts 参数设置对话框

True Type Fonts 参数设置对话框如图 3-1-9 所示，主要用于设置 PCB 图中的字体。

"嵌入 True Type 字体到 PCB 文档"复选框：勾选该项后，表明 True Type 字体嵌入到 PCB 文档中，通过置换字体下拉列表框可选择不同字体。

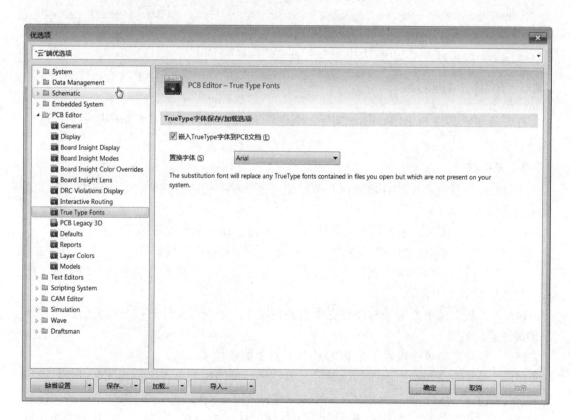

图 3-1-9 True Type Fonts 参数设置对话框

8. Layer Colors 参数设置对话框

Layer Colors 参数设置对话框如图 3-1-10 所示，用于设置 PCB 板各层的颜色。

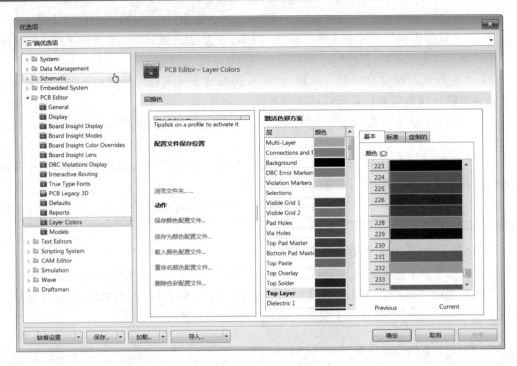

图 3-1-10　Layer Colors 参数设置对话框

3.1.3　PCB 工具简介

打开前面建立的 PCB1.PcbDoc 文件，则进入 PCB 编辑环境，在编辑环境中可以进行 PCB 设计。

1. 主菜单

在 PCB 设计过程中，各项操作都可以使用菜单栏中相应的菜单命令来完成。各项菜单中的具体命令如下：

(1) "文件"菜单：主要用于文件的打开、关闭、保存和打印等操作。

(2) "编辑"菜单：用于对象的选取、复制、粘贴与查找等编辑操作。

(3) "察看"菜单：用于视图的各种管理，如工作窗口的放大与缩小，各种工具、面板、状态栏及节点的显示与隐藏。

(4) "工程"菜单：用于与项目有关的各种操作，如项目文件的打开与关闭、工程项目的编译及比较等。

(5) "放置"菜单：包含了在 PCB 中放置对象的各种菜单项。

(6) "设计"菜单：用于添加或删除元器件库、网络报表导入、原理图与 PCB 同步更新及印制电路板的定义等操作。

(7) "工具"菜单：可为 PCB 设计提供各种工具，如 DRC 检查、元器件的手动、自动布局、PCB 图的密度分析以及信号完整性分析等操作。

(8) "布线"菜单：可进行与 PCB 布线相关的操作。

(9) "报告"菜单：可进行生成 PCB 设计报表及 PCB 的测量操作。

(10) "窗口"菜单：可对窗口进行各种操作。

(11) "帮助"菜单：提供帮助信息。

2. 工具栏

工具栏中以图标按钮的形式列出了常用菜单命令的快捷方式，用户可根据需要对工具栏中包含的命令项进行选择，对摆放位置进行调整。

用鼠标右键单击菜单栏或工具栏的空白区域，即可弹出工具栏的命令菜单，如图 3-1-11 所示。该工具栏的命令菜单包含 6 个菜单选项，可以勾选这些选项，被勾选的菜单项将出现在工作窗口上方的工具栏中。每一个菜单项代表一系列工具选项。

图 3-1-11 工具栏设置选项

(1) "PCB 标准"工具栏如图 3-1-12 所示，主要进行常用的文档编辑操作，其内容与原理图设计界面中标准工具栏的内容完全相同，功能也完全一致，这里不做详细介绍。

图 3-1-12 "PCB 标准"工具栏

(2) "应用工具"栏如图 3-1-13 所示，其中的工具按钮用于在 PCB 图中绘制不具有电气意义的元器件对象，具体如下：

图 3-1-13 "应用工具"栏

① 绘图工具按钮。单击绘图工具 ⊿▾ 按钮，弹出如图 3-1-14 所示的绘图工具栏。该工具栏中的工具按钮用于绘制直线、圆弧、坐标、测量尺等不具有电气性质的元器件。操作方式与原理图设计界面中的绘图工具相似。

② 对齐工具按钮。单击对齐工具 ▤▾ 按钮，弹出如图 3-1-15 所示的对齐工具栏。该工具栏中的工具按钮用于对齐选择的元器件对象。

③ 查找工具按钮。单击查找工具按钮，弹出如图 3-1-16 所示的查找工具栏。该工具栏中的工具按钮用于查找元器件或元器件组。

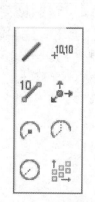

图 3-1-14 绘图工具栏

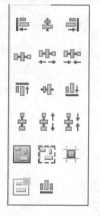

图 3-1-15 对齐工具栏

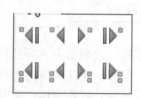

图 3-1-16 查找工具栏

④ 标注工具按钮。单击标注工具 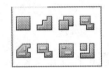 按钮，弹出如图 3-1-17 所示的标注工具栏。该工具栏中的工具按钮用于标注 PCB 图中的尺寸。

⑤ 区域工具按钮。单击区域(Room 框)工具 按钮，弹出如图 3-1-18 所示的区域工具栏。该工具栏中的工具按钮用于在 PCB 图中绘制各种分区。

⑥ 栅格工具按钮。单击栅格工具 按钮，弹出如图 3-1-19 所示的下拉菜单。在此下拉菜单中可设置 PCB 图中的对齐栅格的大小(在编辑窗口中直接按 G 快捷键可达到同样设置功能)。

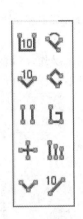

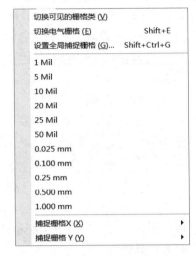

图 3-1-17　标注工具栏　　　　图 3-1-18　区域工具栏　　　　图 3-1-19　下拉菜单

(3) "布线"工具栏如图 3-1-20 所示，该工具栏中的工具按钮用于绘制具有电气意义的铜膜导线、过孔、PCB 元器件封装等。这些工具按钮的使用将在后面的布线中详细介绍。

(4) "过滤器"工具栏如图 3-1-21 所示，该工具栏用于设置屏蔽选项。在"过滤器"工具栏的编辑框中设置屏蔽条件后，工作区将只显示满足用户设置的元器件对象。该功能为用户查看 PCB 板的布线情况提供了极大的帮助，尤其是在布线较密的情况下，使用"过滤器"工具栏能让用户更加清楚地检查某一特定的电器通路的连接情况。

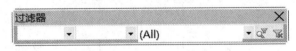

图 3-1-20　"布线"工具栏　　　　　　图 3-1-21　"过滤器"工具栏

课后练习

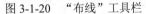

1. PCB 编辑器具有哪些功能？

2. 怎样才能自动捕捉到对象的中心点？

3. 怎样将对齐栅格设置为 5 mil？

4. 怎样将拖拽时的推挤设置为"推开"方式？

任务二 封装管理器的操作

电子元器件种类很多，其封装形式也是多种多样的。所谓封装，是指安装半导体集成电路芯片用的外壳，它不仅起着安装、固定、密封、保护芯片和增强导热性能的作用，还是沟通芯片内部世界与外部电路的桥梁。

芯片的封装在 PCB 上通常表现为一组焊盘、丝印层上的边框及芯片的说明文字。焊盘是封装中最为重要的组成部分，用于连接芯片的引脚，并通过 PCB 上的导线连接到 PCB 上的其他焊盘，进一步连接焊盘所对应的芯片引脚。在封装中，每个焊盘都有唯一的标号，以区别封装中其他焊盘。丝印层上的边框和说明文字主要起指示作用，指明焊盘组所对应的芯片，方便 PCB 的焊接。焊盘的形状和排列是封装中的关键组成部分，只有确保焊盘的形状和排列正确才能正确地建立一个封装。对于安装有特殊要求的封装，边框也需要绝对的正确。

Altium Designer 为 PCB 设计提供了比较齐全的各类直插元器件和表贴式(SMD)元器件，以便不同的封装库管理。但由于电子技术的飞速发展，一些新型元器件不断出现，而这些新元器件的封装在元器件封装库中无法找到，设计者可以利用 Altium Designer 的元器件封装库和管理器制作新的元器件封装。

3.2.1 认识元器件封装

下面以 3 种不同形式的元器件封装为例，了解常见元器件的封装。

1. 插件电阻与贴片电阻

插件电阻的实际形状、尺寸与电阻的功率有关，功率越大，体积也越大。常用插件电阻为碳膜色环四分之一瓦，封装名通常为 R0.9 或 AXIAL-0.4(公制标注中表示 9 mm 长度，英制标注中表示 400 mil 长度)，如图 3-2-1 所示。贴片电阻的实际形状、尺寸与电阻的功率也有关，功率越大，体积也越大。常用贴片电阻为瓷片碳膜十分之一瓦，封装名通常为 0805，如图 3-2-2 所示。

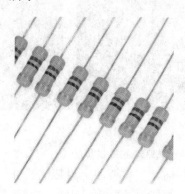

(a) 封装   (b) 实物   (c) 直插电阻被焊接在电路板上的效果

图 3-2-1 四分之一瓦插件电阻

(a) 封装　　　　　　(b) 实物　　　　(c) 贴片电阻被焊接在电路板上的效果

图 3-2-2　十分之一瓦贴片电阻

电阻没有方向与极性之分，因此在 PCB 封装布局时，不需关心方向性，只要保证能将实物插入或贴到 PCB 板上即可。

2．插件芯片与贴片芯片

芯片的种类繁多，比如光控广告灯项目中使用的 LM358、STC15W204S、78M05等，它们的引脚数目也各不相同。同一个芯片会有不同类型的封装尺寸，比如，LM358有 DIP-8 双列直插式封装(如图 3-2-3 所示)，也有 SOP-8 表面贴片式封装(如图 3-2-4 所示)，在贴片式中有宽脚、窄脚两类。

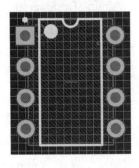

(a) 封装　　　　　　　　(b) 实物　　　　　　(c) 实物被焊接在电路板上的效果

图 3-2-3　LM358 插件封装形式

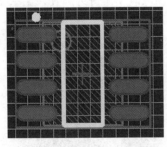

(a) 封装　　　　　　　　(b) 实物　　　　(c) 实物贴入电路板上封装后焊接

图 3-2-4　LM358 贴片封装形式

芯片具有极性、方向性，设计封装时，一定要注意封装上的每一个引脚位号与实物中的引脚位号要一一对应，这样在电路板焊接时才能保证引脚与电气连接的正确性。一旦引脚发生错误，这将可能导致致命性的错误。

还有一些复杂的芯片，比如有的芯片有四条边，每一条边上可能大于 30 个引脚，引脚的间距可能非常密集；有的芯片边上并没有引脚，所有引脚在芯片的底部，如 BGA。

3．异形封装

异形封装通常是非标准的封装形式。

比如，插件发光二极管需要卧式焊接，侧边打出光线，需要先对发光二极管进行 90 度弯脚处理，再绘制它对应的封装，如图 3-2-5 所示。

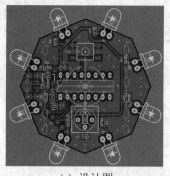

(a) 设计图　　　　　　　　　　　(b) 焊接后的实物图

图 3-2-5　卧式安装形式的发光二极管封装

比如，一个电路板上需要再增加一个临时的模块板子，即常见的板上板叠层式的，需要在底板上设计好叠层在上面的模块尺寸封装，如图 3-2-6 所示。

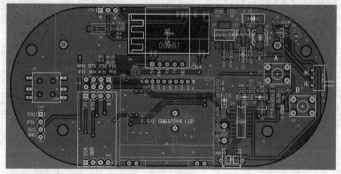

(a) 设计图

(b) 焊接后的实物图

图 3-2-6　底板上焊接了三个模块板的形式

图 3-2-5 所示的发光二极管，很接近标准封装尺寸，卧式的封装与普通的立式封装是可以相互替换的。而图 3-2-6 所示的三个模块，其中 LCD 液晶显示模块与左侧的重力加速度传感器模块的尺寸与脚位信息必须测量后才能得知，然后按测量的信息在 Altium Designer 中设计相对应的封装，从而配套相对应的实物。

3.2.2　获取元器件尺寸

每一个电子元器件都有一个元器件属性手册，手册中包含了这个电子元器件的特性、电气参数、类型、命名、工作方式、体积尺寸及包装形式，等等。例如，图 3-2-7 所示为 STC15W 系列的说明书。我们通常把这类说明书称为芯片或元器件的数据手册。

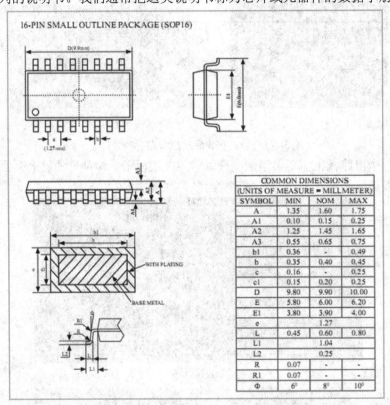

图 3-2-7　STC15W204S—SOP16 封装尺寸

从图 3-2-7 中，可以了解到 SOP16 封装尺寸的所有信息。SOP16 是一个双列表面贴片式的元器件，同一列中引脚中心到引脚中心的脚间距(e)为 1.27 mm，单个引脚所占用的宽度(b)典型值为 0.4 mm，芯片总长(D)为 9.9 mm，总宽(E)为 6 mm，总高(A)为 1.6 mm。两列引脚中心到中心之间的宽度为(E−E1) × 2，等于 4.2 mm。有了这几个基本尺寸信息，就能在 Altium Designer 中设计出对应的 SOP16 封装。图 3-2-7 中展示了各种尺寸信息，从图元中用不同的字母标注了各个部位间的长度，在右侧使用表格形式填写了芯片各部位的最小(MIN)尺寸、典型(NOM)尺寸与最大(MAX)尺寸。

图 3-2-8 所示是松乐牌(SRD)的 T73 规格的继电器。这个元器件提供的尺寸信息全部标注到了图元对应的位置上，同时标头处已告知测量的单位。

图 3-2-8 中，得知继电器高度为 15.3 mm，长度为 19.1 mm，宽度为 15.5 mm，引脚长度为 5 mm，其中有 4 个引脚的侧面宽度为 1.04 mm，正面宽度为 0.6 mm，还有 1 个引脚的侧面宽度为 0.3 mm，正面宽度为 1.1 mm。那么在设计封装时，4 个引脚的直径孔必须大于 1.04 mm，有 1 个引脚的直径孔必须大于 1.1 mm。根据综合性参数，可以将 5 个引脚的直径孔全部设计为 1.2 mm。

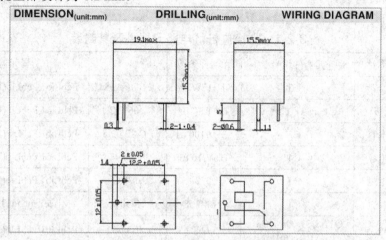

图 3-2-8 T73 规格继电器尺寸

脚位信息可从第 3 个位置的图元中了解到，有 4 个引脚形成了一个矩形，长边上的脚中心间距为 12.2 mm，短边上的脚中心间距为 12 mm；而独立的单个引脚位于继电器总宽的中心线上，即 7.75 mm，可定义为 X 轴，Y 轴的坐标是在离继电器总宽边 1.4 mm 的位置上。

第 4 个图元所展示的是一个仰视图，是将继电器的引脚面面对眼睛，形成的图元，所以脚位在绘制时需要注意常开端与常闭端的标注。如果第 4 个图元的边框是虚线形式，那么就是一个俯视图。

标准电子元器件都会有对应的数据手册，如果遇到了非标准的电子元器件，或者无法从网络上或商家手上得到相关的数据手册，那么只能通过游标卡尺精确测量或用直尺做简易测量。通过测量非标准电子元器件的引脚相对位置的距离，再绘制对应的封装。

很多时候，一些电子零件并没有完整的数据手册。比如，连接器件、电子开关等元器件，通常商家会提供一本选型手册，手册中主要描述的是样图及尺寸的标注。

📧 敲黑板

数据手册中的尺寸信息都是标准的尺寸信息，然而在设计封装时，通常以"就大原则"来设计，目的是防止设计的尺寸过小而使元器件无法插进通孔中，或贴片面积过小而无法上锡焊接。"就大原则"也需要结合手册中提供的信息以及在行业中积累的经验而论。

另外，有一个芯片的引脚非常对称，且又在芯片的下方时，提供的图元信息可能存在仰视图与俯视图之区分。如果是以仰视图来做参考，设计时的脚位置信息按仰视图提供的位置标注即可；如果是按俯视图来做参考，设计时的脚位信息必须要镜像一次来标注脚位信息，不然，会导致致命性错误。千万要细心对待。

3.2.3 元器件封装编辑器简介

原理图设计好后，需要检查每个元器件的封装，只有正确地添加了元器件对应的封装，才能设计并制作出对应的 PCB。因此，在设计项目时就应该构思好每个元器件所需要搭配的元器件封装。

光控广告灯项目中不同元器件所需要的封装如表 3-2-1 所示。

表 3-2-1　光控广告灯电路元器件及其封装

序号	元器件名称	元器件编号	元器件参数	封　装	所属元器件库
1	单片机芯片	U3	STC15W204S	SOP-16S	PcbLib1.PcbLib(新建元器件库)
2	电容无极性	C1～C2，C5～C7	0.1 μF(104)	0603C	PcbLib1.PcbLib(新建元器件库)
3	电解电容	C3	25V/100 μF	CAP5/2.5	PcbLib1.PcbLib(新建元器件库)
4	电解电容	C4	16V/10 μF	CAP4/2	PcbLib1.PcbLib(新建元器件库)
5	光敏电阻	R7	5528	VRG	PcbLib1.PcbLib(新建元器件库)
6	双运放芯片	U1	LM358	SO8_L	Miscellaneous Devices.IntLib
7	N-MOS 管	Q1，Q3，Q6，Q8，Q10，Q12	06N03	TO-252	PcbLib1.PcbLib(新建元器件库)
8	电位器	W1	100 kΩ	VR5	Miscellaneous Devices.IntLib
9	二极管	D3	M4	SMB	Miscellaneous Devices.IntLib
10	三极管	Q2，Q4～Q5，Q7，Q9，Q11，Q13	S8050	SOT-23_M	Miscellaneous Devices.IntLib
11	集成稳压芯片	U2	78M05	D-PAK	PcbLib1.PcbLib(新建元器件库)
12	继电器	K1	12V-T73	T73	PcbLib1.PcbLib(新建元器件库)
13	发光二极管	D1～D2，D4～D7	发红	0603LED	PcbLib1.PcbLib(新建元器件库)
14	电阻	R1～R6，R8～R15	各组阻值参数	0603R	PcbLib1.PcbLib(新建元器件库)
15	按键	S1～S2		AN4-6.5X4.5	PcbLib1.PcbLib(新建元器件库)
16	接线端口	P1	2P	JP5.0X2P	PcbLib1.PcbLib(新建元器件库)
17	接线端口	P2	7P	JP5.0X7P	PcbLib1.PcbLib(新建元器件库)
18	接线端口	P3	4P	HDR1X4	Miscellaneous Connectors.IntLib

在 Altium Designer 中的集成库中有很多默认的封装，但有的不符合实际应用需求，需要用户建立新的元器件封装，保存在自己建立的封装库中。下面以光控广告灯项目为例，绘制集成库中没有的元器件封装。

封装可以是从 PCB Editor 复制到 PCB 库，或从一个 PCB 库复制到另一个 PCB 库，也可以是通过 PCB Library Editor 的 PCB Component Wizard 或绘图工具画出来。在一个 PCB 设计中，如果所有的封装已经放置好，用户可以在 PCB Editor 中执行"设计"→"生成 PCB 库"命令生成一个只包含所有当前封装的 PCB 库。

1．创建新的 PCB 库

打开前面建立的库文件包 Integrated_Library.LibPkg，在工程面板上单击 Integrated_

Library.LibPkg 前面的"＋"号，可以看到库文件包中只有一个 Schlib1.SchLib 的原理图元器件库文件，接下来开始创建新的 PCB 库文件。

第一步：执行"文件"→"新的"→"库"→"PCB 元器件库"命令，建立一个命名 Pcblib1.PcbLib 的 PCB 库文档，同时显示名为 PCBCOMPONENT_1 的空白元器件页，并显示 PCB Library 面板(如果 PCB Library 面板没有出现，单击设计窗口右下方的 PCB 按钮，在弹出的上拉菜单中选择 PCB Library 即可)。

第二步：执行"文件"→"保存"命令，保存路径将默认存在 Integrated_Library.LibPkg 文件包路径下，如图 3-2-9 所示。保存的名称可默认，也可修改为其他。新的 PCB 封装库是库文件包的一部分。

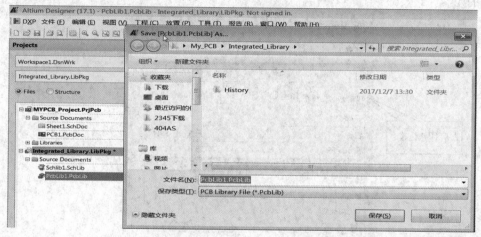

图 3-2-9　保存路径与库文件包中添加新 PCB 库

第三步：单击 PCB Library 标签进入 PCB Library 面板。

第四步：单击 PCB Library Editor 工作区的灰色区域，并按 PgUp 键进行放大(或者点击鼠标右键不松，再按下鼠标左键，再向前拖动鼠标或按下 Ctrl 键＋鼠标滑轮)，直到能够看清栅格为止，如图 3-2-10 所示。

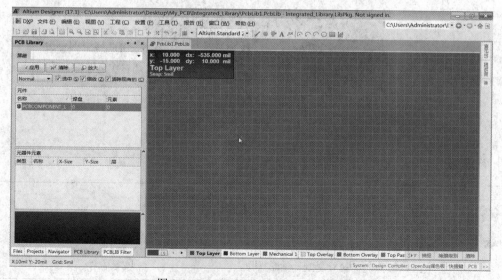

图 3-2-10　PCB Library Editor 工作区

现在就可以使用 PCB Library Editor 提供的命令在新建的 PCB 库中添加、删除或编辑封装了。PCB 库编辑器(PCB Library Editor)用于创建和修改 PCB 元器件封装，管理 PCB 器件库。PCB 库编辑器还提供了 Component Wizard "元器件封装向导"，它将引导用户创建标准类的 PCB 封装。

2．PCB Library 编辑器面板介绍

如图 3-2-11 所示，PCB Library 面板包括以下各项：

(1) "元件"区域列出了当前选中库的所有元器件。在该区域中单击鼠标右键将显示菜单选项，用户可以新建元器件、编辑元器件属性、复制和粘贴选定元器件，或更新开放 PCB 的元器件封装。

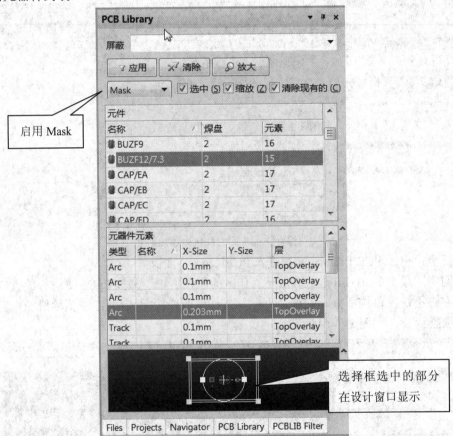

图 3-2-11 PCB Library 面板

 敲黑板

 右键菜单的复制/粘贴命令可用于选中的多个封装，并支持：
- 在库内部执行复制和粘贴操作。
- 从 PCB 板复制、粘贴到库。
- 在 PCB 库之间执行复制、粘贴操作。

(2) "元器件元素"区域列出了属于当前选中元器件的图元。

单击列表中的图元，会在设计窗口加亮显示。选中图元的加亮显示方式取决于 PCB Library 面板顶部的选项：启用 Mask 后，只有点中的图元正常显示，其他图元将灰色显示。单击工作空间右下角的 清除 按钮或 PCB Library 面板顶部的 ✕ 清除 按钮，将删除过滤器并恢复显示。

勾选复选框后，用户单击的图元将被选中，然后便可对它们进行编辑。在元器件元素区域单击鼠标右键可控制其中列出的图元类型，双击可弹出该对象的属性对话框。

(3) 在元器件元素区域下方是元器件封装模型显示区，该区有一个选择框，选择框选择哪一部分，设计窗口就显示该部分，并且选择框的大小可以进行调节。

3.2.4　利用元器件向导绘制元器件封装

对于标准的 PCB 元器件封装，Altium Designer 为用户提供了 PCB 元器件封装向导 PCB Component Wizard，帮助用户完成 PCB 元器件封装的制作，在输入一系列设置后就可以建立一个元器件封装。下面看如何利用向导为单片机 STC15W204S 建立 DIP-16 和 SOP-16S 的封装。

1. 绘制 STC15W204S 元器件 DIP 封装

第一步：打开 STC15W 系列单片机的数据手册，找到描述 DIP-16 封装的尺寸图，如图 3-2-12 所示。

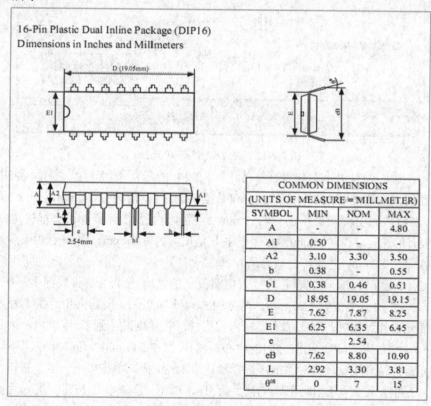

图 3-2-12　DIP-16 封装尺寸

第二步：执行"工具"→"元器件向导"命令，或者直接在 PCB Library 面板的元器件区域列表中单击鼠标右键，在弹出的菜单中选择"元器件向导"命令，弹出 Component Wizard 对话框，单击"下一步"按钮，进入向导。

第三步：对所用到的选项进行设置。建立 DIP-16 封装需要做如下设置：在模型样式栏内选择"Dual In-line Packages(DIP)"选项(封装的模型是双列直插式)，单击选择"Metric(mm)"选项(数据手册中以公制单位描述的)，如图 3-2-13 所示，单击"下一步"按钮。

图 3-2-13　封装模型与单位选择

第四步：进入焊盘大小选择对话框(如图 3-2-14 所示)，圆形焊盘选择外径(指元器件引脚与电路板用焊锡丝相接的区域)1.5 mm(数据手册中 e 值为 2.54 mm，而 b 值最大为 0.55 mm，表示边邻引脚间最小还有约 2 mm 距离)，内径(指元器件引脚插进电路板，电路板上需要开的通孔直径) 0.8 mm(数据手册中 b 值最大为 0.55 mm，而外径使用了 1.5 mm，内径选择在 1～0.7 mm 之间都比较合适)，单击"下一步"按钮；进入焊盘间距选择对话框(如图 3-2-15 所示)，水平方向(芯片插入电路板上的宽度)设为 8 mm(数据手册中 eB 典型值为 8.8 mm，E 的典型值为 7.87 mm，两列引脚向外有 0～15 度的夹角。据工程经验，所有双列直插元器件焊接时，引脚都需要向内预形成，将角度减小到 7 度以内，因此这里设计为 8 mm)，垂直方向(芯片引脚之间的中心距离)设为 2.54 mm(e 值)，单击"下一步"按钮；进入元器件轮廓线宽选择对话框，选择默认 0.2 mm 值，单击"下一步"按钮；进入焊盘数选择对话框，设置焊盘(即引脚数)数目为 16，单击"下一步"按钮；进入元器件名选择对话框，默认的元器件名为 DIP16，把它修改为 DIP-16，单击"下一步"按钮。

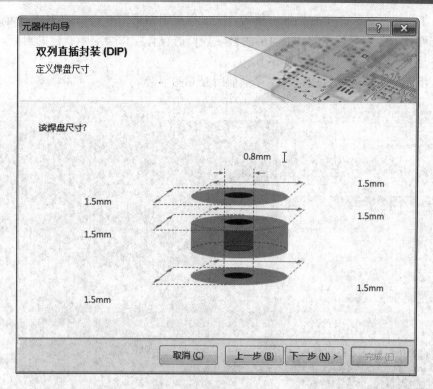

图 3-2-14　选择焊盘大小

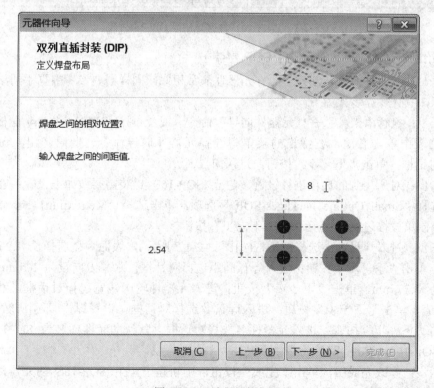

图 3-2-15　选择焊接间距

第五步：进入最后一个对话框，单击"完成"按钮结束向导。在 PCB Library 面板的元件区域列表中会显示新建的 DIP-16 封装名，同时设计窗口会显示新建的封装，如有需要可以对封装进行修改，如图 3-2-16 所示。

第六步：单击"保存"按钮，保存当前所建立的封装。

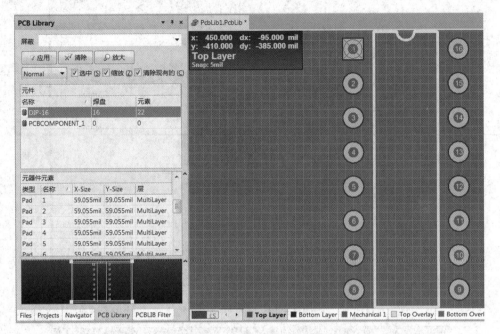

图 3-2-16　使用元器件向导创建 DIP-16 封装

2. 绘制 STC15W204S 元器件 SOP 封装

表面贴片元器件的封装创建与插件元器件非常相似，同样需要参考数据手册中提供的尺寸信息，具体操作步骤如下：

第一步：执行"工具"→"元器件向导"命令，或者直接在 PCB Library 面板的元器件区域列表中单击右键，在弹出的菜单中选择元器件向导命令，此时弹出 Component Wizard 对话框，单击"下一步"按钮，进入向导。

第二步：对所用到的选项进行设置。建立 SOP-16S 封装需要做如下设置：在模型样式栏内选择"Small Outline Packages(SOP)"选项，单击选择"Metric(mm)"选项(数据手册中以公制单位描述的)，然后单击"下一步"按钮。

第三步：进入焊盘大小选择对话框(如图 3-2-17 所示)，表面焊盘选择长 1.2 mm，宽 0.5 mm，单击"下一步"按钮；进入焊盘间距选择对话框，水平方向设为 5.5 mm，垂直方向设为 1.27 mm，单击"下一步"按钮；进入元器件轮廓线宽选择对话框，选择默认 0.2 mm 值，单击"下一步"按钮；进入焊盘数选择对话框，设置焊盘(即引脚数)数目为 16，单击"下一步"按钮；进入元器件名选择对话框，默认的元器件名为 SOP16，把它修改为 SOP-16S，单击"下一步"按钮。

第四步：修改完成后，单击"完成"按钮，则新建了一个 SOP-16S 的元器件封装，同时窗口处于打开状态，单击"保存"按钮，保存建立的元器件封装。

(a) 焊盘尺寸定义　　　　(b) 焊盘排列间距定义

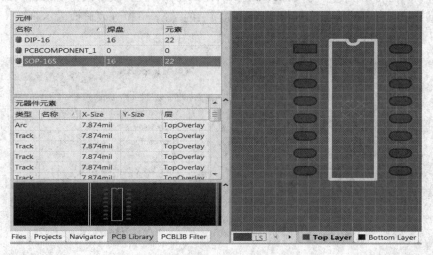

(c) 创建好的 SOP-16S 封装

图 3-2-17　利用向导创建 SOP-16S 封装

 敲黑板

　在创建任何一个元器件封装时，建议将 PCB 元器件封装的参考坐标位置设置在元器件的正中心，这与在原理图库中绘制原理图封装略有区别。在原理图元器件设计中，参考坐标是以编辑区的坐标中心为基点，放置元器件时，元器件会悬浮在鼠标右下角。

　　在 PCB 设计中不建议使用元器件的第 1 脚为参考坐标位置(如图 3-2-16 所示，坐标位置在 DIP-16 的第 1 脚上)，而是将参考坐标位置设计在 PCB 元器件封装的中心上，如图 3-2-17(c)所示，坐标位置在 SOP-16S 的封装中心。

　　将参考坐标位置设计在 PCB 元器件封装的中心后，移动元器件、放置元器件都容易全局观察到元器件所在范围的周边有没有相互干涉的元器件，在旋转元器件时也会以鼠标中心位置为主发生旋转，便于浏览。

　　如果参考坐标位置设置太过于偏离元器件封装，则在放置或移动元器件时，会带来很多麻烦，甚至会需要回到 PCB 封装库，对元器件封装重新定义参考坐标位置。

　　Altium Designer 提供了 3 种参考坐标位置，单击"编辑"→"设置参考"，在它的菜单中包含：1 脚(向导创建的都是默认 1 脚)、中心(建议使用中心)、位置(用户可使用鼠标定义任意位置坐标)。

3. PCBLIB Inspector 的全局修改对象操作

向导创建的 SOP-16S 的焊盘都是圆形的，所以设置长与宽时，会出现半圆头的焊盘。如果想将这种形式的焊盘修改为方形的，可使用全局修改属性的方法，将所有圆头焊盘修改成方形的。

第一步：按下 Shift 键不松开，将需要修改的焊盘全部用鼠标拖选选中。

第二步：单击鼠标右键菜单，选择"查找相似对象"，弹出如图 3-2-18 所示的对话框；或者在没有选中任何对象的情况下，鼠标右键单击任意一个焊盘，选择"查找相似对象"。

第三步：在对话框中，将 Selected 选项后的 Any 下拉列表修改为 Same。如果使用的是没有选中任何对象的情况，则将 Layer 选项后的 Any 下拉列表修改为 Same。单击"确定"按钮，弹出"PCBLIB Inspector"对话框，如图 3-2-19 所示。

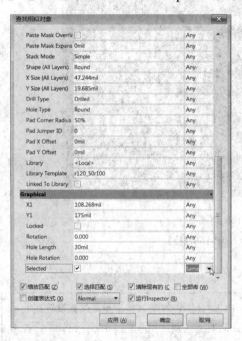

图 3-2-18　"查找相似对象"对话框　　　　图 3-2-19　"PCBLIB Inspector"对话框

第四步：此时会发现在弹出的对话框中所有标注尺寸的单位都是 mil。如果查看不习惯，可退出所有对话框，在编辑区按下快捷键 Q 或执行"视图"→"切换单位"命令，将系统默认的 mil 单位切换到 mm 单位。

 敲黑板

> 计量单位有两种：英制(Imperial)和公制(Metric)，默认为英制单位。1 英寸 = 1000 mil = 2.54 cm。

第五步：重复第一至第三步，再次回到 PCBLIB Inspector 对话框。在对话框的 Sharp (All Layers)选项后的下拉列表框中选择 Rectangular 后，设计窗口中的焊盘将全部统一修改为方形的。如果还需要修改焊盘的尺寸，可在 PCBLIB Inspector 对话框的 X Size(All

Layers)、Y Size(All Layers)后的输入框中直接输入需要的尺寸。关闭对话框，可看到如图3-2-20 所示的 SOP-16S 封装。

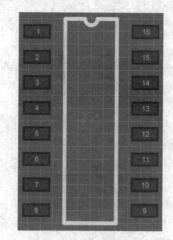

图 3-2-20　修改为方形焊盘后的 SOP-16S 封装

3.2.5　利用 IPC Footprint Wizard 创建封装

IPC Footprint Wizard 用于创建 IPC 元器件封装。IPC Footprint Wizard 不参考封装尺寸，而是根据 IPC 方面的算法直接使用元器件本身的尺寸信息。IPC Footprint Wizard 使用元器件的真实尺寸作为输入参数，该向导基于 IPC-7351 规则使用标准的 Altium Designer 对象(如焊盘、线路)来生成封装。

该向导支持 BGA、BQFP、CFP、CHIP、CQFP、DPAK、LCC、MELF、MOLDED、PLCC、PQFP、QFN、QFN-2ROW、SOIC、SOJ、SOP/TSOP、SOT43/343、SOT223、SOT23、SOT89 和 WIRE WOUND 封装。

IPC Footprint Wizard 的功能特点如下：

(1) 整体封装尺寸、引脚信息、空间、阻焊层和公差在制作时都能立即看到。

(2) 可输入机械尺寸，如 Courtyard、Assembly 和 Component Body 信息。

(3) 向导可以重新进入，以便进行浏览和调整。每个阶段都有封装预览。

(4) 在任何阶段都可以单击"完成"按钮，生成当前预览封装。

下面以创建 78M05 元器件封装(D-PAK)为例进行介绍。

可以从 PCB Library Editor 菜单栏的工具菜单中启动 IPC Footprint Wizard，弹出 IPC Footprint Wizard 对话框，单击"下一步"按钮，进入元器件类型选择(Select Component Type)对话框，选择 DPAK，再单击"下一步"按钮，进入 DPAK Package 对话框，如图3-2-21 所示。

按照如图 3-2-22 所示的实际 78M05 元器件手册，将对应的参数输入到每一步对应的文本框即可，同时在对话框的右侧可浏览到元器件封装的 2D 及 3D 效果。在 3D 效果下，按下鼠标右键不松移动时，可平移 3D 视图；如果按下 Shift 键不松，再按下鼠标右键移动时，可从任意角度翻看 3D 视图。填写参数时，视图是实时更新的，单击"下一步"按钮，即可建立该器件的封装。

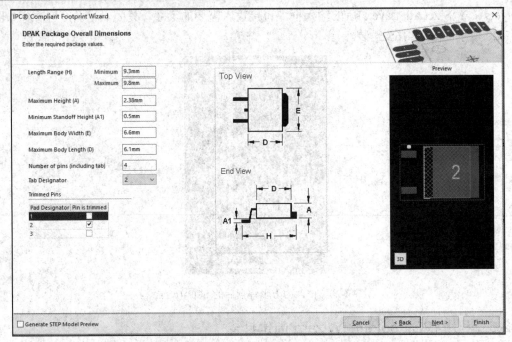

图 3-2-21 利用 IPC Footprint Wizard 元器件尺寸参数建立封装

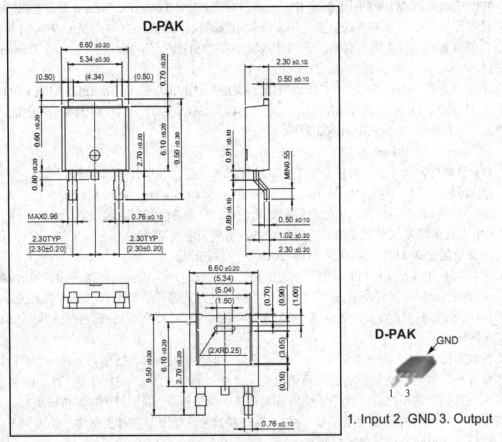

图 3-2-22 78M05 的 D-PAK 封装尺寸与引脚排列

创建完成后，元器件封装的参考坐标默认为元器件封装的正中心。

敲黑板

> IPC Footprint Wizard 对话框中的元器件尺寸信息的标注与表格区中的标注名称会有差异性，需要用户观察清楚。比如，图元中有些标注为 B1、L1，而表格区中是以 B 和 L 来对应的。

3.2.6 手工绘制元器件封装

对于形状特殊的元器件，用元器件向导不能完成该器件的封装建立，这时就要用手工方法创建该器件的封装。

创建一个元器件的封装，需要为该封装添加用于连接元器件引脚的焊盘和定义元器件轮廓的线段及圆弧。一般将元器件外部轮廓放置在 Top Overlay 层(丝印层)，焊盘放置在 Multilayer 层(直插元器件)或顶层信号层(贴片元器件)。当用户放置一个封装时，该封装包含的各对象会被放到其本身所定义的层中。

1．绘制继电器元器件的封装

下面手工创建光控广告灯项目中的 T73 规格的继电器封装。

第一步：先检查当前使用的单位和栅格显示是否合适，然后执行"工具"→"器件库选项"命令(使用热键 T→O 或快捷键 O→B)打开"板级选项[mm]"对话框，设置单位为 "Metric"(公制)，其他项选缺省值，如图 3-2-23 所示；或在设计窗口中直接按 Q 键，切换单位。

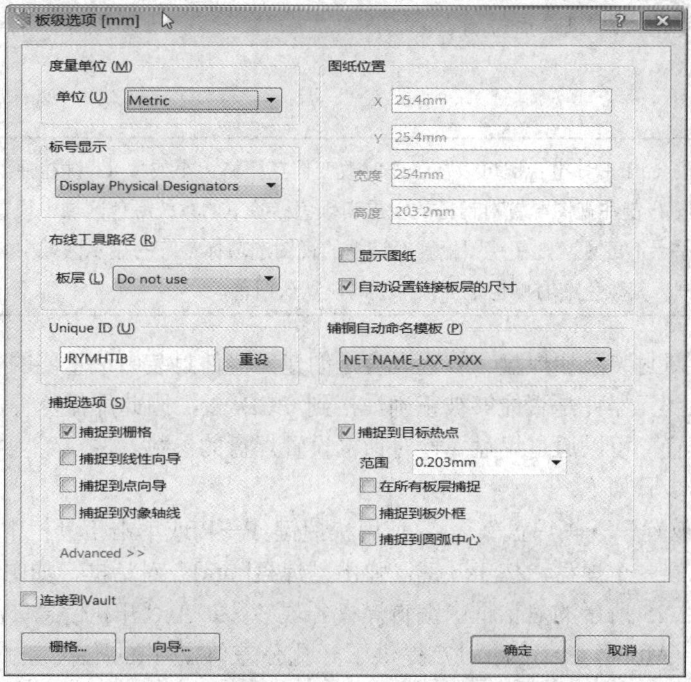

图 3-2-23　在"板级选项[mm]"对话框中设置单位

第二步：执行"工具"→"新的空元件"命令(使用热键 T→W)，建立一个默认名为 PCBCOMPONENT_1 的新的空白元器件。在 PCB Library 面板双击该名称(PCBCOMPONENT_1)，弹出"PCB 库元件[mm]"对话框，为该元器件重新命名，在该对话框的名称文本框中输入"T73"，如图 3-2-24 所示。

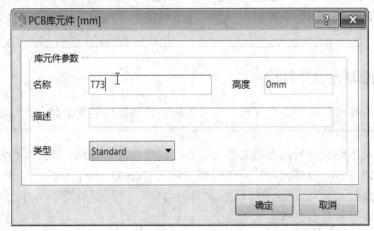

图 3-2-24 "PCB 库元件[mm]"对话框

在该对话框的标题栏左上角有一个三角尺图样，且标题后带有一个单位"[mm]"。单击对话框左上角三角尺图样后弹出下级菜单，在菜单中单击"Toggle Units [mm/mil]"命令，即可切换该对话框中所有显示为 mm 的单位至 mil；也可在该对话框激活状态下按 Ctrl＋Q 键进行单位切换。此命令只在带有三角尺的对话框标题栏中生效。

推荐在工作区(0，0)参考点位置(有原点定义)创建封装，在设计的任何阶段，使用快捷键 J→R 就可使光标跳到原点位置。

敲黑板

> 按 Ctrl＋G 组合键可以在工作时改变捕获栅格大小或按 G 键在弹出的菜单中直接选择；按 L 键在视图配置对话框的板层和颜色标签下的系统颜色区域中设置栅格是否可见；如果原点不可见，则在视图配置对话框的视图选项标签下的显示区域中勾选"原点标记"复选框，其颜色在右侧也是可以修改的，默认白色。

第三步：为新封装添加焊盘。放置焊盘是创建元器件封装中最重要的一步，焊盘放置是否正确，关系到元器件是否能够被正确焊接到 PCB 板，因此焊盘位置需要严格对应于元器件引脚的位置。可以通过焊盘属性对话框设置焊盘的参数。

放置焊盘的步骤如下：

(1) 执行"放置"→"焊盘"命令(使用快捷键 P→P)或单击工具栏中的放置焊盘 ⊙ 按钮，光标上悬浮一个焊盘，按 Tab 键，弹出"焊盘[mm]"对话框，如图 3-2-25 所示。

(2) 在图 3-2-25 所示的对话框中编辑焊盘各项参数：在"开孔信息"区域设置开孔尺寸为"1.2 mm"(Altium Designer 17 提供了开孔公差值)，孔的形状为"圆形"；在"属性"区域的"标号"文本框中输入焊盘的序号"1"，在"板层"下拉列表中选择"Multi-

Layer"(多层)；在"尺寸和外形"区域勾选"简单"复选框，将"X 尺寸"和"Y 尺寸"全部设置为"2 mm"，外形为"Round"(圆形)。单击"确定"按钮或按 Enter 键，建立第一个圆形焊盘。

图 3-2-25　放置焊盘前设置焊盘参数

(3) 利用状态栏显示坐标，将第一个焊盘放到(Y: 0，Y: 0)位置，单击鼠标左键或者按 Enter 键确认放置第一个焊盘。

(4) 放置完第一个焊盘后，光标处出现第二个焊盘，焊盘属性跟随上一个焊盘，但焊盘的标识符会自动增加。根据实物继电器或手工测量到第二个引脚位置，相对第一个引脚位置坐标是(0，−12)。将第二个焊盘放到(X: 0，Y: −12)位置，或使用快捷键 J→L，弹出"Jump To Location[mm]"对话框，如图 3-2-26 所示(可在对话框中按 Tab 键，在 X、Y 数值域切换)。在"X-Location"文本框中输入 X 坐标值"0"，在"Y-Location"文本框中输入 Y 坐标值"−12"，按下回车键，鼠标悬浮的第二个焊盘正好落在(X: 0，Y: −12)坐标上，再按 Enter 键确定放置第二个焊盘。

(5) 使用"Jump To Location[mm]"对话框分别输入(12.2，0)和(12.2，−12)两个坐标值，将第三个、第四个焊盘放置好。

(6) 第五个焊盘的坐标位置为(−2，−6)，放置好后，可单击鼠标右键或者按 Esc 键退出放置模式。所有焊盘放置后如图 3-2-27 所示。

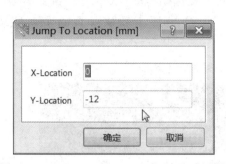

图 3-2-26 "Jump To Location[mm]"对话框

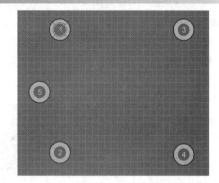

图 3-2-27 放置好焊盘的 T73 规格继电器

(7) 执行"文件"→"保存"命令(使用快捷键 Ctrl + S),保存封装。

(8) 检查引脚标号,在 PCB 元器件封装中的引脚标号一定要与原理图中的元器件引脚符号一一对应,如果出现错乱或不一致,则在建立网络表时会出现致命错误。因此,需要回到原理图设计工作区,双击继电器(元器件位号为 K1),打开"Properties for Schematic Component"对话框,在"Graphical"区域中勾选"Show All Pins On Sheet(Even if Hidden)"复选框,然后按下 Enter 键关闭对话框。

(9) 执行"窗口"→"垂直平铺"菜单命令,将原理图设计工作区与 PCB 元器件封装工作区共同显示在屏幕中,这样可对比查看原理图中的继电器引脚标号与 T73 规格的继电器封装引脚标号,如图 3-2-28 所示。原理图中的继电器线圈引脚为第 4、第 5 引脚,公共端引脚为第 1 引脚,常开端为第 3 引脚,常闭端为第 2 引脚。而在 PCB 元器件封装中的引脚标号排列与原理图中的引脚符号并没有一一对应起来。此时,需要修改两者中的任意一个为之对应起来。可在原理图中直接修改引脚排列,也可在 PCB 元器件封装中直接修改。最好的方法是通过 PCB 元器件封装修改。

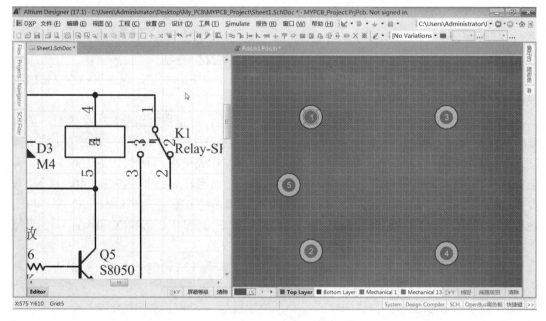

图 3-2-28 窗口垂直平铺

(10) 双击 PCB 元器件封装窗口中的标号 1 焊盘，在弹出的焊盘对话框中将标号"1"修改为"4"，按下 Enter 键。按上述操作方法，将标号"2"修改为标号"5"，标号"5"修改为"1"，标号"3"修改为"2"，标号"4"修改为"3"。修改焊盘标号后的 T73 继电器封装如图 3-2-29 所示。

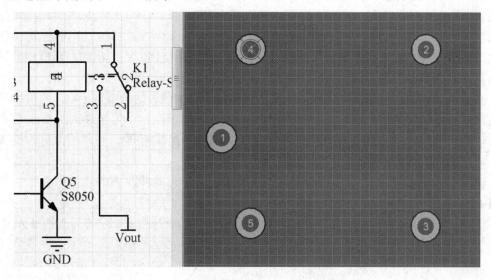

图 3-2-29　修改焊盘标号后的 T73 继电器封装

敲黑板

　　元器件焊盘之间的距离，当有等差特性且数量较多时，若使用快捷键 J→L 或手动移动鼠标放置的方法，工作会比较繁琐，而使用捕获栅格的方法会提高绘制效率。

　　假如设计具有一个一列的贴片排线焊盘，焊盘间距为固定的 1.5 mm，当鼠标悬浮焊盘时，可按下 G→G 快捷键，修改移动栅格步进值为 1.5 mm，然后按下 Enter 键再按下右方向键，接着按 Enter 键再按右方向键，依此重复，可快速连续放置多个焊盘，如图 3-2-30 所示。

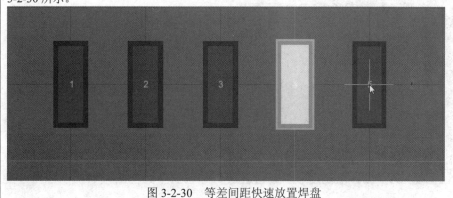

图 3-2-30　等差间距快速放置焊盘

　　第四步：为新封装绘制轮廓。元器件外形轮廓在 Top Overlay(顶层丝印层)中定义，如果元器件放置在电路板底面，则该丝印自动转为 Bottom Overlay(底层丝印层)。

(1) 单击编辑窗口底部的 Top Overlay 标签，切换到顶层丝印层。

(2) 执行"放置"→"线条"命令(使用快捷键 P→L)或单击放置线条 ✏ 按钮，按 Tab 键可编辑线段属性，这里选默认值，单击"确定"按钮。注意，将光标设置为大 90 度，操作起来方便。

(3) 为了按照数据手册或测量的外边框数据直接输入坐标绘制，可以将参考原点坐标修改到(-3.4，1.4)位置上。使用快捷键 E→F→L，鼠标出现大 90 度光标，再使用快捷键 J→L，在"Jump To Location[mm]"对话框中输入(X: -3.4，Y: 1.4)，按 Enter 键确认坐标值，再按 Enter 键，确定轮廓第一个点。使用 J→L 快捷键，在弹出的对话框中分别输入(X: 19，Y: 0)按 Enter 键，(X: 19，Y: -15.5)按 Enter 键，(X: 0，Y: -15.5)按 Enter 键，然后第 4 条线段可按空格键或 Shift + 空格键来修改线段的角度与走向，将线段终点通过鼠标移动到起点重叠后单击鼠标左键(如果线段偏离了坐标，可按 Backspace 键删除最后一次所画的线段，这与在原理图环境中绘制线段的操作相同)，再单击鼠标右键或按 Esc 键退出放置线命令状态。

(4) 执行快捷键 E→F→C，将原点参考坐标设置在元器件封装的几何中心上，如图 3-2-31 所示。

(5) 在继电器封装内可添加常开端口、常闭端口、线圈符号或文字符号等特征元素。

① 单击放置字符串图形 **A** 按钮，或执行"放置"→"字符串"命令(使用快捷键 P→S)，放置字符串前按 Tab 键，弹出"字符串[mm]"对话框，如图 3-2-32 所示。

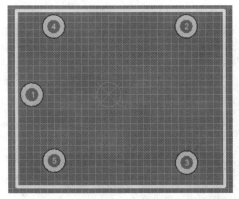

图 3-2-31　添加轮廓后的 T73 规格的继电器封装　　　　图 3-2-32　放置字符串

② 在对话框图形区域中，可修改字符串的高度与宽度，分别输入 1 与 0.15；在"属性"区域文本框中输入"COM"；在"板层"下拉列表框中选择"Bottom Overlayer"；"字体"默认即可；在"选择笔画字体"区域中的"字体名称"列表框中建议选择"Sans

Serif"(线型比较美观)，单击"确定"按钮。如果 COM 字符在正面显示，需要将其镜像显示，可直接按 X 键，字符将发生镜像翻转，然后将字符放置在标号 1 焊盘边上，单击鼠标左键；接下来按 Tab 键，分别输入"CA"、"CB"字符串并放置在标号 2、标号 3 的焊盘边上。如果想让字符串从 Bottom Overlay 切换到 Top Overlay，可在放置前按 L 键，进行两层间的切换。

敲黑板

　　　　继电器的功能引脚常开、常闭及公共端的字符放置在底层的目的：继电器元器件是焊接在电路板的顶层，焊接好后顶层的丝印将被元器件所覆盖，而电路板的底层字符并没有被覆盖，是可以看到的，这样用户在查看字符时就知道边上对应的引脚是常用端引脚。

　　　　切记，在 PCB 环境设计中，X 和 Y 键可切换任意对象进行水平和垂直翻转，但千万不要对元器件封装进行翻转，否则可能会导致致命性错误，即左右上下发生了翻转，所设计的引脚位号与实物元器件将对应不上。PCB 环境中的翻转功能与原理图环境中的翻转截然不同，PCB 环境中的元器件将对应物理性元器件，而原理图环境中的仅是一个符号而已。

　　可以用放置线条命令在顶层丝印层上绘制常开端口、常闭端口、线圈符号，这里不再赘述。

　　最终绘制好的继电器封装如图 3-2-33 所示，执行"保存"命令保存设计好的封装。其中图 3-2-33(b)、(c)图元为 3D 浏览效果，可在 PCB 设计下直接按字母键区上的数字 3 键和 2 键进行 2D 与 3D 浏览效果的切换。

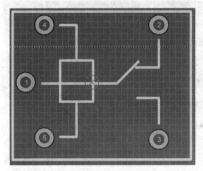
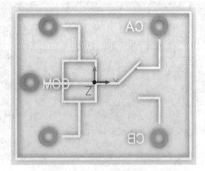

(a) 2D 显示下的封装　　　　　　　　　(b) 3D 显示下的顶层封装

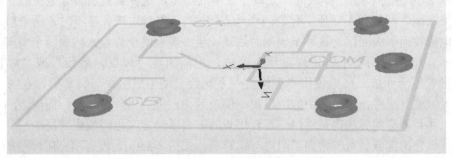

(c) 3D 显示下的底层封装

图 3-2-33　绘制 T73 继电器最终的封装

敲黑板

在 2D 与 3D 模式下，均可使用 V→F 快捷键进行元器件所在区的跳转，与原理图设计环境中的操作一致，使用 V→B 快捷键可进行电路板的翻转(或用视图菜单)。

在 3D 模式下，按下 Shift 键，再按下鼠标右键移动鼠标，可根据显示区的方向圆球来调整 3D 效果下的电路板或元器件封装的不同角度。

在 PCB 工作环境下，按下 Shift + H 组合键，可关闭与开启工作区窗口左上角显示的坐标信息(建议关闭)。

在 PCB 工作环境下，按下 Shift + M 组合键，可关闭与开启放大镜浏览指定位置上的对象。

2. 绘制不规则形状焊盘(特殊按键)的封装

在使用导电橡胶、金属弹片(锅仔片)等形式的按键产品中，其电路板上并不需要焊接机械式按键，而是靠电路板上本身的铜片与导电橡胶或金属弹片形成短路而构成接通的原理，完成一个按键的触发。这时候，电路板上的铜片就是一个按键封装，如图 3-2-34 所示。这种封装是由不规则形状焊盘与线段组合而成，但有一个很重要的因素需要注意：Altium Designer 会根据焊盘的形状自动生成阻焊和锡膏层，如果用户使用多个焊盘创建不规则形状，系统会为之生成匹配的不规则形状层；而如果用户使用其他对象，如线段、填充对象、区域对象或圆弧来创建不规则形状，则需要同时在阻焊和锡膏层定义大小适当的阻焊和锡膏蒙板。

图 3-2-34　某空调遥控器电路板上的不规则按键封装

图 3-2-34 所示的栅栏样式的图元就是按键的封装，这种封装适合导电橡胶。栅栏图元以交叉间隔，两两并不互通，代表两个触点(引脚)，当导电橡胶压下时，两个触点就能通过导电橡胶而形成回路。这种不规则的封装，至少需要两个焊盘来代表两个引脚。从图元中来看，既能使用多个方形焊盘组合而成，也能通过"焊盘＋线段"或"焊盘＋填充"的形式组合而成。如果使用多个焊盘，系统会自动生成阻焊与锡膏层，在图 3-2-34 所示的区域就是栅栏按键封装中的电路板，偏白且栅栏上的铜片为原色，而周边的电路板是绿色，并且周边的导线也是绿色。组合形式的需要手动定义阻焊或锡膏层。

没有绿色的部分就是被增加了阻焊与锡膏层，图 3-2-35(a)是没有填充阻焊层的 2D 效果，图 3-2-35(b)是没有填充阻焊层的 3D 效果；而图 3-2-36(a)是填充了阻焊层的 2D 效果，图 3-2-36(b)是填充了阻焊层的 3D 效果。(注意：以上图示效果一定要在 PCB 设计环境中浏览，在 PCB 封装环境下是浏览不到该效果的。)

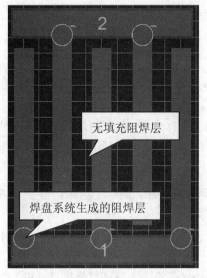

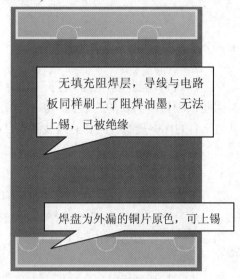

(a) 无填充阻焊层的 2D 效果　　　　　(b) 无填充阻焊层的 3D 效果

图 3-2-35　无填充阻焊层的封装

图 3-2-35 中，使用了两个焊盘，焊盘本身带有阻焊层，在 3D 效果上可上锡，可与导电橡胶形成回路。而没有填充阻焊区的导线被默认刷上了绿色油墨，导致导线与导电橡胶不能直接接触而不导通。因此，如果这种封装的设计导电橡胶安装偏差太多，会形成导电橡胶按下时与封装接触不良或开路的致命错误。

图 3-2-36 中，同样也使用了两个焊盘，焊盘本身带有阻焊层，在 3D 效果上可上锡，可与导电橡胶形成回路。而填充了阻焊区的导线并不会刷上绿色油墨，导线与导电橡胶也能直接接触而导通。因此，即便这种封装的设计导电橡胶安装偏差太多，橡胶与铜片还是有很多面积区域可以相接触，可形成导电橡胶按下时与封装接触导通。

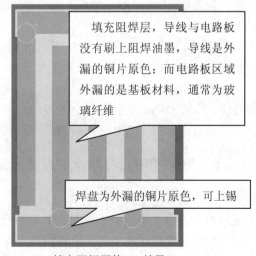

(a) 填充阻焊层的 2D 效果　　　　　(b) 填充阻焊层的 3D 效果

图 3-2-36　有填充阻焊层的封装

在光控广告灯项目中，我们使用的是机械按键，因此并不需要设计这种不规则的按键封装。

3.2.7 从其他库中复制封装模型

光控广告灯项目所需要的电子元器件约 60 个，其中有些元器件可以共用同一个封装，因此该项目中需要的封装约 40 种。通过前面所讲的方法可以创建其他封装，也可以从其他已有的库中复制所需要的封装到自己的封装库中。下面从"常用元器件库.PcbLib"复制发光二极管、电阻、元极性电容等部分封装到自己建立的"Pcblib1.PcbLib"封装库中。

1．一次复制一个封装模型

第一步：打开源库。双击打开"常用元器件库.PcbLib"封装库，在弹出的 PCB Library 面板的"元件"区域中选择 0603LED 封装。

第二步：复制封装。按下 Ctrl + C 组合键，或右击 0603LED 封装名，在弹出的菜单中选择"复制"。

第三步：打开目标库。在面板下方单击 Projects 标签，再双击目标库 Pcblib1.PcbLib，在面板下方单击 PCB Library 标签。

第四步：粘贴封装。在 PCB Library 面板的"元件"区域中单击鼠标右键，在弹出的菜单中选择"Paste 1 Component"，即可粘贴 0603LED 封装到目标库 Pcblib1.PcbLib 文件中，此时工作窗口中显示的是 0603LED 封装。

第五步：按下 Ctrl + S 组合键，保存库文件。

2．一次复制多个封装模型

第一步：打开源库。在工作窗口上方单击"常用元器件库.PcbLib"，PCB Library 面板将切换到"常用元器件库.PcbLib"库文件中。

第二步：选择并复制多个封装。在"元件"区域中单击 0603C 封装名，再按下 Ctrl 键，依次单击 0603R、VRG，最后按下 Ctrl + C 组合键，将选中的封装模型复制到剪贴板上。

第三步：打开目标库。在工作窗口上方单击 Pcblib1.PcbLib，PCB Library 面板将切换到 Pcblib1.PcbLib 库文件中。

第四步：粘贴封装。在"元件"区域中单击任意一个元器件封装后，按下 Ctrl + V 组合键，即可将刚才复制的 3 个元器件封装粘贴到目标库中。

第五步：按下 Ctrl + S 组合键，保存库文件。

3.2.8 为原理图元器件添加封装模型

因为前面绘制原理图时并没有为每一个元器件添加封装模型，所以在从原理图生成 PCB 时，系统会提示找不到可用的封装模型，将无法完成原理图到 PCB 的过程。

系统的集成库中集成了原理图符号库和对应的封装模型库，所以从系统自带的集成库中放置的元器件，其封装模型也将自动被添加。如果封装模型和实际的工程要求不对应，可以自行修改。另外，自己绘制的元器件符号也需要手动添加封装模型。

1. 从原理图元器件中手动修改元器件封装模型

以修改 Q5 元器件的封装为例，步骤如下：

第一步：将窗口切换到原理图窗口，双击 Q5 三极管，弹出"Properties for Schematic Component in Sheet [Sheet1.SchDoc]"对话框，在对话框的 Models 区域下的 Name 项中，可修改 Q5 三极管的封装，默认为"SOT-23"，其下拉列表框中还提供了其他插件形式，如图 3-2-37 所示。这时，发现其中并没有光控广告灯项目中所需要的封装 SOT-23_M。

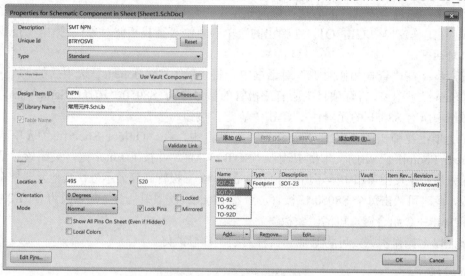

图 3-2-37　Q5 三极管封装模型修改对话框

第二步：双击 Type 项下的"Footprint"或单击下方的"Edit"按钮，弹出"PCB 模型"对话框，如图 3-2-38 所示。

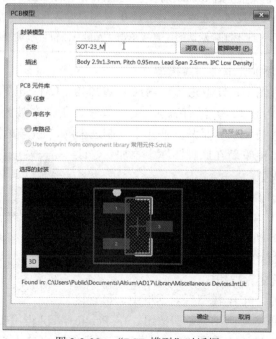

图 3-2-38　"PCB 模型"对话框

第三步：在"PCB 模型"对话框的"封装模型"区域的"名称"文本框中输入"SOT-23_M"，或单击"浏览"按钮，在弹出的"浏览库"对话框的库下拉列表框中选择"Miscellaneous Devices.IntLib"，选中"SOT-23_M"后，单击"确定"按钮。如果输入 SOT-23_M 无法找到对应的封装，则需要在可用库对话框中加载 Miscellaneous Devices.IntLib 库文件。

第四步：关闭所有对话框，此时 Q5 的封装模型修改为 SOT-23_M。

第五步：通过全局修改的方法，修改光控广告灯项目中其余的 6 个三极管封装(SOT-23_M)。在工作窗口中右击 Q1，在弹出的菜单中单击"查找相似对象"，弹出"查找相似对象"对话框。

第六步：在"查找相似对象"对话框中，将"Part Component"选项后的"Any"修改为"Same"(光控广告灯项目中所有三极管的型号全为 S8050，选择"Same"后，就是查找图纸中所有 S8050 的元器件)，单击"确定"按钮。

第七步：在弹出的"SCH Inspector"对话框中，在"Object Specific"选项区下的"Current Footprint"后的文本框中输入"SOT-23_M"，并按下 Enter 键，关闭该对话框。

第八步：原理图窗口中除了所有 S8050 的 7 个三极管高亮显示外，其他元器件都套上了蒙板，此时可双击每个 S8050 三极管，查看 Models 模型中是否全部修改为 SOT-23_M，再按下 Shift＋C 组合键，可清除蒙板。

按照以上操作步骤，可将其他元器件封装全部修改好。

敲黑板

集成库中默认添加的封装模型如果不适合项目设计要求，在"Properties for Schematic Component"对话框中的 Model 选项下可能会存在无法修改到需要的 PCB 模型，此时可单击"Remove"按钮，先将默认的 PCB 模型移除，再单击"Add"按钮，重新添加 Footprint 即可；或不删除默认的，直接单击"Add"按钮，添加新的 Footprint。

2. 从原理图库中添加元器件封装模型

在光控广告灯原理图中，NMOS 管、STC15W204S、LM358 等都是自制的原理图元器件，这些元器件在绘制时，并没有添加 PCB 模型，因此在被放置在原理图中时，其 Models 中是空的。但 NMOS 管是从其他库中复制过来的，它是被添加了 PCB 模型的。不管有或没有模型，均能重新在原理图库中添加、修改和删除元器件的封装模型。

第一步：将 Schlib1.SchLib 库打开，在 SCH Library 面板的"器件"区域中单击"STC15W204S"元器件，在"模型"区域中单击"添加"按钮，弹出"添加新模型"对话框，在对话框中选择"Footprint"类型，如图 3-2-39 所示，单击"确定"按钮。

图 3-2-39　"添加新模型"对话框

第二步：在弹出的"PCB 模型"对话框中，可直接输入 SOP-16S，也可单击右侧"浏览"按钮，在 Pcblib1.PcbLib 中选中"SOP-16S"封装模型，再单击"确定"按钮，返回"PCB 模型"对话框，再单击"确定"按钮，完成一个 PCB 模型的添加。

第三步：此时，在 SCH Library 面板下的"模型"区域中能看到刚添加进来的 SOP-16S 封装模型。STC15W204S 除了有 SOP-16S 封装外，还有 DIP-16 插件封装。在原理图库中可以为一个元器件添加多个 PCB 封装，按以上操作方法，可继续添加 DIP-16 封装模型。

第四步：在 SCH Library 面板下的"器件"区域中双击"STC15W204S"或单击"编辑"按钮，弹出"Library Component Properties"对话框，在 Models 区域下，该元器件并没有默认选择刚才添加好的 PCB 封装，如图 3-2-40 所示。事实上，已经被添加好了两个 PCB 封装，只是还没有定义该原理图元器件封装优先默认选用哪一个 PCB 封装模型，如果在该对话框中不定义，系统将默认随机分配一个。在光控广告灯项目中，选用的是"SOP-16S"封装模型。可在 Models 区域中的 Name 下单击，弹出刚添加的两个 PCB 封装模型，选择"SOP-16S"，元器件将默认优先选用 SOP-16S 封装模型。单击对话框中的"确定"按钮，关闭"Library Component Properties"对话框。

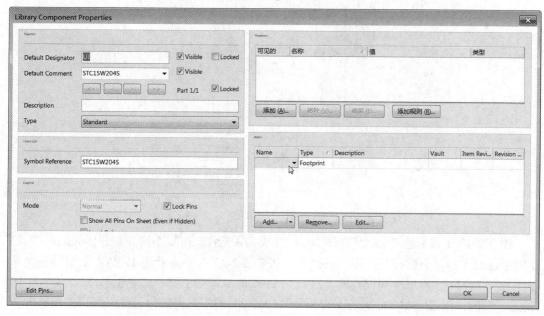

图 3-2-40　原理图库元器件属性对话框

第五步：在 SCH Library 面板下的"器件"区域中，鼠标右键单击"STC15W204S"，在弹出的菜单中更新原理图(前提是已将光控广告原理图 Schlib1.SchLib 文件打开)，弹出"Information"对话框，如图 3-2-41 所示；单击"OK"按钮，可将在原理图库中修改的内容直接变更到已设计好的原理图中。

第六步：按下 Ctrl + S 组合键，保存修改后的原理图库文件；然后在原理图库工作窗口上方单击

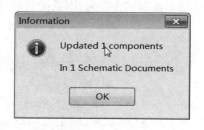

图 3-2-41　信息对话框

Schlib1.SchLib 标签，进入原理图库工作窗口；双击 STC15W204S 元器件，这时在弹出的属性对话框中 Models 区域下已添加好了一个 SOP-16S 的 PCB 封装模型。

第七步：按上述步骤，添加其他元器件的封装模型，并更新到原理图中。

敲黑板

如图 3-2-42 所示，由于 06N03(NMOS 管)的数据手册中提供的封装 TO-252 尺寸与 78M05 的 D-PAK 封装尺寸是一致的，因此这两种元器件可以共用同一个封装，但需要注意在原理图中的引脚标号与 PCB 封装中设计的引脚标号是否一致，如果引脚标号不对应，则必须在原理图库中修改 06N03 的引脚标号。

原理图元器件符号的引脚必须和所添加的封装引脚一一对应，如果不对应，则自行检查修改，因为 Altium Designer 系统是无法检测到这种错误的，请设计者务必注意。

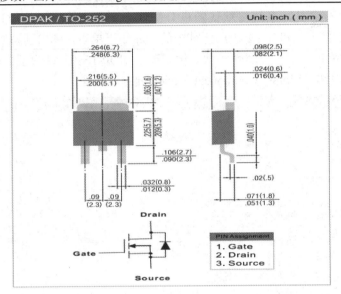

图 3-2-42　06N03 元器件尺寸及引脚图

图 3-2-42 中，标注 1 脚为栅极(Gate)，2 脚为漏极(Drain)，3 脚为源极(Source)。实物字符面面对人眼，引脚按左、中、右排列。从图 3-2-43 中不难看出 D-PAK 的封装正是从左至右按 1、2、3 顺序排列位号的，这与 78M05 的原理图引脚、实物引脚(如图 3-2-22 所示)是一致的；而 D-PAK 的封装引脚位号与 06N03 的实物引脚位号能匹配，但与原理图元器件库的引脚出现了不一致，必须要将原理图库中的 1 号引脚修改为 2 号引脚(漏极)，2 号引脚修改为 1 号引脚(栅极)，3 号引脚不变(源极)。

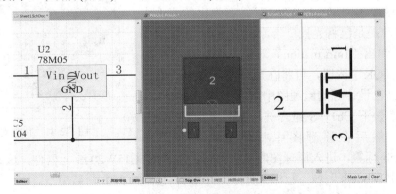

图 3-2-43　D-PAK 封装引脚与原理图引脚比对

只有这样修改后，原理图中的 06N03 元器件的漏极才是输出引脚，栅极才是控制引脚，在生成 PCB 时，引脚功能及网络名才能与 PCB 封装以及实物元器件匹配上；否则会导致栅极、漏极两引脚交错，通电后可能影响元器件，导致烧损性的致命错误。

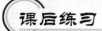

1. 手动创建如图 3-2-44 所示的按键开关的封装。

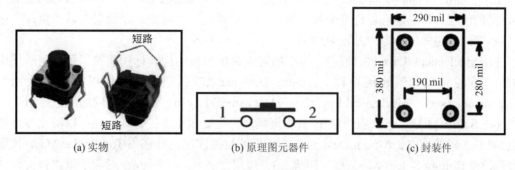

(a) 实物　　　　　　　　　(b) 原理图元器件　　　　　　　　(c) 封装件

图 3-2-44　按键及封装

2. 使用向导绘制如图 3-2-45 所示的变压器封装。要求：① 外框大小为 1200 mil × 710 mil；② 通孔尺寸为 30 mil，焊盘均为矩形，大小为 100 mil × 48 mil；③ 焊盘纵向间距为 150 mil，横向间距为 1000 mil；④ 边缘焊盘与丝印层的距离为 50～100 mil；⑤ 丝印层线宽采用默认的 10 mil。设计完成后进行规则检查，并添加封装至元器件封装库中。

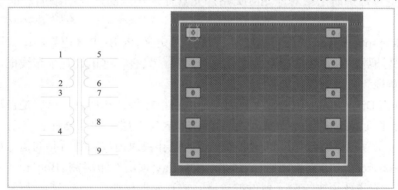

图 3-2-45　变压器元器件及封装

任务三　PCB 布局

3.3.1　PCB 板层

PCB 一般包括很多层，不同的层包含不同的设计信息。制板商通常是将各层分开做，后期经过压制、处理，最后生成各种功能的电路板。

1. PCB 板层简介

层的设置是 PCB 设计中非常重要的环节。在 PCB 的设计中，要接触到下面几个层。

(1) Signal Layer(信号层)：Altium Designer 17 提供了 32 个信号层，主要完成电气连接。该层可以放置走线、文字、多边形(敷铜)等，分为 Top Layer(顶层)、Bottom Layer(底层)、MidLayer1、MidLayer2……MidLaye30，各层以不同的颜色显示。在设计双面板时，只用到 Top Layer(顶层)和 Bottom Layer(底层)两层，当 PCB 层数超过 4 层时，就用到中间层。

(2) Internal Plane(平面层)：总共有 16 层，主要作为电源层作用，也可以把其他的网络定义到该层。平面层可以任意分块，每一块可以设定一个网络。平面层是以"负片"格式显示，比如走线的地方表示没有铜皮。

(3) Mechanical Layer(机械层)：用于描述电路板机械结构、标注及加工等说明所使用的层，不能完成电气连接特性。Altium Designer 17 提供有 16 层机械层，分别为 Mechanical Layer1、Mechanical Layer2……Mechanical Lay16，各层以不同的颜色显示。

(4) Solder Mask Layer(阻焊层)：又称掩膜层，主要用于保护铜线，也可以防止零件被焊接到不正确的地方。Altium Designer 17 提供两层掩膜层，分别为 Top Solder Mask(顶层阻焊层)和 Bottom Solder Mask(底层阻焊层)。该层是 Altium Designer 对应于电路板文件中的焊盘和过孔数据自动生成的板层，主要用于铺设阻焊油墨。本板层采用负片输出，所以板层上显示的焊盘和过孔部分代表电路板上不铺阻焊油墨的区域，也就是可以进行焊接的部分，其余部分铺设阻焊油墨。

(5) Mask Layer：有顶部锡膏层(Top Paste Mask)和底部锡膏层(Bottom Paste Mask)两层。它是过焊炉时用来对应 SMD 贴片元器件焊接点的，自动添加，也是以负片形式输出。

(6) Keep-out Layer(禁止布线层)：主要用来定义 PCB 电气边界，比如可以放置一个长方形定义边界，则走线信息不会穿越这个边界。只有在这里设置了布线框，才能启动系统的自动布局和自动布线功能。

(7) Drill Drawing(钻孔层)：主要为制造电路板提供钻孔信息。该层是自动计算的。

(8) Multi-Layer(多层)：代表信号层。任何放置多层上的元器件会自动添加到所在的信号层上，所以可以通过多层将焊盘或穿透式过孔快速地放置到所有的信号层上。

(9) Silkscreen Layer(丝印层)：有 Top Overlay(顶层丝印层)和 Bottom Overlay(底层丝印层)两层。它主要用来绘制元器件的轮廓，放置元器件的标号(位号)、型号或其他文本等信息。以上信息是自动在丝印层上产生的。

2. 板层的显示

在 PCB 编辑器的下方显示系统的所有层，如图 3-3-1 所示。显示的层不是一成不变的，可以根据设计的需要来控制板层的显示。

(1) 可以在 PCB 编辑器下方的层标签上，单击鼠标右键，选择隐藏和显示层。

(2) 可以在 PCB 编辑器下方的层标签上，单击鼠标右键，选择"层设定"来隐藏或显示需要的层。

(3) 可以在"板层颜色"管理器中显示和隐藏层。

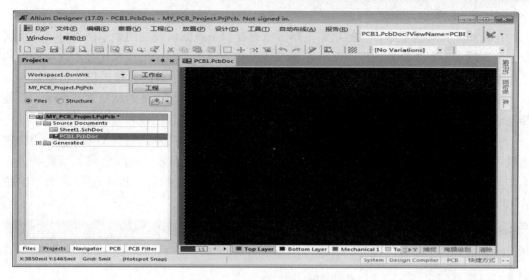

图 3-3-1　PCB 编辑器窗口

3. 板层颜色的设置

PCB 编辑器内显示的各个板层具有不同的颜色，以便于区分。用户可以根据个人喜好进行设置，并且可以决定该层是否在编辑器内显示出来。在进行 PCB 板层颜色的设置时，首先需要打开"视图配置"设置对话框，可采用 3 种方式。

方法 1：执行"设计"→"板层颜色"菜单命令。

方法 2：在工作区单击鼠标右键，在弹出菜单中选择"选项"→"板层颜色"命令。

方法 3：按快捷键"L"。

打开"视图配置"对话框，如图 3-3-2 所示。

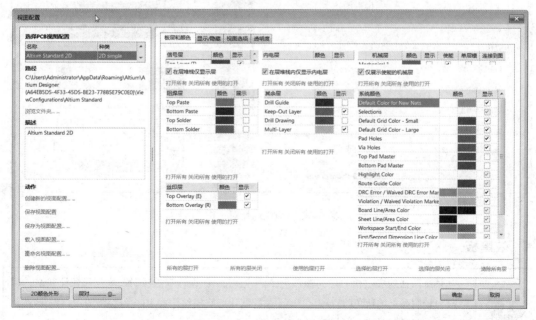

图 3-3-2　"视图配置"对话框

（1）视图配置选项卡。

在视图配置对话框中，包括电路板层颜色设置和系统默认设置的显示两部分。在板层和颜色选项卡中有 3 个复选框，即"在层堆栈仅显示层"、"在层堆栈内仅显示内电层"和"仅展示使能的机械层"，它们分别对应其上方的信号层、电源层和接地层、机械层。这 3 个复选框决定了在板层和颜色对话框中显示全部的层面。为了使对话框简洁明了，一般都勾选这 3 个复选框，只显示有效层，对未用层可以忽略其颜色设置。

在各设置区域内，"颜色"栏用于设置对应层和系统的显示颜色；"显示(展示)"复选框用于决定此层是否在 PCB 编辑器内显示。如果要修改某层的颜色或系统的颜色，单击其对应的"颜色"栏内的色条，即可在弹出的颜色选择对话框中进行修改，如图 3-3-3 所示。

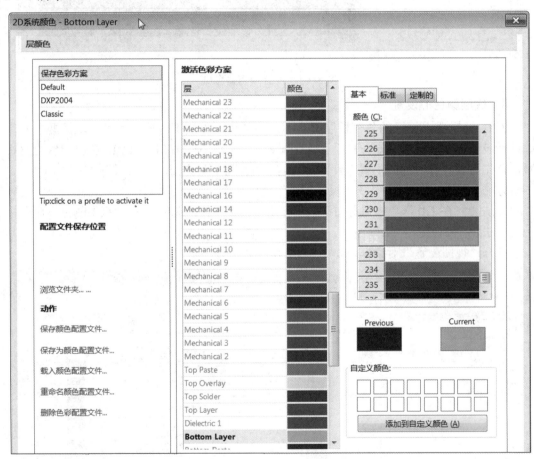

图 3-3-3　颜色选择对话框

📽 **敲黑板**

　　系统默认的底层信号层为深蓝色(编号为 229)，设计双层板时，底层颜色比较暗，可修改为较明亮点的蓝色(编号为 232)；系统默认的底层丝印层为棕色(编号为 224)，这在黑色下，有时难以看清，可修改为纯白色(编号为 233)。

① 单击"所有的层打开"按钮，则所有层的"显示(展示)"复选框将全部被勾选上。相反，如果单击"所有的层关闭"按钮，则所有层的"显示(展示)"复选框将全部取消勾选。

② 单击"使用的层打开"按钮，则当前工作窗口中所有使用层的"显示(展示)"复选框将被勾选上。在该对话框中选择某一层(也可以按下 Ctrl 键不松，连续单击需要选中的层)，然后单击"选择的层打开"按钮，即可勾选被选中的层的"显示(展示)"复选框。单击"选择的层关闭"按钮，则可取消勾选被选中的层的"显示(展示)"复选框。

③ 单击"清除所有层"按钮，即可清除对话框中所有层的选中状态。

④ 单击"2D 颜色外形"按钮，可弹出 2D 颜色对话框，其对话框内容与图 3-3-3 所示对话框内容一样；图 3-3-3 所示对话框仅对 Bottom Layer 层进行颜色设置，而弹出的 2D 颜色对话框可对所有层的颜色进行设置。

⑤ 单击"确定"按钮，即可完成板层颜色的设置。

(2) 显示/隐藏选项卡。

显示/隐藏选项卡如图 3-3-4 所示，该选项卡用于设定各类元件对象的显示模式。

① "最终的"单选框按钮表示以完整型模式显示对象，其中每一个图素都是以实心显示。

② "草图"单选框按钮表示以草稿型模式显示对象，其中每一个图素都是以草图轮廓形式显示。

③ "隐藏的"单选框按钮表示隐含不显示对象。

显示/隐藏选项卡中可以设置的对象有圆弧、填充、焊盘、铺铜、尺寸(尺寸标注信息)、字符串、线、过孔、坐标(坐标标注信息)、Room、区域、3D 体(指元器件包含的 3D 模型)。

图 3-3-4   显示/隐藏选项卡

(3) 视图选项卡。

视图选项卡如图 3-3-5 所示，该选项卡内主要包括显示方面的设置。

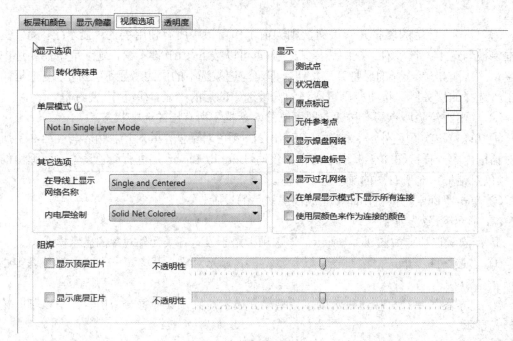

图 3-3-5　视图选项卡

① "显示选项"区域。

"转化特殊串"复选框：勾选该项后，允许显示特殊的字符以改变字符原来的意义。

② "单层模式"区域。该区域的下拉列表框有 4 个选项，分别是：

"Not In Single Layer Mode"选项：非单层显示模式，显示所有的层。

"Gray Scale Other Layers"选项：其他层灰色显示，只显示当前选中的层。

"Momochrome Other Layers"选项：其他层黑白显示，只显示当前选中的层。

"Hide Other Layers"选项：隐藏其他层，只显示当前选中的层。

③ "其它选项"区域。

"在导线上显示网络名称"下拉列表框有 3 个选项，分别是：

"Do Not Display"选项：选择它，表示在导线上不显示网络名。

"Single and Centered"选项：表示在导线的中心上显示单个网络名。

"Repeated"选项：表示在导线上重复地显示网络名。

"内电层绘制"下拉列表框有 2 个选项，分别是：

"Solid Net Colored"选项：表示网络的颜色显示是实心的。

"Outlined Layer Colored"选项：表示层的颜色，显示轮廓。

④ "显示"区域。各复选框含义如下：

"测试点"复选框：是否显示测试点。

"状况信息"复选框：是否显示状况信息。

"原点标记"复选框：是否显示坐标原点。单击右侧颜色框，可修改坐标原点颜色。

"元件参考点"复选框：是否显示元器件参考点。单击右侧颜色框，可修改元器件参考点颜色。

"显示焊盘网络"复选框：勾选该项后，在工作区中的焊盘上都会显示对应的网络名。

"显示焊盘标号"复选框：勾选该项后，在工作区中的焊盘上都会显示对应的标号。

"显示过孔网络"复选框：勾选该项后，在工作区中的过孔上都会显示对应的网络名。

"在单层显示模式下显示所有连接"复选框：勾选该项后，在单层显示模式下显示所有连接。

"使用层颜色来作为连接的颜色"复选框：勾选该项后，使用层颜色来作为连接的颜色。

⑤ "阻焊"区域。

"显示顶层正片"复选框：勾选该项后，显示顶层阻焊层(正片)。

"显示底层正片"复选框：勾选该项后，显示底层阻焊层(正片)。

"不透明性"滑块：设置显示阻焊层透明度的程度。

(4) 透明度选项卡。

透明度选项卡如图 3-3-6 所示，拖动"为选中的对象/板层增加透明度"右边的滑块，可以设置所选择对象/层的透明化程度。勾选只显示用到的层复选框，并将显示所有使用的层上的所有对象的透明化程度。

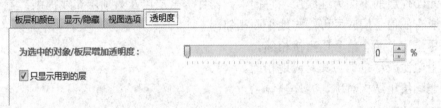

图 3-3-6　透明度选项卡

 敲黑板

视图配置对话框不仅在进行 PCB 设计前设置很有作用，而且在设计过程中，以及设计结束后的检查设计内容时，也有着非常重要的作用。比如，需要只显示某一层上的对象等。

4．常见的不同层数的电路板

(1) 单面板(Single-Sided Boards)：在 PCB 上元器件集中在其中的一面，走线则集中在另一面上。因为走线只出现在其中的一面，所以就称为单面板。在单面板上通常只有底面，也就是"Bottom Layer"覆上铜箔，元器件的引脚焊接在这一面上，主要完成电气特性的连接。顶层，也就是"Top Layer"，是空的，元器件安装在这一面上，也称为元器件面。因为单面板在设计线路上有许多严格的限制，布线不能太复杂，所以只有早期的电路及一些比较简单的电路才使用这类的板子。

(2) 双面板(Double-Sided Boards)：这种电路板的两面都有布线。不过要用上面的布线则必须要在两面之间有适当的电路连线才行。这种电路间的桥梁叫作"过孔(via)"。过孔是在 PCB 上充满或者涂上金属的小洞，它可以与两面的导线相连接，双面板通常无所谓元器件面和焊接面，因为两个面都可以焊接和安装元器件。但习惯地可以称"Bottom Layer(底层)"为焊接面，"Top Layer(顶层)"为元器件面。由于双面板的面积比单面板大了一倍，而且布线可以互相交错，可以绕到另一面，因此，它适合做稍复杂的电路板。相对于多层板而言，双面板的制作成本不高，在给定一定面积的时候通常都能 100%布通，因此一般的都采用双面板。

(3) 多层板(Multi-Layer Boards)：常用的多层板有四层板、六层板、八层板和十层板等。简单的四层板是在 Top Layer(顶层)和 Bottom Layer(底层)的基础上增加了电源层和地线层，一方面极大程度地解决了电磁干扰问题，提高了系统的可靠性；另一方面可以提高布通率，缩小 PCB 的面积。六层板通常是在四层板的基础上增加了两个信号层：Mid-Layer1 和 Mid-Layer2。八层板则通常包括 1 个电源层、2 个地线层、5 个信号层(Top Layer、Bottom Layer、Mid-Layer1、Mid-Layer2 和 Mid-Layer3)。十层板通常包括 1 个电源层、3 个地下层、6 个信号侧层(Top Layer、Bottom Layer、Mid-Layer1、Mid-Layer2、Mid-Layer3 和 Mid-Layer4)。

多层板层数的设置是很灵活的，设计者可以根据实际情况进行合理的设置。各种层的设置应尽量满足以下要求：

① 元器件层的下面为地线层，它提供元器件屏蔽层以及为顶层布线提供参考平面。

② 所有的信号层应尽可能与地平面相邻。

③ 尽量避免两个信号层直接相邻。

④ 主电源应尽量地与其对应地相连。

⑤ 兼顾层压结构对称。

5. PCB 板层设置

在进行 PCB 设计之前，需要对板的层数及属性进行详细设置，这里所说的层主要是指信号层、电源层、地线层和绝缘层。PCB 板层在 Layer Stack Manager 对话框中设置，具体见以下操作。

(1) 在主菜单中选择"设计"→"层叠管理"命令，或在工作区单击鼠标右键，在弹出的右键菜单中选择"选项"→"层叠管理"命令，打开如图 3-3-7 所示的 Layer Stack Manager 对话框。在该对话框中，可以增加层、删除层、移动层，并对层所处的位置以及对各层的属性进行编辑。

对话框的中心显示了当前 PCB 图的层结构。默认的设置为双层板，即只包括"Top Layer(顶层)"和"Bottom Layer(底层)"两层，用户可单击"Add Layer"按钮添加信号层，或单击"Add Internal Plane"按钮添加电源层和接地层。选定一层为参考进行添加时，添加的层将出现在参考层的下面，当选择"Bottom Layer(底层)"时，添加层则出现在底层的上面。(在该对话框中心任何部位单击鼠标右键，在快捷菜单中的大部分选项也可以对层进行操作。)

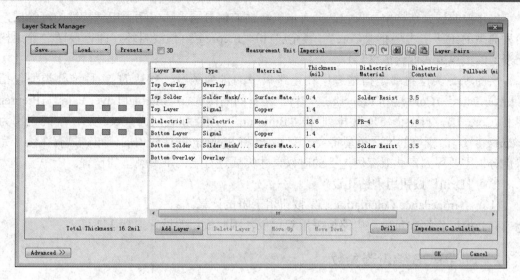

图 3-3-7　层管理器

(2) 用鼠标双击某一层的名称，可以直接修改该层的属性，对该层的名称及厚度进行设置。

(3) 添加层后，单击"Move Up"按钮或"Move Down"按钮，可以改变该层在所有层中的位置。在设计过程的任何时间都可以进行添加层的操作。

(4) 选中某一层后，单击"Delete Layer"按钮，即可删除该层。

(5) 勾选"3D"复选框后，对话框中的板层示意图会从 2D 平面效果切换到 3D 立体效果。如图 3-3-8 所示，从左侧的层预览中可以看到 3D 效果。

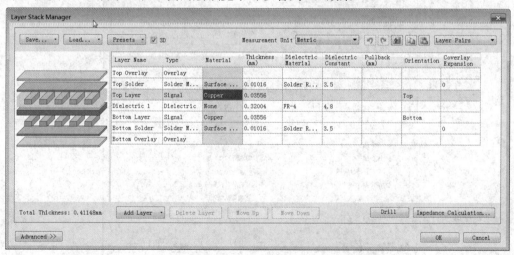

图 3-3-8　勾选"3D"复选框后的效果

(6) "Presets"下拉菜单项提供了常用不同层数的电路板层数设置，可以直接选择进行快速板层设置。

(7) PCB 设计中最多可添加 32 个信号层、16 个电源层和地线层。各层的显示与否可在"视图配置"对话框(快捷键 L 可打开)中进行设置，选中各层的"显示"复选框即可。

(8) 单击"Advanced>>"按钮，对话框会增加电路板堆叠特性的设置区域。

电路板的层叠结构中不仅包括拥有电气特性的信号层，还包括无电气特性的绝缘层，两种典型的绝缘层主要指"Core"(填充层)和"Prepreg"(预浸料坯，即在模塑之前用树脂浸泡的塑料或其他合成材料)。

层的堆叠类型主要是指绝缘层在电路板中的排列顺序，默认的 3 种堆叠类型包括"Layer Pairs"(Core 层和 Prepreg 层，自上而下间隔排列)、"Internal Layer Pairs"(Prepreg 层和 Core 层，自上而下间隔排列)和"Build-up"(顶层和底层为 Core 层，中间全部为 Prepreg 层)。改变层的堆叠类型将会改变 Core 和 Prepreg 在层栈中的分布。只有在信号完整性分析需要用到盲孔或深埋过孔的时候，才需要进行层的堆叠类型的设置。

(9) "Drill"按钮用于钻孔设置。

(10) "Impedance Calculation…"按钮用于阻抗计算。

在光控广告灯项目中，电路板采用双层板，因此板层的设置按默认即可。

3.3.2 设置 PCB 编辑器参数

编辑器参数主要是通过板级选项对话框设置，可通过板级对话框设置编辑器环境中的参数，以方便用户进行 PCB 设计。具体设计步骤如下：

第一步：在工作区单击鼠标右键，弹出的菜单中，选择"选项"→"板参数选项"命令；或在主菜单上单击"设计"→"板参数选项"命令，或使用快捷键 O→B，弹出的"板级选项[mm]"对话框如图 3-3-9 所示。

图 3-3-9 "板级选项[mm]"对话框

第二步：将度量单位区域下修改为 Metric(公制)，Altium Designer 仅提供了公制与英制两种选择。

第三步：图纸位置区域下的"显示图纸"复选框，勾选后显示图纸信息(通常不勾选该复选框)。

第四步：捕捉选项区下的"捕捉到目标热点"复选框，手动布线时为了能对准导线从焊盘中心位置引出，通常是勾选该复选，可设置捕捉热点的范围，通过范围文本框可修改。该复选框勾选后，鼠标指针处于激活时，能根据范围中的距离值快速捕捉任何对象的热点。其下方还有三个复选框，分别是：在所有板层捕捉、捕捉到板外框、捕捉到圆弧中心，用户可根据设计需要进行勾选。

第五步：默认的 PCB 编辑器工作区中为黑色、白色网状式栅格。可单击"栅格"按钮，弹出"网格管理器"对话框，如图 3-3-10 所示。(在 PCB 工作窗口中，可随时按快捷键 G→M 或 O→G 打开该对话框。)

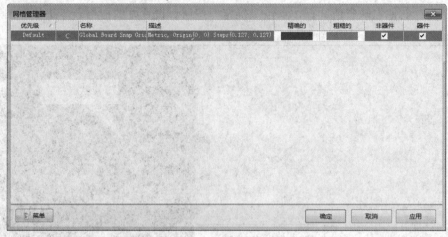

图 3-3-10　"网格管理器"对话框

第六步：在网格管理器对话框中，双击精确的或粗糙的下方颜色框(双击任意一个都可以同步修改)，弹出"Cartesian Grid Editor[mm]"(栅格属性)对话框，如图 3-3-11 所示。(在 PCB 工作窗口中，可随时按 Ctrl + G 组合键打开该对话框。)

图 3-3-11　栅格属性对话框

栅格属性对话框中，在显示区域下"精细"下拉列表中选择 Dots(点)，右侧颜色框可修改颜色；"粗糙"下拉列表框中选择 Dots(点)，右侧颜色框可修改颜色及亮度；"倍增"下拉列表框中按默认值即可。可将工作区中的网络形栅格修改为点形栅格，修改为点线栅格后，可减少整个 PCB 工作区中的参考对象，减少眼疲劳压力。步进值区域下的"步进 X"下拉列表框中可修改网格的步进距离。这个值还可以在工作窗口区下直接按 G→G 快捷键或 Ctrl + Shift + G 组合键，在弹出的 Snap Grids 对话框直接输入需要的步进值即可。这个值一般根据设计需要修改，通常都设置在 0.127 mm 至 0.05 mm，有利于走线与布局的移步步进与宽度。这里设置为 0.05 mm。

第七步：其他按缺省值选择，单击"确定"按钮。设置好的栅格及步进值如图 3-3-12 所示。

图 3-3-12　设置好的栅格及步进值

3.3.3　设置电路板边框

电路板的边框包括物理边界和电气边界。光控广告灯项目，要求电路板的尺寸为 70 mm × 50 mm × 40 mm。因此，在设计光控广告灯 PCB 板时，按照要求设计两个边界。

1. 物理边框的设置

📋 **敲黑板**

　　PCB 的板形(实际大小和形状)的设置是在工作层面"Mechanical1"(机械层 1)上进行的，因此定义边框线时需要在机械层 1 上进行。

　　PCB 的布线框主要是为自动布局和自动布线而定义的区域，因此这个布线框必须在 Keep-Out 层(禁止布线层)上进行。

PCB 的外形与尺寸是由 PCB 所承载的元器件，PCB 在产品中的安装位置，空间的大小、形状，以及与其他零部件的配合来确定。

(1) 绘制物理边框。

第一步：新建一个 PCB 文件或双击打开前面建立的 PCB1.PcbDoc(在建立 MYPCB_Project.PrjPcb 工程时，已建好了 PCB1.PcbDoc 文档)，使之处于当前的工作窗口中，如图 3-3-13 所示。默认的 PCB 编辑区为带有栅格的黑色区域，它包括多个工作层。但设计中最常用的层分别是 Top Layer、Bottom Layer、Mechanical 1、Top Overlay、Bottom Overlay、Keep-out Layer、Multi-Layer。可通过"视图配置"对话框，只显示需要的这 6 个层，层的切换还可以在工作区下方标签上单击进行。

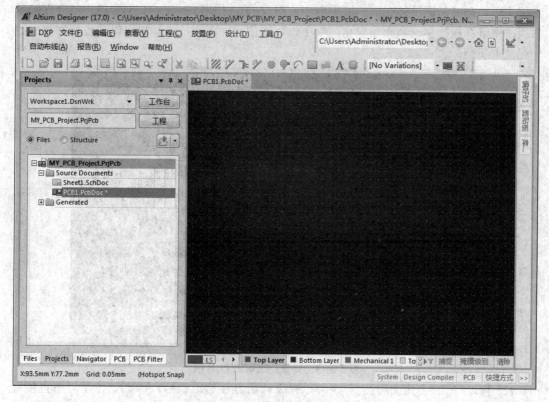

图 3-3-13　新的 PCB 设计窗口

敲黑板

　　PCB 图工作区默认为黑色区，用户可以按照自己的喜好设置颜色。不过建议使用默认的黑色，因为电路板的设计工作大部分时间在 PCB 工作区中，长时间盯着黑色屏幕与长时间盯着白色屏幕不易眼疲劳，另外黑色背景更容易查看在工作区上的任意颜色对象。

　　阻焊层、锡膏层和钻孔层并不是常用的层(通常在需要时才让其显示)，在 PCB 工作区中尽量保持干净的界面，减少不必要的层显示，不仅可优化计算机内存，提高运行速度，同时还能更明了地浏览全局设计。

第二步：单击工作窗口下方的"Mechanical 1(机械层 1)"标签，使该层面处于当前的工作窗口中。

第三步：单击应用工具图形 按钮中的设置原点 按钮，鼠标指针变成十字光标，将 PCB 工作区中的原点重新定义在工作区的黑色背景左下角；移动指针到黑色背景左下角，单击鼠标左键或按回车键即可。

第四步：单击"放置"→"线条"菜单项(按快捷键 P→L)，鼠标指针变成十字形状，如果边框线的宽度太粗，可通 Tab 键修改，建议为 0.2 mm。移动光标按顺序分别在工作区内的(0 mm，0 mm)、(70 mm，0 mm)、(70 mm，50 mm)、(0 mm，50 mm)、(0 mm，0 mm)的点上单击绘制一个矩形区域。

最终完成边框线绘制后的效果如图 3-3-14 所示，板形边框大小为 70 mm × 50 mm(通常板边框的尺寸是通过外壳内的有用面积而得来的)。使用 Shift + H 组合键，打开浮动状态栏，将鼠标指针移动到原点对角边框上，可观察尺寸大小，当然也可以通过状态栏中的坐标值来观察。

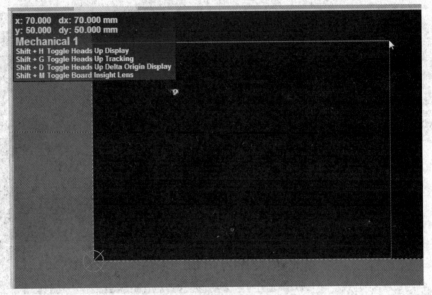

图 3-3-14 设置边框后的 PCB 图

(2) 修改 PCB 的板形。用户也可以在设计时直接修改板形，即在工作窗口中直接看到自己设计的板子的外观形状。按照选择对象定义，在机械层或其他层利用线条或圆弧定义一个内嵌的边界，以新建对象为参考重新定义板形。

具体的操作步骤如下：

第一步：选中刚才在机械层 1 绘制的所有边框线(执行 Ctrl + A 命令或按 Shift 键不松，一段一段单击线条选择)。

第二步：执行"设计"→"板子形状"→"按照选择对象定义"菜单命令，电路板改变后，如图 3-3-15 所示。其边框外的黑色部分多余的电路板已被裁切掉。

🗎 敲黑板

  板子形状的设置中可以将线条修改成板子的形状，制板商根据设置的板子形状边框来制作板子。在设计时，也可以将板子的形状转化成线条，具体操作见"设计"→"板子形状"→"根据板子外形生成线条"命令。

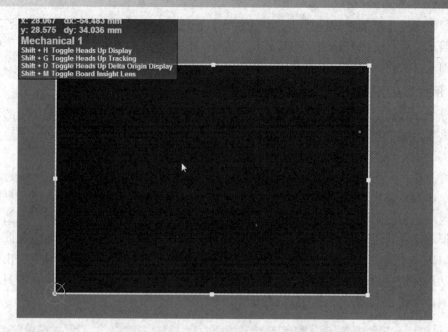

图 3-3-15 改变后的板形

2. 电气边框的设置

要使用 Altium Designer 17 系统提供的自动布局和自动布线功能，用户就需要创建一个布线框(电气边框)。创建布线框的具体步骤如下：

第一步：单击"Keep-Out Layer"标签，使该层处于当前的工作窗口。

第二步：单击"放置"→"禁止布线"→"线径"菜单项命令，这时指针变成十字开形状。移动鼠标指针到工作窗口，也可使用快捷键 J→L，在前面建立好的板形边框大小为 70 mm × 50 mm 的多边形上重叠绘制一次，具体操作步骤不再细述。

📇 **敲黑板**

　　机械层 1 与禁止布线层是重叠的，即布线框与板边框是同样的大小。布线框设置完毕后，进行自动布局操作时，元器件自动导入到该布线框中。

　　当然，禁止布线框可以小于机械层 1 板子边框，但不能大于机械层 1 板子边框，否则在自动布局时，元器件将会超出板形边界或与板形边界太近，将会造成致命错误。

3.3.4 在 PCB 文件中导入原理图网络信息

网络表是原理图与 PCB 之间联系的纽带，原理图的信息可以通过导入网络表的形式完成与 PCB 之间的同步。在进行网络表导入之前，需要装载元器件的封装库。

1. 装载元器件封装库

由于 Altium Designer 17 使用的是集成的元器件库，因此对于多数来说在原理图设计时已经装载了元器件的 PCB 封装模型，而且对于自己制作的元器件符号，在 3.2.8 节的

"为原理图元器件添加封装模型"中，已全部添加好各自的封装模型，在此可以省略该项操作。但是，要将前面自己建立的封装模型库手动加载，加载的方法与原理图设计中元器件库的加载方法相同，这里不再介绍。

2. 用封装管理器检查所有元器件的封装

在导入原理图信息之前，为了确保所有与原理图和 PCB 相关的库都是可用的，可以用"封装管理器"检查所有元器件的封装。(如果用户能确保没有错误，这一步检查工作可以省去。)

打开光控广告灯项目中的原理图，在原理图编辑器中，执行"工具"→"封装管理器"菜单命令，弹出如图 3-3-16 所示的"Footprint Manager"对话框。在该对话框的元器件列表区域显示原理图内的所有元器件，依次选择每一个元器件。当选中一个元器件时，在对话框右边的"封装管理"编辑框内将显示该元器件的所有封装，用户可以在此添加、删除、编辑当前选中元器件的封装。如果对话框右下角的元器件封装图区域没有出现，可以将鼠标指针放在"添加"按钮上，就会显示封装图的区域。如果所有元器件的封装检查完全正确，单击"关闭"按钮关闭该对话框。

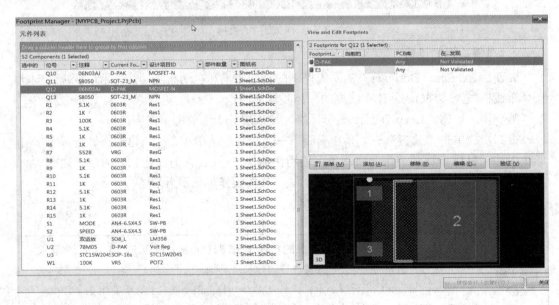

图 3-3-16　封装管理器对话框

3. 在 PCB 文件中导入原理图网络表信息

如果工程已经编辑好，并且原理图中没有任何错误，则可以使用 Update PCB 命令来产生 ECO(Engineering Change Orders，工程变更命令)。它将把原理图信息导入到目标PCB 文件，详细操作步骤如下：

第一步：打开 MYPCB_Project.PrjPcb 工程文件，在工程面板上双击 Sheet1.SchDoc 原理图文件。

第二步：在原理图编辑器的主菜单中选择"设计"→"Update PCB Document PCB1.PcbDoc"命令，弹出"工程变更指令"对话框，如图 3-3-17 所示。

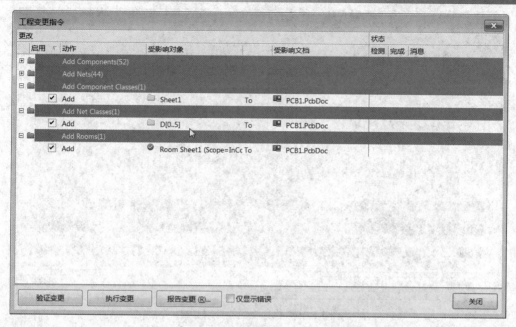

图 3-3-17　"工程变更指令"对话框

第三步：单击"验证变更"按钮，验证一下有无不妥之处，如果执行成功则在状态列表检测中将显示 ✅ 符号；若执行过程中出现问题将会显示 ❌ 符号，可在列表消息栏中查看错误描述，并清除所有错误。

 敲黑板

当验证的元器件太多时，列表框太长，视检太困难。可将仅显示错误复选框勾选，将在列表中只显示存在错误的信息。如图 3-3-18 所示，验证变更后，显示一处错误，错误消息内容为"Footprint Not Found VR"，意思是 W1 序号元器件(电位器)没有发现 VR封装模型。

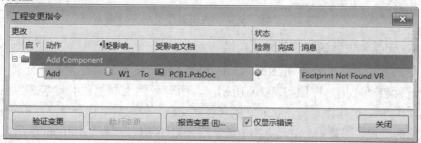

图 3-3-18　验证变更发现错误

此时，需要关闭对话框，找到 W1 序号元器件(按 Ctrl＋F 组合键可快捷跳转查找)，双击 W1 元器件，在封装模型中重新修改封装为 VR5。这个错误应该是人为修改封装时，少输入了一个 5 导致的。然后再进行工程变更指令并进行验证变更，直到没有任何错误后，再进行第四步操作。

第四步：将"仅显示错误"复选框不勾选，再单击"执行变更"按钮，在列表区中的完成栏标记全为 ✅ 符号，表示已执行变更完成，如图 3-3-19 所示。

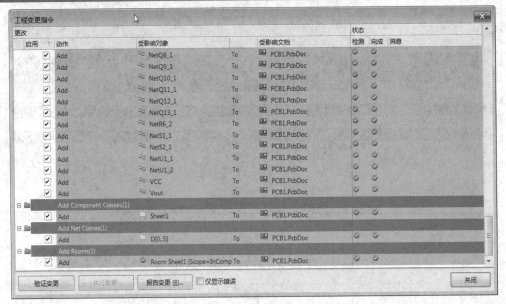

图 3-3-19　执行变更指令对话框

第五步：单击"关闭"按钮，目标 PCB 文件被打开，并且元器件也放在 PCB 板边框的外面以准备放置。如果用户在当前视图不能看见元器件，可使用执行快捷键 V→D 查看文档，如图 3-3-20 所示。

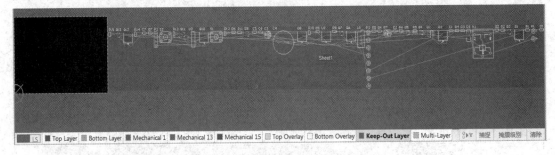

图 3-3-20　网络表信息导入到 PCB

4．元器件位置的移动及修改封装

导入后的元器件全部在 Keep-Out 布线区外，需要手动将元器件全部移动到布线区内才能进行自动布局。在图 3-3-20 所示中，所有元件上面都蒙有一层朱红色的蒙版。这个蒙版叫作 Room 区，可双击打开它的属性对话框，修改其名称等信息。Room 区用于限制单元电路的位置，即某一个单元电路中的所有元器件将被限制在由 Room 区所限定的 PCB 范围内，便于 PCB 电路板的布局规范，减少干扰，通常用于层次化的模块设计和多通道设计中。

可以在 PCB 中创建不同的 Room 区，Room 区中存放同一类或某一个小功能电路的所有元器件。当移动 Room 区时，Room 区中的所有元器件会随着一起移动。用户也可以通过执行"设计"→"Room"菜单命令，放置需要的 Room 区，以满足设计。

光控广告灯项目中的 Room 区在 PCB 设计中并不是必需的对象，可以删除或设置为隐藏(通过 L 键打开视图配置对话框，在"显示/隐藏"选项卡中将 Room 区下的隐藏单选框勾选即可)。

(1) 元器件位置的移动。移动元器件的操作方法有很多种，大致分为以下几种：

① 鼠标左键按下某元器件不松开，元器件悬浮在鼠标指针上，进行移动。

② 框选需要移动的元器件，鼠标左键按下被框的元器件不松开，移动鼠标进行元器件移动。

③ 使用快捷键 M→M、M→D、M→C、M→S，可单击需要移动的元器件进行元器件移动。各快捷键功能可参考"在原理图编辑器中移动元器件"的操作。

根据实际情况，选用合适的操作方式，将所有元器件移到布线框中，如图 3-3-21 所示。

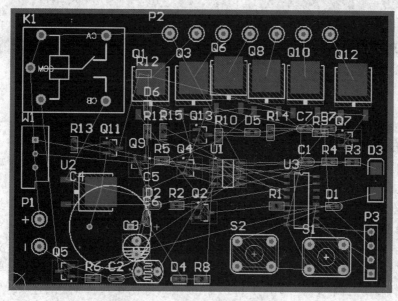

图 3-3-21　移动元器件到布线框后

 敲黑板

　　元器件布局与布线都有存在规则。比如：两个同一层面的元器件不能重叠，不能相距太近；不同层面的插件元器件也不能重叠，否则会在 PCB 编辑器变成绿色。这都是因为在优选项对话框下的 General 选项卡内的在线 DRC 复选框被勾选了。这个复选框勾选后，Altium 系统会实时在线检测违反规则的元器件与设计对象，并被变成绿色作为警告提醒。

　　在线 DRC 功能开放后，Altium 系统会增加占用的 CPU 计算时间，导致计算机运行卡顿，因此建议用户将此复选框不勾选。在元器件布局时，用户就需要更加仔细观察。

　　当关闭在线 DRC 功能后，编辑器中的元器件还是绿色，可以通过执行"工具"→"复位错误标志"菜单命令来清除绿色。

　　在 Altium 系统自动导入的元器件库中的封装，其每个元器件封装都会含有机械层 13 和机械层 15。通常机械层 13 用于放置 3D 模型，机械层 15 用于放置元器件最大占用边框或其他安装信息，这两个层在设计工作中并不是必需的，可通过视图配置对话框隐藏。

　　通过 Altium 系统自动创建的封装，也会随封装一起自动生成一个 3D 模型在元器件封装上，而这 3D 模型默认在机械层 1，为了减少编辑器中的干扰，同样可以将机械层 1 隐藏。

(2) 修改封装。如图 3-3-21 所示，在移动元器件时，能发现其中 C4 电解电容的封装尺寸特别大，另外 D3 二极管的封装轮廓很容易被误认为是贴片钽电容。此时，需要修改元器件封装，才能满足设计要求。

在 PCB 编辑环境中可通过几种方法修改元器件封装。比如，在原理图中的封装管理器中统一修改后，再进行一次工程变更指令。在执行工程变更指令时，弹出的对话框如图 3-3-22 所示。从描述中可以了解到将 RB7.6-15 的封装元器件替换为 CAP5/2.5 的封装元器件，元器件编号为 C4，确认没有错误后，单击执行变更即可修改。

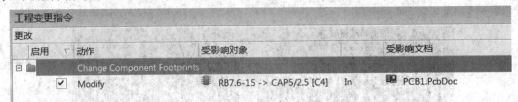

图 3-3-22　变更电容 C4 的封装

如该需要修改的封装存在问题，比如，封装引脚号不对、轮廓需要重新调整等，此时，可以通过 PCB 封装库编辑器来修改存在问题的封装，再执行"工具"→"更新当前器件的 PCB 封装"菜单命令，便能变更在 PCB 编辑器中的封装(这个操作过程与前面从原理图库中更新原理图元器件相似)。

也可以在 PCB 编辑器直接修改某元器件的封装。比如，二极管 D3 的封装需要修改为更容易被识别的封装 SOD-SS14，操作步骤如下：

第一步：必须先准确知道 SOD-SS14 封装元器件存在于哪一个 PCB 库文档中。比如，这里的 SOD-SS14 封装元器件存在于"常用元器件.PcbLib"库文档中。单击工作区右侧的库标签，在库面板上单击 Libraries 按钮，弹出可用库对话框，将"常用元器件.PcbLib"文档加载进来，关闭当前对话框。

第二步：单击库面板的可用库下拉列表框右侧的图形▼…(3 个点)，弹出如图 3-3-23 所示选项框，将其中的"封装"复选框勾选，在可用库下拉列表框中浏览到已被加载的"常用元件.PcbLib"库文档。

图 3-3-23　打开需要浏览的库类型

第三步：双击 PCB 编辑器中的 D3 元器件，可打开元器件 D3 属性对话框，如图 3-3-24 所示。在封装区域下的名称文本框中可输入 SOD-SS14，或单击右侧浏览(3 个点的图形)，弹出浏览库对话框，在对话框选择 SOD-SS14 封装即可。关闭对话框，回到编辑器窗口，便能发现封装已被修改。

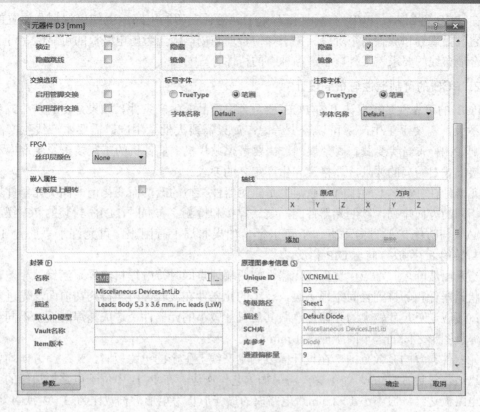

图 3-3-24 元器件 D3 属性对话框

 敲黑板

> 切记，如果需要在 PCB 编辑器中修改某元器件的封装，一定要加载该元器件封装的库文档到 Altium Designer 系统的可用库中，否则输入的封装名在变更时会弹出找不到该封装的信息，或无法通过浏览库找到该元器件封装。

3.3.5 光控广告灯元器件布局

1．布局概述

装入网络表和元器件封装后，要把元器件封装放入工作区，这需要对元器件布局。布局是否合理，直接关系到布线的效果。

Altium Designer 17 提供了强大的 PCB 自动布局功能。PCB 编辑器根据一套智能算法可以自动将元器件分开，然后放置到规划好的布局区域内并进行合理布局。

选择菜单命令"工具"→"器件布局"→"自动布局"命令，弹出自动布局的对话框。在该对话框内可以选择 Cluster Placer 和 Statistical Placer 两种自动布局方式。

Cluster Placer：群集式布局方式，适用于元器件数量少于 100 的情况。

Statistical Placer：统计式布局方式。使用统计计算法，遵循连线最短原则来布局元器件，无需另外设置布局规则。这种布局方式最适合元器件数目超过 100 的电路板设计。

在 PCB 设计中，PCB 布局是指对电子元器件在印制电路板上如何规划和放置的过程，它包括规划和放置两个阶段。关于如何合理布局，应当考虑电路板的可靠性、可制造性、合理布线的要求、某种电子产品独有的特性等。

2．PCB 的可制造性与布局设计

PCB 的可靠性是指设计出的 PCB 要符合电产品的生产条件。如果是实验产品或者生产量不大，需要手工生产，可以较少考虑；如果需要大批量生产，需要生产线生产的产品，则 PCB 布局就要做到周密规划，需要考虑贴片机、插件机的工艺要求及生产中不同的焊接方式对布局的要求，严格遵守生产工艺的要求。

元器件在 PCB 上的排向，原则上是随元器件类型的改变而变化，即同类元器件尽可能按相同的方向排列，以便元器件的贴装、焊接和检测。布局时，DIP 封装的 IC 摆放的方向必须与过锡炉的方向垂直，不可平行。如果布局上有困难，可允许水平放置 IC，SOP 封装的 IC 摆放方向与 DIP 相反。

当采用波峰焊时，应尽量保证元器件的两端焊点同时接触焊料波峰。当尺寸相差较大的片状元器件相邻排列且间距很小时，较小的元器件在波峰焊时应排列在前面，先进入焊料池；还应避免尺寸较大的元器件遮蔽其后尺寸较小的元器件，造成漏焊。板上不同组件相邻焊盘图形之间的最小间距应在 1 mm 以上。

元器件布置的有效范围，在设计需要到生产线上生产的电路板时，X、Y 方向均要留出传送边，每边 3.5 mm，如不够，需另加工艺传送边。在 PCB 中位于电路板边缘的元器件离电路板边缘一般不小于 2 mm。电路板的最佳形状为矩形，长宽比为 3：2 或 4：3。如果电路板尺寸大于 200 mm × 150 mm 时，应考虑电路板所受的机械强度。

在 PCB 设计中，还要考虑导通孔对元器件布局的影响，避免在表面安装焊盘以内设置导孔，或在距离表面安装焊盘 0.635 mm 以内设置导孔。如果无法避免，需用阻焊剂，将焊料流失通道阻断。作为测试支撑的导通孔在设计布局时，需充分考虑不同直径的探针进行自动在线测试时的最小间距。

3．电路的功能单元布局原则

在 PCB 设计中，布局设计要分析电路中的电路单元，根据其功能合理地进行布局设计。对电路的全部元器件进行布局时，要符合以下原则：

(1) 按照电路的流程安排各个功能电路单元的位置，使布局便于信号流通，并使信号尽可能保持一致的方向。

(2) 以每个功能单元电路的核心元器件为中心，围绕它来进行布局。元器件应均匀、整齐、紧凑地排列在 PCB 上，尽量减少和缩短各元器件之间的引线和连接。

(3) 在高频下工作的电路要考虑元器件之间的分布参数。一般电路应尽可能使元器件平行排列，这样不但美观，而且装焊容易，易于批量生产。

4．特殊元器件布局原则

在 PCB 设计中，特殊的元器件是指高频部分的关键元器件、电路中的核心器件、易受干扰的元器件、带高压的元器件、发热量大的元器件以及一些异形元器件等。这些特殊元器件的位置需要仔细分析，做到布局符合电路功能的要求及生产要求。不恰当地放置它们可能会产生电磁兼容问题、信号完整性问题，从而导致 PCB 设计的失败。

在设计如何放置特殊元器件时，首先要考虑电路板尺寸大小，电路板尺寸过大时，印制线条长，阻抗增加，抗噪声能力会下降，成本也会增加；电路板尺寸过小，则散热不好，且邻近线条易受干扰。在确定电路板尺寸后，再确定特殊元器件的位置。最后，根据电路的功能单元对电路的全部元器件进行布局。特殊元器件的位置在布局时一般要遵循以下原则：

(1) 对于电位器、可调电感线圈、可变电容器、微动开关等可调元器件的布局，应考虑整机的结构要求。若是机内调节，应放在 PCB 上方便调节的地方；若是机外调节，其位置要与调节旋钮在机箱面板上的位置相适应。

(2) 对于高频元器件，尽可能缩短它们之间的连线，设法减少它们的分布参数和相互间的电磁干扰。易受干扰的元器件不能相互挨得太近，输入和输出元器件应尽量远离。

(3) 某些元器件和导线之间可能有较高的电位差，应加大它们之间的距离，以免放电引起意外短路。带高电压的元器件应尽量布置在调试时手不易触及的地方。

(4) 重量超过 15 g 的元器件，应尽量用支架加以固定，然后焊接。那些又大又重，发热量多的元器件不宜装在 PCB 上，而应装在整机的机箱底板上，且应考虑散热问题。热敏元器件应远离发热元器件。

(5) 应留出 PCB 定位孔及固定支架所占用的位置。

一个产品的成功与否，一要注意内在质量，二是兼顾整体的美观。只有两者都较完美时，才能认为该产品是成功的。在一个 PCB 上元器件的布局要均匀，疏密有序，不能头重脚轻或一头沉。在输出电路板文件之前一定要检查电路板的布局是否符合以上的要求，是否遵循以上的原则。

5. 器件布局菜单命令

单击菜单栏的"工具"→"器件布局"命令，打开与布局有关的菜单项，如图 3-3-25 所示。

图 3-3-25 "自动布局"菜单项

"按照 Room 排列"(空间内排列)命令：用于在指定的空间内排列元器件。单击该命令后，光标变成十字形状，在要排列元器件的空间区域内单击鼠标，元器件即自动排列到该空间内部。

"在矩形区域排列"命令：用于将选中的元器件排列到矩形区域内。使用该命令前，需要先将要排列的元器件选中，此时光标变成十字形状，在要放置元器件的区域内单击鼠标左键，确定矩形区域的一个角，拖动光标，移到矩形区的另一个角后再单击鼠标左键。确定该矩形的区域后，系统会自动将该选中的元器件排列到矩形区域中。

"排列板子外的器件"命令：用于将选中的元器件排列在 PCB 的外部。使用该命令前，需要将要排列的元器件选中，系统自动将选择的元器件排列到 PCB 以外的右下角区域内。

"自动布局"命令：根据设定的规则进行自动布局。

"停止自动布局"命令：停止自动布局。

"挤推"命令：挤推布局。挤推布局的作用是将重叠在一起的元器件推开，选择一个基准单元，当周围元器件与基准元器件存在重叠时，则以基准元器件为中心向四周挤推其他的元器件。如果不存在重叠则不执行挤推命令。

"设置挤推深度"命令：设置挤推的深度，可以为 1～1000 的任何一个数字。

"依据文件放置"命令：导入自动布局文件进行布局。

但自动布局的结果一般是不能直接使用的，必须进行手工调整，所以第二步是进行手工调整。但是在实际布局时，设计者都是采用手动布局方式来布局元器件。

6．自动布局约束参数

在元器件布局前，首先要设置自动布局的约束参数。合理地设置布局参数，可以使布局的结果更加完美，既相对减少了手动布局的工作量，也节省了设计时间。

自动布局的参数在"PCB 规则及约束编辑器"对话框中进行设置。选择菜单栏中的"设计"→"规则"命令，系统将弹出"PCB 规则及约束编辑器"对话框，如图 3-3-26 所示。单击该对话框中的"Placement"(元件放置)标签，逐项对其中的选项进行参数设置。

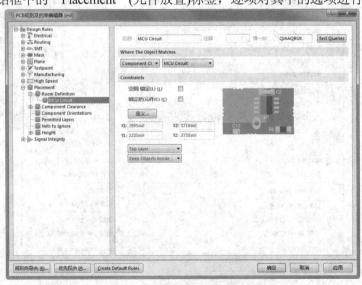

图 3-3-26　"PCB 规则及约束编辑器"对话框

"Placement"(元件放置)设计规则有 6 个选项可以选择，在布局时可以引入元器件的布局规则。一般，这些规则只在对元器件布局有严格要求的场合中使用。

7．手动布局光控广告灯元器件封装

电路板通常安装在外壳内时，需要用螺钉固定。因此在设计电路板时，需要根据外壳的实际情况，在电路板上要设计准确的固定孔，以方便电路板固定在外壳内。

下面以"光控广告灯电路的元器件布局"为例，学习手动布局元器件封装的方法。按照不同的功能模块，先局部布局，然后根据整体需要再调整。在"光控广告灯"项目中，电路板左下角主要布局以 78M05 元器件为核心的周围电源电路元器件，左上角布局以 LM358 元器件为核心的周围光敏检测电路元器件，左上边主要布局 6 个 N-MOS 管及驱动三极管电路，在电路板中部位置布局 STC15W204S 核心芯片，在电路板右下角布局两个按键。

(1) 调整元器件位置时，最好将光标设置成大光标。在优选项对话框下的 General 选项卡内修改光标类型为 Large 90。

(2) 放置元器件时，遵循该元器件对于其他元器件连线距离最短、交叉线最少的原则进行，可以按空格键让元器件旋转到最佳位置，再放开鼠标左键。(切记，在 PCB 编辑器中，不要操作 X 和 Y 键，否则元器件封装将与实物元器件引脚无法一一对应上。)

(3) 在移动元器件时，每个元器件都跟随着几条细小的灰白色线，这个线叫作飞线，是用来连接导线的网络线，在每个元器件的焊盘上也能看到对应的原理图中的网络标号。

(4) 对齐元器件。在对齐工具下提供了向上、向下、向左、向右、水平、垂直、器件中心等对齐方式。

如果 6 个 N-MOS 管排列不整齐，可以选中这 6 个 N-MOS 管，在工具栏上单击排列工具 📇 图标，弹出下拉工具，在其中单击以顶对齐器件 🔟 图标，再单击使器件在水平间距相等 ↦ 图标后，即可把 6 个 N-MOS 布置整齐。如果水平间距太大或太小，还可单击增加或减小水平间距图标，每单击一次，6 个 N-MOS 管将以设置的栅格步进值 0.05 mm 移动；如果需要快速拉宽间距或减小间距，可按快捷键 G→G，修改步进值，再单击增加或减小水平间距图标。排列后的 6 个 N-MOS 管如图 3-3-27 所示。

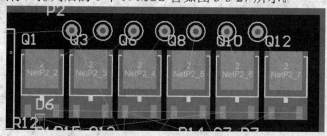

图 3-3-27　使用对齐工具排列元器件后的效果

(5) 修改元器件标注。元器件标注包含元器件标号与注释。标号是唯一性的，注释通常是元器件的参数或型号。在 PCB 布局或布线时，通常是将元器件注释设置为隐藏(系统默认为隐藏)，标号字体大小设置为高 0.7 mm，宽 0.1 mm 即可。如果设计者非常有经验，则可以直接将标号设置为隐藏，这样在 PCB 编辑器中布局与布线可以再次减少干扰，让设计内容更加明了。如图 3-3-28 所示，编辑器中显示的对象非常多，非常密集，干扰项太多。可以隐藏注释并将标号字体变小，这样看起来清晰美观。

图 3-3-28　显示标号与注释后的 PCB 板

隐藏注释：右击任意一注释，在弹出的右键菜单下单击"查找相似对象"，接着在弹出的"查找相似对象"对话框中将"String Type (Component)"后在 Any 文本框修改为 Same，单击"确定"按钮，将会选取电路板上所有注释文本。这时，在弹出的 PCB Inspector 对话框中将 Hide 右侧的复选框勾选后，电路板上所有注释将全部隐藏。

更改字体大小：右击任意一个标号或注释，在弹出的右键菜单下单击"查找相似对象"，接着在弹出的"查找相似对象"对话框中单击"确定"按钮，将选取电路板上所有 Text(文本)。这时，在弹出的"PCB Inspector"对话框中将 Text Height 文本框修改为 0.7 mm，Text Width 文本框修改为 0.1 mm，将 Stroke Font 文本框修改为 Sans Serif 后，退出对话框，此时的 PCB 板如图 3-3-29 所示。

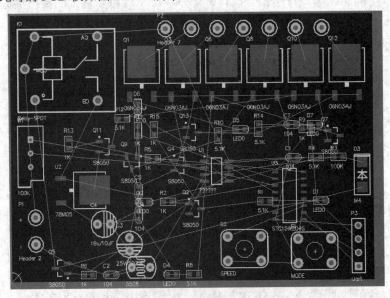

图 3-3-29　修改文本大小后的 PCB 板

(6) 布局元器件封装。根据设计要求，手动布局元器件。当隐藏了元器件的标号后，或者需要在 PCB 电路板中找到 78M05 相关的周围元器件时，非常困难。此时，可以通过原理图与 PCB 分布显示在屏幕上进行对比，并跳转到需要的元器件上进行元器件的移动布局。具体操作方法如下：

① 在 Altium Designer 的工作区中，只打开光控广告灯项目的原理图文档与 PCB 文档，然后执行"窗口"→"垂直平铺"菜单命令(建议左边为原理图，右边为 PCB。对于复杂的线路板或有条件的工程师，通常是使用两至三台显示器，进行分屏显示操作的)。

② 将原理图中的 78M05 电源电路部分放大到左屏最大，可看清每个元器件的编号为宜。比如，找 C3 元器件封装，在 PCB 编辑器中执行快捷键 M→C，鼠标变成十字光标，单击需要移动的元器件封装，移动鼠标到合适位置即可。如一时看不到指定编号的元器件封装，则可在 PCB 编辑器中按快捷键 J→C(跳转到器件)，弹出如图 3-3-30 所示的 Component Designator 对话框。在对话框中输入 C3，单击"确定"按钮，鼠标指针立即跳转到 C3 的几何中心位置上，再单击鼠标就能选取 C3，并移动鼠标，将 C3 移到所需要的位置上单击即可。

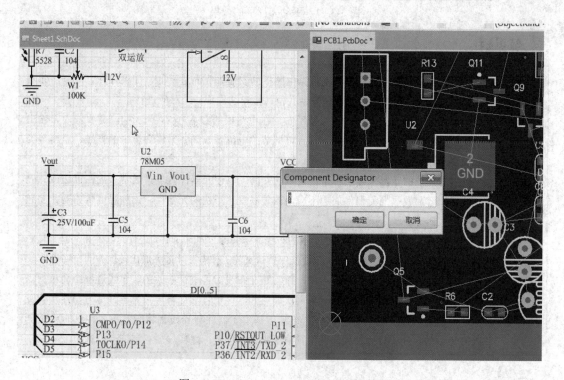

图 3-3-30　Component Designator 对话框

进行手动布局后的效果如图 3-3-28 所示，发现继电器元器件体积比较大，布置在电路板左下角最为适合，而在偏左下部内侧放置 78M05 降压稳压电路。N-MOS 管的驱动电路元器件较多，导致 STC15W204S 的布置偏于电路板下方。所以可以根据以上方法调整布局，最终的布局效果如图 3-3-31 所示。

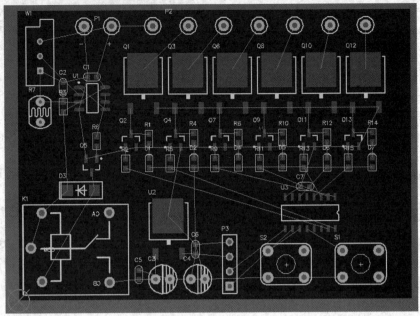

图 3-3-31 手动布局后的效果

 敲黑板

绝大部分元器件的布局都是根据电路板的安装外壳而进行的，如果外壳有限制，元器件必须按外壳所在的高度、按键安装孔位、接口线位置一一对应进行布局。

如果没有外壳的干涉，通常按键布局在电路板的右下方(右手习惯)，需要输入、输出的接口布局在电路板板边位置，具有可调节的电位器或需要采集环境中的光线、温度等类似的传感器也应该放置在板边位置。

容易发热的元器件需要预留出更多的空间，以便元器件散热，通常布局在板边或外壳开孔处。容易发热的元器件周边不应该放置易受热干扰的元器件，比如温度传感器、易温漂的放大器等。

PCB 板的元器件布局对 PCB 板的布线非常关键。同时，手动进行元器件布局是一项较为枯燥的重复性工作，设计者一定要能保持认真的工作态度才能完成比较优秀的布局设计。

关于元器件标号与注释的布局，通常是在布线后再进行修改的。布线过程中会根据需要增加过孔或根据布线的实际情况再次调整元器件位置，这将导致元器件标号与注释位置变化，也有可能过孔与标号重叠。布线后基本元器件与导线都将固定不变，这时再根据PCB 板中的过孔、导线、元器件位置情况来调整标号、注释与放置字符串信息即可。

课后练习

1. Mechanical Layer(机械层)具有什么作用？
2. 怎样修改板层的颜色？
3. 怎样装载元器件的封装库？

4. 布局时应该遵守哪些原则？

5. 怎样修改元器件的封装？

任务四　PCB 布线

3.4.1　PCB 的设计规则

1. PCB 规则及约束编辑器

Altium Designer 17 系统在"PCB 规则及约束编辑器"中为用户提供了 10 大类 49 种设计规则，这些规则涉及电气特性、走线宽度、走线拓扑结构、表面安装焊盘、阻焊层、电源层、测试点、电路板制作、元器件布局、信号完整性等方面。

Altium Designer 17 系统将根据这些规则进行自动布局和自动布线。自动布线能否成功，自动布线质量的高低等，这些将取决于设计规则的合理选择和用户的工作经验。不同的电路需要采用不同的设计规则。如果仅设计双面 PCB，很多规则可以采用系统的默认值。系统默认值就是针对双面 PCB 设置的。

所设置的这些规则，有一部分运用在元器件和电路的自动布线中，而所有规则将运用在 PCB 的 DRC(电气规则检查)中。在对 PCB 进行 DRC 时，将检测出所有违反 DRC 规则的地方。

执行菜单栏中的"设计"→"规则"命令(按快捷键 D→R)，系统将弹出如图 3-4-1 所示的"PCB 规则及约束编辑器[mm]"对话框。在该对话框中，左边显示的是设计规则的类型，右边显示的是对应设计规则的设置属性。

图 3-4-1　"PCB 规则及约束编辑器[mm]"对话框

2. Electrical(电气)设计规则

单击对话框中"Electrical"(电气)选项,如图 3-4-2 所示,"Electrical"(电气)设计规则显示在对话框右侧。这些规则主要针对具有电气特性的对象,用于系统的 DRC(电气规则检查)功能。当布线过程中违反电气特性规则时,DRC 检查器将自动报警提示用户。

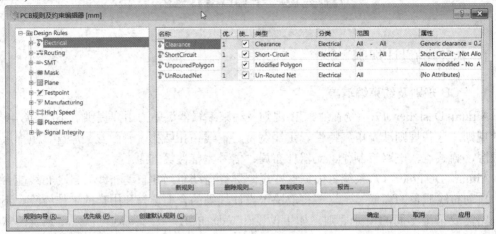

图 3-4-2　Electrical 设计规则

(1)"Clearance"(安全间距)规则。该规则用于设置具有电气特性的对象之间的间距。在 PCB 上,具有电气特性的对象包括导线、焊盘、过孔和铜箔填充区等,在间距设置中可以设置导线与导线之间、导线与焊盘之间、焊盘与焊盘之间的间距规则,在设置规则时可以选择适用该规则的对象和具体的间距值。

单击"Clearance"(安全间距),弹出的对话框如图 3-4-3 所示。

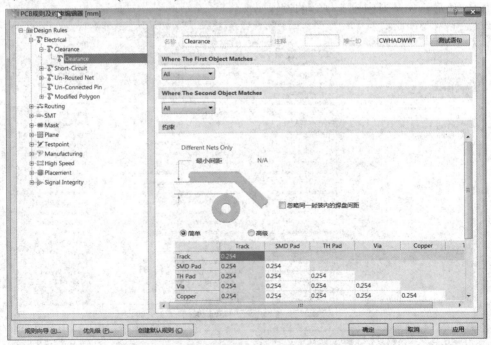

图 3-4-3　Clearance 规则设置对话框

① "Where The First Object Matches"(优先匹配的对象所处位置)选项组：设置该规则优先应用的对象所处的位置。应用的对象范围有"所有"、"网络"、"网络类"、"层"、"网络和层"和"高级的(查询)"。选中某一范围后，可以在该选项后的下拉表框中选择相应的对象，也可以在右侧的"全部询问语句"列表框中填写相应的对象。

通常采用系统的默认设置，选择"所有"选项。

② "Where The Second Object Matches"(次优先匹配的对象所处位置)选项组：设置该规则次优先级应用的对象所处的位置。通常采用系统的默认设置。

(2) "Short-circuit"(短路)规则。该规则用于设置在 PCB 上是否可以出现短路。在其规则设置对话框中，"Where The First Object Matches"选项组和"Where The First Object Matches"选项组的参数和设置方法与"Clearance"(安全间距)规则设置对话框相同。其不同处在"约束"部分，如图 3-4-4 所示，系统默认不允许短路，即取消选中"允许短路"。设置该规则后，拥有不同网络标号的对象相交时，如果违反该规则，系统将报警，并拒绝执行布线操作。

(3) "Un-Routed Pin"(未连接引脚)规则。该规则用于对指定的网络检查是否所有的元器件的引脚端都连接到网络，对于未连接到的引脚端，将给予提示，显示为高亮状态。系统在默认状态下无此规则，一般不设置。

(4) "Un-Routed Net(取消布线网络)"规则。该规则用于设置在 PCB 上是否可以出现未连接的网络。在其规则设置对话框中，"Where The First Object Matches"选项组的参数和设置方法与"安全间距"规则设置对话相同。其不同处在"约束"部分，规则设置部分如图 3-4-5 所示，如果未连接成功，仍保持飞线连接状态。

图 3-4-4　Short-circuit 规则设置

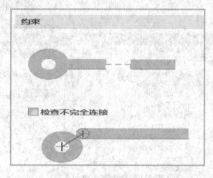

图 3-4-5　Un-Routed Net 规则设置

3．Routing(布线)设计规则

单击对话框框中"Routing"(布线)选项，如图 3-4-6 所示，"Routing"(布线)设计规则显示在对话框右侧。这些规则主要用于设置自动布线过程中的布线规则，包含布线宽度、布线优先级、布线拓扑结构等。

(1) "Width"(走线宽度)规则。该规则用于设置走线(PCB 铜箔导线)宽度。规则设置对话框如图 3-4-7 所示。

① "Where The First Object Matches"(优先匹配的对象所处位置)选项组：设置走线宽度优先应用对象所处位置，与"安全间距"规则中相关选项功能类似。

② "约束"选项组：限制走线宽度。

勾选"仅层叠中的层"复选框，将列出当前层栈中各工作层的走线宽度规则设置，否则将显示所有层有走线宽度规则设置。

走线宽度有"Max Width"(最大宽度)、"Preferred Width"(首选宽度)和"Min Width"(最小宽度)三个选项。单击每一项都可以直接输入数值进行修改。

勾选"特征阻抗驱动宽度"复选框时，将显示走线的驱动阻抗属性，这是高频高速布线过程中重要的一个布线属性设置。驱动阻抗属性分为"Maximum Impedance"(最大阻抗)、"Minimum Impedance"(最小阻抗)和"Preferred Impedance"(首选阻抗)三种。

图 3-4-6　Routing 设计规则

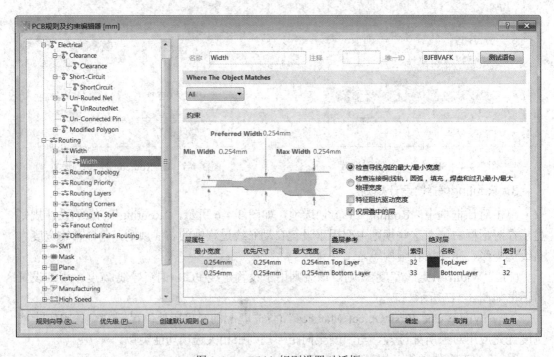

图 3-4-7　Width 规则设置对话框

(2) "Rounting Topology"(走线拓扑结构)规则。该规则用于选择走线的拓扑结构。在其规则设置对话框中,"Where The First Object Matches"(优先匹配的对象所处位置)选项组的参数和设置方法与"走线宽度"规则设置对话框相同。其不同处在"约束"部分,规则设置部分如图 3-4-8 所示,图中显示的是"Shortest"(最短的)走线拓扑结构形式。打开"拓扑"的下拉列表(如图 3-4-9 所示),可以选择各种走线拓扑结构形式,如图 3-4-10 所示。

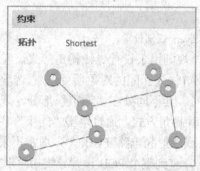

图 3-4-8　Routing Topology 规则设置　　　　图 3-4-9　选择走线拓扑结构形式

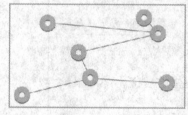
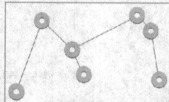
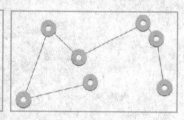

(a) Horizontal(水平的)　　　　(b) Vertical(垂直的)　　　　(c) Daisy-Simple(简单链形)

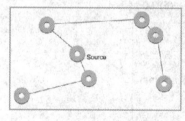
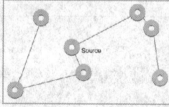
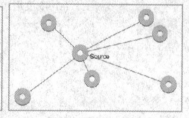

(d) Daisy-MidDriven(中间链形)　(e) Daisy-Balanced(平衡链形)　　(f) Starburst(星形)

图 3-4-10　各种走线拓扑结构

(3) "Routing Priority"(布线优先级)规则。该规则用于设置布线优先级,在该对话框中可以对每一个网络设置布线优先级。可以在其规则设置对话框中,选择"约束"部分的"布线优选级"的数值。PCB 上的空间是有限的,当有多根走线需要在同一块区域内通过(布线)时,通过设置各走线的优先级,可以决定其占用空间的先后。系统提供了 0~100 共 101 种优先级选择,0 表示优先级最低,100 表示优先级最高。默认的布线优先级规则为所有网络布线的优先级均为 0。设置规则时可以针对单个网络设置的优先级。

(4) "Routing Layers"(板层布线)规则。该规则用于设置在自动布线过程中允许布线的层面。在其规则设置对话框中,"Where The First Object Matches"(优先匹配的对象所处位置)选项组的参数和设置方法与"走线宽度"规则设置对话框相同。其不同处在"约束"部分，规则设置部分如图 3-4-11 所示。

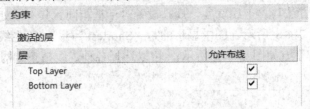

图 3-4-11　Routing Layers 规则设置

(5)　"Routing Corners"(导线拐角)规则。该规则用于设置导线拐角形式。在其规则设置对话框中，"Where The First Object Matches"(优先匹配的对象所处位置)选项组的参数和设置方法与"走线宽度"规则设置对话框相同。其不同处在"约束"部分，规则设置部分如图 3-4-12 所示。PCB 上的导线可以采取 3 种拐角方式，通过单击"约束"栏中的"类型"下拉列表进行选择。在高速数字电路 PCB 或者射频电路 PCB 中，通常不采用直角形式。设置规则可以针对每一个连接、每一个网络，直到整个 PCB 设置导线拐角形式。

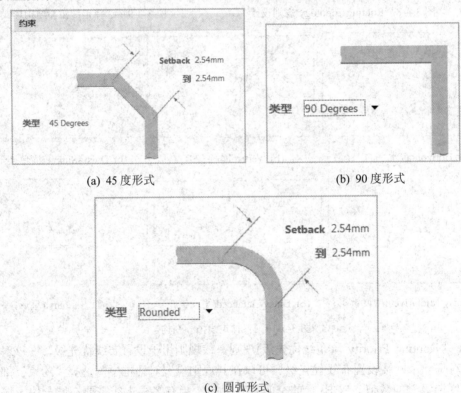

(a) 45 度形式　　　　　　　　　　　(b) 90 度形式

(c) 圆弧形式

图 3-4-12　Routing Corners 规则设置

(6)　"Routing Via Style"(布线过孔样式)规则。该规则用于设置布线时所用过孔的样式。在其规则设置对话框中，"Where The First Object Matches"(优先匹配的对象所处位置)选项组的参数和设置方法与"走线宽度"规则设置对话框相同。其不同处在"约束"部分，规则设置部分如图 3-4-13 所示。在该对话框中可以设置过孔的各种尺寸参数。过孔直径和过孔孔径都包括最大(Maximum)、最小(Minimum)和首选(Preferred)三种定义方式。默认的过孔直径为 1.27 mm(50 mil)，过孔孔径为 0.7112 mm(28 mil)。单击每一项都可以直接输入数值进行修改。

在 PCB 的编辑过程中，可以根据不同的元器件设置不同的过孔大小，过孔的直径和孔径尺寸应该参考实际元器件引脚的粗细进行设置。

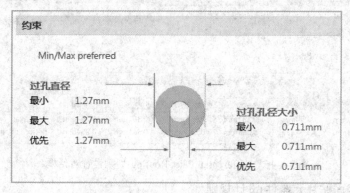

图 3-4-13　Routing Via Style 规则设置

(7) "Fanout Control"(扇出控制布线)规则。该规则用于设置表面贴片元器件的布线方式。在其规则设置对话框中，"Where The First Object Matches"(优先匹配的对象所处位置)选项组的参数和设置方法与"走线宽度"规则设置对话框相同。其不同处在"约束"部分，规则设置部分如图 3-4-14 所示。在该规则中，系统针对不同的表面贴片元器件，提供了 Fanout-BGA、Fanout-LCC、Fanout-SOIC、Fanout-Small、Fanout-Default 五种扇出规则，可以针对每一个引脚、每个元器件，甚至整个 PCB 设置扇出形式。每种规则中的设置方法相同。

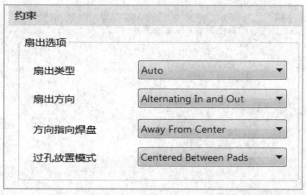

图 3-4-14　Fanout-Control 规则设置

(8) "Differential Pairs Routing"(差分对布线)规则。该规则用于设置差分信号的布线方式。在其规则设置对话框中，"Where The First Object Matches"(优先匹配的对象所处位置)选项组的参数和设置方法与"走线宽度"规则设置对话框相同。其不同处在"约束"部分，规则设置部分如图 3-4-15 所示。在该对话框可以设置差分布线时的"Min Gap"(最小间隙)、"Max Gap"(最大间隙)和"Preferred Gap"(首选间隙)，以及"Min Width"(最小宽度)、"Max Width"(最大宽度)"和"Preferred Width"(首选宽度)等参数。

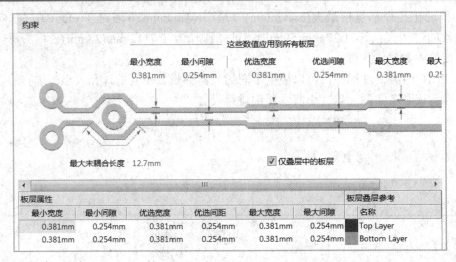

图 3-4-15　Differential Pairs Routing 规则设置对话框

4．SMD(表面贴片元器件)设计规则

"SMD(表面贴片元器件)"设计规则主要用于设置表面贴片元器件的焊盘与导线的布线规则，其中包括以下 4 种设计规则。

(1) "SMD To Corner"(表面贴片元器件的焊盘与导线拐角处最小间距)规则。该规则用于设置表面贴片元器件的焊盘出现走线拐角时拐角和焊盘之间的距离，规则设置对话框如图 3-4-16 所示。在高速数字电路 PCB 设计中，走线时引入拐角会导致电信号的反射，引起信号之间的串扰，因此需要限制焊盘引出的信号传输线至拐角的距离，以减小信号串扰。设置规则可以针对每一个焊盘、每一个网络，直至整个 PCB 设置拐角和焊盘之间的距离。

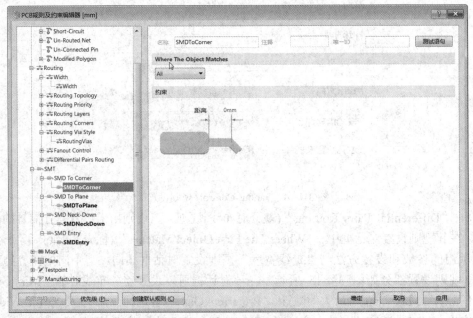

图 3-4-16　SMD To Corner 规则设置对话框

(2) "SMD To Plane"(表面贴片元器件的焊盘与中间层间距)规则。该规则用于设置表面安装元器件的焊盘连接到中间层的走线距离。该项设置通常出现在电源层向芯片的电源引脚供电的场合。该规则可以针对每一个焊盘、每一个网络，直至整个 PCB 设置焊盘和中间层之间的距离。

(3) "SMD Neck-Down"(表面安装元器件的焊盘与导线宽度比率)规则。该规则用于设置表面安装元器件的焊盘连线的导线宽度。在其规则设置对话框中，"Where The First Object Matches"(优先匹配的对象所处位置)选项组的参数和设置方法与"SMD To Corner"规则设置对话框相同。其不同处在"约束"部分，规则设置部分如图 3-4-17 所示。在该规则中可以设置导线线宽上限占据焊盘宽度的百分比，通常走线总是比焊盘要小。设置规则可以根据实际需要对每一个焊盘、每一个网络，甚至整个 PCB 设置焊盘上的导线宽度与焊盘宽度之间的最大比率，默认值为 50%。

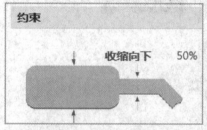

图 3-4-17　SMD Neck-Down 规则设置

(4) "SMD Entry"(表面安装元器件的焊盘与导线走线方式)规则。该规则用于设置表面安装元器件的焊盘连线的导线宽度。在其规则设置对话框中，"Where The First Object Matches"(优先匹配的对象所处位置)选项组的参数和设置方法与"SMD To Corner"规则设置对话框相同。其不同处在"约束"部分，规则设置部分如图 3-4-18 所示。在该规则中可以设置导线从焊盘的角、边或任意角度上走线。

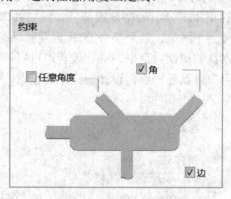

图 3-4-18　SMD Entry 规则设置

5. Mask(阻焊)设计规则

"Mask(阻焊)"设计规则主要用于设置焊盘到阻焊层的距离。系统提供了"Top Paster"(顶层锡膏防护层)、"Bottom Paster"(底层锡膏防护层)、"Top Solder"(顶层阻焊层)和"Bottom Solder"(底层阻焊层)四个阻焊层，其中包括以下两种设计规则。

(1) "Solder Mask Expansion"(阻焊层的扩展)规则。该规则用来设置从焊盘到阻焊层之间的延伸距离。通常，为了焊接方便，PCB 阻焊剂铺调范围与焊盘之间需要预留一定的空间。"Solder Mask Expansion"(阻焊层的扩展)规则设置对话框如图 3-4-19 所示。该规则可以根据实际需要对每一个焊盘、每一个网络，甚至整个 PCB 设置其间距。

图 3-4-19　"Solder Mask Expansion"(阻焊层的扩展)规则设置对话框

(2) "Paster Mask Expansion"(锡膏防护层的扩展)规则。该规则用来设置从锡膏防护层与焊盘之间的延伸间距。在其规则设置对话框中，"Where The First Object Matches"(优先匹配的对象所处位置)选项组的参数和设置方法与"Solder Mask Expansion"规则设置对话框相同。其不同处在"约束"部分，规则设置部分如图 3-4-20 所示。该规则可以根据实际需要对每一个焊盘、每一个网络，甚至整个 PCB 设置其间距。

阻焊层规则也可以在焊盘的属性对话框中进行设置，可以针对不同的焊盘进行单独的设置。在属性对话框中，用户可以选择遵循设计规则中的设置，也可以忽略规则中的设置而采用自定义设置。

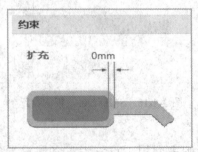

图 3-4-20　Paster Mask Expansion 规则设置

6. Plane (中间层)设计规则

"Plane"(中间层)设计规则(也可以称为"内电层")主要用于多层板设计中，用来设置与中间电源层布线相关的走线规则，其中包括以下 3 种设计规则。

(1) "Power Plane Connect Stye"(电源层连接类型)规则。该规则用于设置电源层和连接形式。规则设置对话框如图 3-4-21 所示。在该对话框中可以设置中间层的连接方式和各种连接方式的参数。

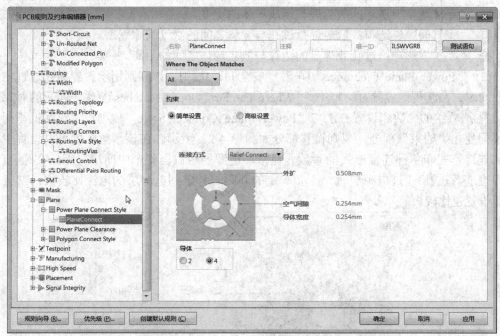

图 3-4-21　Power Plane Connect Style 规则设置对话框

① 在"约束"区域下勾选"简单设置"单选框，下方的预览设置区只包含所有通孔形式的连接方式；当勾选"高级设置"单选框时，下方预览设置区将可以分类设置焊盘和过孔的连接方式，如图 3-4-22 所示。

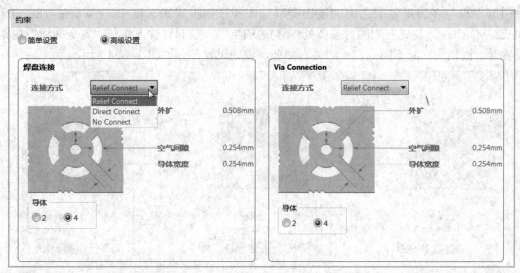

图 3-4-22　连接方式设置

② "连接方式"下拉列表框：连接类型可以分为"No Connect"(电源层与元器件引脚不相连)、"Direct Connect"(电源层与元器件的引脚通过实心的铜箔相连)和"Relief Connect"(使用散热焊盘的方式与焊盘或过孔连接)。

③ "导体"选项：散热焊盘组成导体的数目。

④ "导体宽度"选项：散热焊盘组成导体的宽度。

⑤ "空气间隙"选项：散热焊盘过孔与导体之间的空气间隙宽度。

⑥ "外扩"选项：过孔或焊盘的边缘与散热导体之间的距离。

(2) "Power Plane Clearance"(电源层安全间距)规则。该规则用于设置通孔通过电源层的间距。在其规则设置对话框中，"Where The First Object Matches"(优先匹配的对象所处位置)选项组的参数和设置方法与"Power Plane Connect Style"规则设置对话框相同。其不同处在"约束"部分，规则设置部分如图 3-4-23 所示。在该示意图中可以设置中间层的连接形式和各种连接形式的参数。通常，电源层将占据整个中间层，因此在通孔(通孔焊盘或者过孔)通过电源层时，需要一定的间距。考虑到电源层的电流比较大，默认的间距设置也比较大。

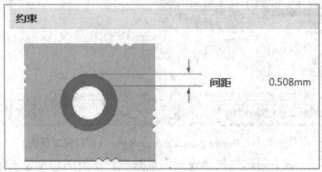

图 3-4-23　Power Plane Clearance 规则设置

(3) "Polygan Connect Style"(焊盘与多边形敷铜区域的连接类型)规则用于设置元器件引脚焊盘与多边形敷铜之间的连接类型。在其规则设置对话框中，"Where The First Object Matches"(优先匹配的对象所处位置)选项组的参数和设置方法与"安全间距"规则设置对话框相同。其不同处在"约束"部分，规则设置部分如图 3-4-24 所示。

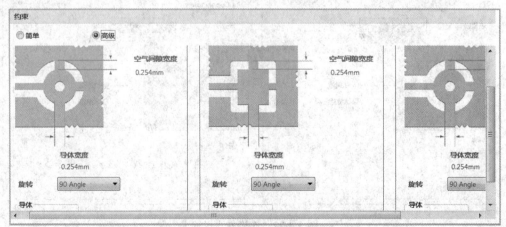

图 3-4-24　Polygan Connect Style 规则设置

① 勾选"高级"单选框后，可分别针对"通孔焊盘连接"、"表面贴片焊盘连接"和"过孔连接"进行规则设置；勾选"简单"单选框，针对所有的焊盘连接进行规则设置。

② "导体"选项：散热焊盘组成导线的数目。

③ "导体宽度"选项：散热焊盘组成导线的宽度。

④ "旋转"下拉列表框：散热焊盘组成导线的角度，可选 45 度与 90 度。

⑤ "空气间隙宽度"选项：散热焊盘过孔与导体之间的空气间隙宽度。

7. Test Point(测试点)设计规则

"Test Point(测试点)"设计规则主要用于设置测试点布线规则，其中包括以下两种设计规则。

(1) "Fabrication Testpoint"(装配测试点)规则。该规则用于设置测试点的形式。规则设置对话框如图 3-4-25 所示，在该对话框中可以设置测试点的形式和各种参数。为了方便电路板的调试，在 PCB 上引入了测试点。测试点连接在某个网络上，形式和过孔类似。在调试过程中可以通过测试点引出电路板上的信号，可以设置测试点的尺寸，以及是否允许在元器件底部生成测试点等各选项。

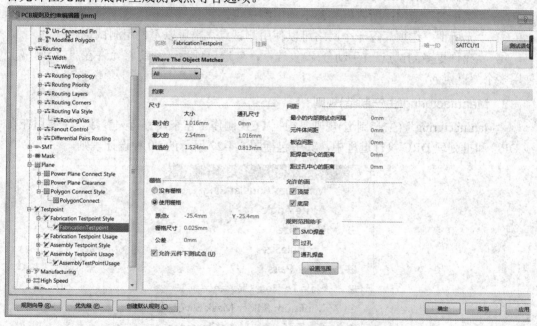

图 3-4-25 Fabrication Testpoint 规则设置对话框

该项规则主要用在自动布线器、在线 DRC 和批处理 DRC(除了首选尺寸和首选过孔尺寸外的所有属性)、Output Generation(输出阶段)等系统功能模块。其中，自动布线器使用首选尺寸和首选过孔尺寸属性来定义测试点焊盘的大小。

(2) "Fabrication Testpoint Usage"(装配测试点使用)规则。该规则用于设置测试点的使用参数。在其规则设置对话框中，"Where The First Object Matches"(优先匹配的对象所处位置)选项组的参数和设置方法与"Fabrication Testpoint"(装配测试点)规则设置对话框相同。其不同处在"约束"部分，规则设置部分如图 3-4-26 所示。在对话框中可以设置是否允许使用测试点和同一网络上是否允许使用多个测试点。

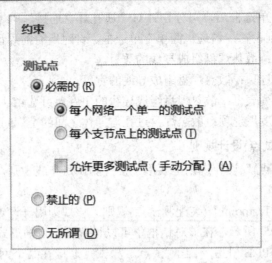

图 3-4-26　Fabrication Testpoint Usage 规则设置

① "必需的"选项：每一个目标网络都使用一个测试点。该项为默认设置。

② "禁止的"选项：所有网络都不使用测试点。

③ "无所谓"选项：每一个网络可以使用测试点，也可以不使用测试点。

④ "允许更多测试点"(手动分配)复选框：勾选该项后，系统将允许在 1 个网络上使用多个测试点。

8．Manufacturing(生产制造)规则

"Manufacturing"(生产制造)规则是根据 PCB 制作工艺来设置有关参数，主要用在在线 DRC 和批处理 DRC 执行过程中，其中包括图 3-4-27 所示的 10 种设计规则。

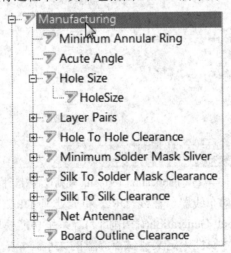

图 3-4-27　Manufacturing 设计规则

(1) "Minimum Annular Ring"(最小环孔限制)规则。该规则用于设置环状图元内外径间距下限。规则设置对话框如图 3-4-28 所示。在 PCB 设计时，引入的环状图元(如过孔)中，如果内径和外径之间的差距很小，在工艺上可能无法制作出来，此时的设计实际上是无效的。通过该项设置，可以检查出所有工艺无法达到的环状物。

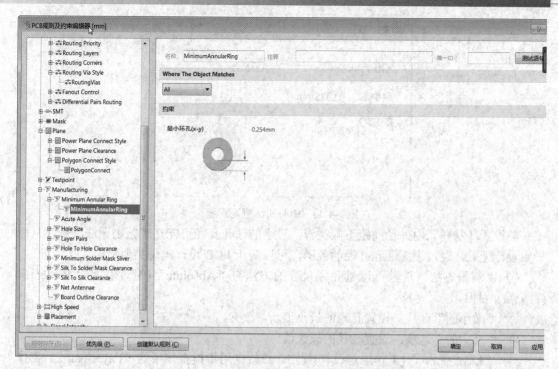

图 3-4-28 Minimum Annular Ring 规则设置对话框

(2) "Acute Angle"(锐角限制)规则。该规则用于设置锐角走线角度。在其规则设置对话框中,"Where The First Object Matches"(优先匹配的对象所处位置)选项组的参数和设置方法与"Minimum Annular Ring"(最小环孔限制)规则设置对话框相同。其不同处在"约束"部分,规则设置部分如图 3-4-29 所示。在 PCB 设计时,如果没有规定直线角度最小值,则可能出现拐角很小的走线,工艺上可能无法做到这样的拐角,此时的设计实际上是无效的。通过该项设置,可以检查出所有工艺无法达到的锐角走线。

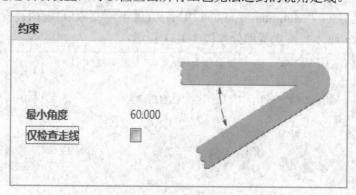

图 3-4-29 Acute Angle 规则设置

(3) "Hole Size"(钻孔尺寸)规则。该规则用于设置钻孔孔径的上限和下限。在其规则设置对话框中,"Where The First Object Matches"(优先匹配的对象所处位置)选项组的参数和设置方法与"Minimum Annular Ring"(最小环孔限制)规则设置对话框相同。Hole Size 规则设置部分如图 3-4-30 所示。

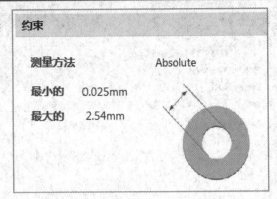

图 3-4-30　Hole Size 规则设置

　　与设置环状图元内外径间距下限类似，过小的钻孔孔径可能在工艺上无法制作，从而导致设计无效。通过设置通孔孔径的范围，可以防止 PCB 设计出现类似错误。

　　① "测量方法"选项：度量孔径尺寸的方法有"Absolute"(绝对值)和"Percent"(百分数)两种。

　　② "最小的"选项：设置孔径的最小值。

　　③ "最大的"选项：设置孔径的最大值。

　　(4) "Layer Pairs"(工作层对设计)规则。该规则用于检查使用的"Layer-pairs"(工作层对)是否与当前的"Drill-Pairs"(钻孔对)匹配。使用的"Layer-pairs"(工作层对)是由板上的过孔和焊盘决定的，"Layer-pairs"(工作层对)是指一个网络的起始层和终止层。该项规则除了应用于在线 DRC 和批处理 DRC 外，还可以应用在交互式布线过程中。

　　在"Layer Pairs"(工作层对设计)"规则中，"加强层对设定"选项用于确定是否强制执行此项规则的检查。勾选该项时，将始终执行该项规则的检查。

　　(5) "Hole To Hole Clearance"(孔到孔间距)规则。该规则用于设置孔到孔间距。在其规则设置对话框中，"Where The First Object Matches"(优先匹配的对象所处位置)选项组的参数和设置方法与"Minimum Annular Ring"(最小环孔限制)规则设置对话框相同。Hole To Hole Clearance 规则设置部分如图 3-4-31 所示。

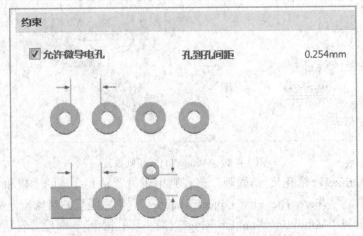

图 3-4-31　Hole To Hole Clearance 规则设置

(6) "Minimum Solder Mask Sliver"(最小阻焊间距)规则。该规则用于设置最小阻焊间隙。在其规则对话框中，"Where The First Object Matches"(优先匹配的对象所处位置)选项组的参数和设置方法与"Minimum Annular Ring"(最小环孔限制)规则设置对话框相同。Minimum Solder Mask Sliver 规则设置部分如图 3-4-32 所示。

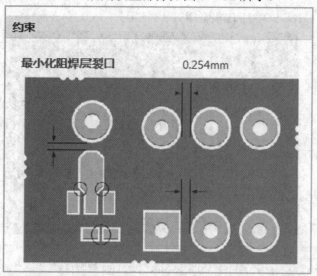

图 3-4-32　Minimum Solder Mask Sliver 规则设置

(7) "Silk To Solder Mask Clearance"(丝印到阻焊膜的间距)规则。该规则用于设置丝印到阻焊膜的间距。在其规则设置对话框中，"Where The First Object Matches"(优先匹配的对象所处位置)选项组的参数和设置方法与"Minimum Annular Ring"(最小环孔限制)规则设置对话框相同。Silk To Solder Mask Clearance 规则设置部分如图 3-4-33 所示。

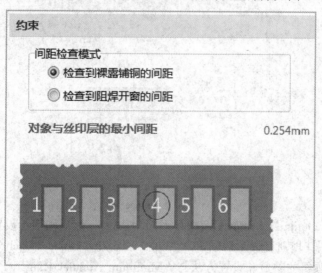

图 3-4-33　Silk To Solder Mask Clearance 规则设置

(8) "Silk To Silk Clearance"(丝印到丝印的间距)规则。该规则用于设置丝印到丝印的间距。在其规则设置对话框中，"Where The First Object Matches"(优先匹配的对象所处位置)选项组的参数和设置方法与"Minimum Annular Ring"(最小环孔限制)规则设置对话框相同。其不同处在"约束"部分，规则设置部分如图 3-4-34 所示。

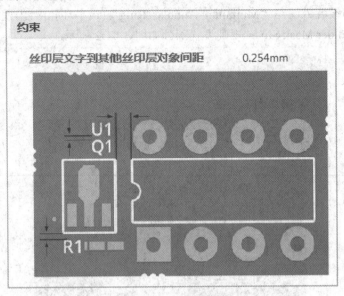

图 3-4-34 Silk To Silk Clearance 规则设置

(9) "Net Antennae"(网络卷须容忍度)规则。该规则用于设置网络卷须容忍度。在其规则设置对话框中，"Where The First Object Matches"(优先匹配的对象所处位置)选项组的参数和设置方法与"Minimum Annular Ring"(最小环孔限制)规则设置对话框相同。Net Antennae 规则设置部分如图 3-4-35 所示。

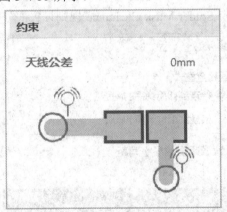

图 3-4-35 Net Antennae 规则设置

(10) "Board Outline Clearance"(板外形间距)规则。该规则用于设置导线、焊盘等到板边框的间距。在其规则设置对话框中，"Where The First Object Matches"(优先匹配的对象所处位置)"选项组的参数和设置方法与"Minimum Annular Ring"(最小环孔限制)规则设置对话框相同。Board Outline Clearance 规则设置部分如图 3-4-36 所示。最小间距系统默认值为 N/A(未定义)，一般要求为 0.254 mm，如果需要利用项目板预留工艺边的，用户另外设置即可。

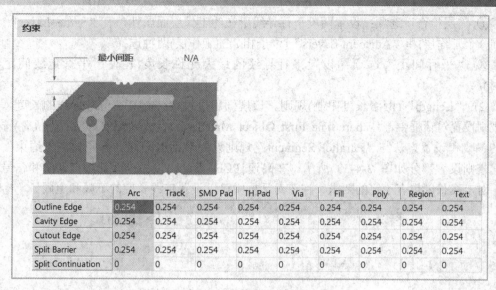

图 3-4-36 Board Outline Clearance 规则设置

9．High Speed 设计规则

"High Speed"(高速信号相关)设计规则主要用于设置高速信号布线规则，其中包括以下 7 种设计规则。

(1) "Parallel Segment"(平行导线段间距限制)规则。该规则用于设置平行走线间距限制。规则设置对话框如图 3-4-37 所示。在 PCB 的高速设计中，为了保证信号传输正确，需要采用差分线对来传输信号，与单根线传输信号相比可以得到更好的效果。在该对话框中可以设置差分线对的各项参数，包括差分线对的层、间距和长度等。

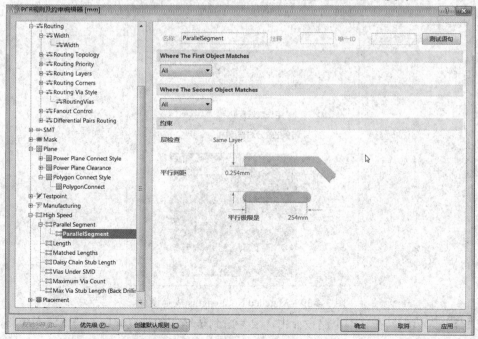

图 3-4-37 Parallel Segment 规则设置对话框

① "层检查"选项：设置两段平行导线所在的工作层面属性，有"Same Layer"(位于同一个工作层)和"Adjacent Layers"(位于相邻的工作层)两种选择。

② "平行间距"选项：设置平行导线的最大允许长度(在使用平行走线间距规则时)。

(2) "Length"(网络长度限制)规则。该规则用于设置传输高速信号导线的长度。在其规则设置对话框中，"Where The First Object Matches"(优先匹配的对象所处位置)选项组的参数和设置方法与"Parallel Segment"规则设置对话框相同。不同处在"约束"部分，规则设置部分如图 3-4-38 所示。在高速 PCB 设计中，为了保证阻抗匹配和信号质量，对走线长度也有一定的要求。在该对话框中可以设置走线长度的下限和上限。

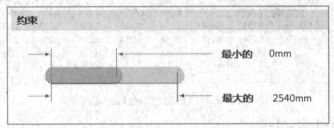

图 3-4-38　Length 规则设置

(3) "Matched Net Lengths"(匹配网络传输导线的长度)规则。该规则用于设置匹配网络传输导线的长度。在其规则设置对话框中，"Where The First Object Matches"(优先匹配的对象所处位置)选项组的参数和设置方法与"Parallel Segment"规则设置对话框相同。不同处在"约束"部分，规则设置部分如图 3-4-39 所示。在高速 PCB 设计中，通常要对部分网络的导线进行匹配布线，在该对话框中可以设置导线匹配布线时的各项参数。

图 3-4-39　Matched Net Lengths 规则设置

"公差"选项：在高频电路设计中，要考虑到传输线的长度问题，传输线太短将产生串扰等传输线效应。

(4) "Daisy Chain Stub Length" (菊花状布线主干导线长度限制)规则。该规则用于设置 90 度拐角和焊盘的距离。在其规则设置对话框中，"Where The First Object Matches" (优先匹配的对象所处位置)选项组的参数和设置方法与"Parallel Segment"规则设置对话框相同。其不同处在"约束"部分，规则设置部分如图 3-4-40 所示。在高速 PCB 设计中，通常情况下为了减少信号的反射是不允许出现 90 度拐角的，在必须有 90 度拐角的场合中，将引入焊盘和拐角之间距离的限制。

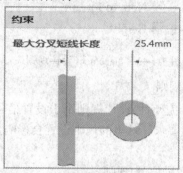

图 3-4-40　Daisy Chain Stub Length 规则设置

(5) "Vias Under SMD" (SMD 焊盘下过限制)规则。该规则用于设置表面安装元器件焊盘下是否允许出现过孔。在其规则设置对话框中，"Where The First Object Matches" (优先匹配的对象所处位置)选项组的参数和设置方法与"Parallel Segment"规则设置对话框相同。不同处在"约束"部分，规则设置部分如图 3-4-41 所示。在 PCB 设计中，需要尽量减少表面安装元器件焊盘中引入过孔，在特殊情况下(如中间电源层通过过孔向电源引脚供电)可以引入过孔。

图 3-4-41　Vias Under SMD 规则设置

(6) "Maximun Via Count" (最大过孔数量限制)规则。该规则用于设置布线时过孔数量的上限。

(7) "Max Via Stud Length(Back Drilling)" (最大盲孔长度)规则。该规则用于设置多层线路板中盲孔的最大深度。在多层线路板中，通常都是使用通孔，而不采用盲孔。

10. Placement 设计规则

"Placement" (元器件放置)设计规则用于设置元器件布局的规则。如图 3-4-42 所示，"Placement" (元器件放置)设计规则有 6 个选项可以选择，在布局时可以引入元器件的布局规则。一般，这些规则只在对元器件布局有严格要求的场合中使用。一些规则在前面的内容中已经有介绍，这里不再撰述。

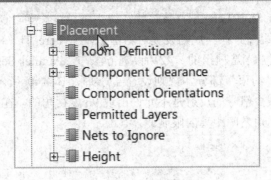

图 3-4-42　Placement 设计规则选项

11．Signal Integrity 设计规则

"Signal Integrity"(信号完整性)设计规则用于设置信号完整性所涉及的各项要求，如对信号上升沿、下降沿等的要求。这里的规则设置会影响到电路的信号完整性仿真，其中包含以下规则：

(1)　"Signal Stimulus"(激励信号)规则。

(2)　"Overshoot-Falling Edge"(信号下降沿的过冲约束)规则。

(3)　"Overshoot-Rising Edgc"(信号上升沿的过冲约束)规则。

(4)　"Undershoot-Falling Edge"(信号下降沿的反冲约束)规则。

(5)　"Undershoot-Rising Edge"(信号上升沿的反冲约束)规则。

(6)　"Impedance"(阻抗约束)规则。

(7)　"Signal Top Value"(信号高电平约束)规则。

(8)　"Signal Base Value"(信号基准约束)规则。

(9)　"Flight Time-Rising Edge"(上升沿的上升时间约束)规则。

(10)　"Flight Time-Falling Edge"(下降沿的下降时间约束)规则。

(11)　"Slope-Rising Edge"(上升沿斜率约束)规则。

(12)　"Slope-Falling Edge"(下降沿斜率约束)规则。

(13)　"Supply Nets"(电源网络约束)规则。

12．光控广告灯 PCB 板的规则设置

光控广告灯 PCB 板项目为双层电路板，信号频率属于低频，因此规则设置项并不多。光控广告灯 PCB 板的规则具体设置如下：

第一步：进行安全间距设置。鼠标右键单击"Electrical"(电气)下的"Clearance"(安全间距)选项，在弹出的选项中选择"新规则"，在列表区将新增加一条"Clearance_1"(安全间距 1)规则。这里需要增加 3 条。

在 Clearance(安全间距)规则设计对话框中"约束"区的最小间距设置为 0.254 mm。在 Clearance_1 规则设计对话框的"Where The First Object Matches"(优先匹配的对象所处位置)选项组下拉列表框中选择"Net"(网络)项，在右侧的下拉列表框中选择 12 V，在约束区的最小间距设置为 0.5 mm。按这个方式，增加 Clearance_2、Clearance_3 安全间距规则，并将 Clearance_2、Clearance_3 规则中的网络设置为 VCC 和 Vout，最小间距也同样为 0.5 mm，如图 3-4-43 所示。

敲黑板

在一个电路板中，通常电源端口或功率驱动输出端口的电压与电流最大，对于这一类的网络，需要将安全间距加大，以防止 PCB 制作的线路发生短路或绝缘性降低而导致漏电。在光控广告灯电路板中，6 个 N-MOS 管的输出驱动端口，实际上也是与电源一样，存在大电流与大电压，因此也有必要将此 6 个网络的安全间距加大。

Altium Designer 系统中为用户提供了"类"功能，可以将同一属性的对象创建一个类，比如网络类，可以将 VCC、12V、Vout 创建为一个电源类，在规则设置中，就只需添加一个网络类，就对这个电源类进行一次设置。在后文中将举例 6 个 N-MOS 的网络类。

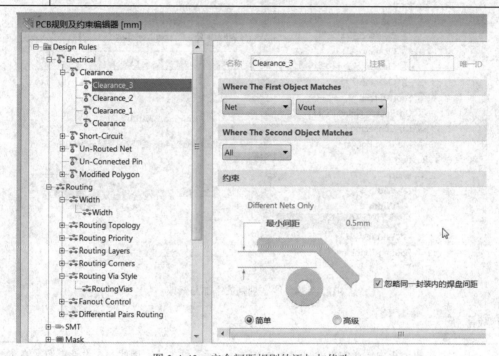

图 3-4-43　安全间距规则的添加与修改

 敲黑板

如果添加的规则过多，可通过鼠标右键单击该规则列表项(第四级树状结)，在右键菜单中选择删除规则即可。

如果在执行 DRC 检查时，需要将设计规则禁止，可通过鼠标单击第二级树状结，比如 Electrical 项，在右侧的使能的复选框中将不需要编译的规则勾选取消即可。

如果在执行 DRC 检查时，需要将具体设计规则中设计的某一项规则禁止，可通过鼠标单击第三级树状结，比如 Clearance，在右侧的使能的复选框中将不需要编译的规则勾选取消即可。

安全间距的最小值，一般是导线宽度的 2 倍为宜，在布线面积压缩的情况下，安全间距可最小到 0.1 mm。

第二步：进行线宽规则设置。在"Routing"(布线)下的"Width"(线宽)，按 Clearance 的设置方法，再添加 3 条规则，针对 VCC、12 V、Vout 三个网络进行分别设置。其中，默认的 Width 项的最大宽度设置为 1 mm，Width_1 项的最大值设置为 1 mm，首选项也设置为 0.5 mm，在"Where The First Object Matches"(优先匹配的对象所处位置)选项组中下拉列表框中选择"Net"(网络)项，然后在右侧的下拉列表框中选择 12 V；Width_2 选用 VCC 网络，最大值与首选项的线宽全部设置为 0.5 mm；Width_3 选用 Vout 网络，最大值与首选项的线宽全部设置为 0.5 mm，如图 3-4-44 所示。

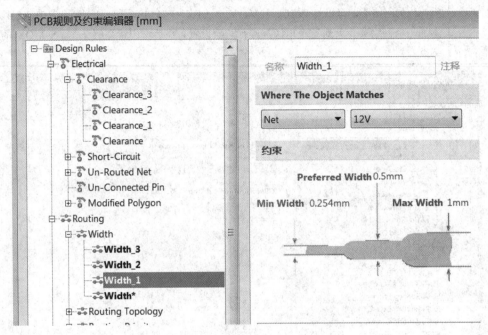

图 3-4-44　线宽规则的添加与修改

 敲黑板

　　　　电路板中，通常电源线需要分流给所有元器件电流。因此，在设计电源网络布线时，均需要将电源线的线宽加粗，以保证能驱动更大的负载。光控广告灯电路中，除了电源网络，还有 6 个 N-MOS 管的驱动输出端口的布线也需要加粗，以保证铜膜线流过更大的电流，驱动大于项目要求的 60 W 功率以上的负载。

　　　　如果布线的铜膜太细，需要流过的电源过大，铜膜线会烧断。如果受 PCB 板面积与布局的限制，可通过在铜膜上设计流水槽；在后期生产时，可在流水槽上加锡或加焊粗铜片。

　　　　对于布线密集的电路板，线宽可做到最小为 0.05 mm。

　　第三步：进行过孔规则设置。在"Routing"(布线)下的"Routing Via Stye"(布线过孔类型)，再添加 3 条 Routing Via 规则。按第二步的操作方式，将 VCC、12V、Vout 网络的约束项下的过孔直径设置为 0.8 mm，过孔孔径大小设置为 0.5 mm；而默认的 Routing Via 规则项下的过孔直径为 0.7 mm，过孔孔径大小为 0.4 mm，如图 3-4-45 所示。

图 3-4-45 过孔规则添加与修改

 敲黑板

> 多层电路板中，对于大电流铜膜导线，需要在电路板上换层进行电气连接时放置过孔。过孔的大小关系到上下铜膜导线的接触面积，面积越大，电流流过的阻碍越小。因此，电源类网络的过孔通常都会大于信号网络的过孔尺寸。过孔也不宜设置过大，通常电源类过孔外径 0.8 mm，内孔径 0.5 mm 为宜；信号过孔外径 0.7 mm，内孔径 0.4 mm 为宜。在布线密集的电路板中过孔最小内径可至 0.2 mm。对于电流稍大点的铜膜导线，有时一个上下层连接处可放置 2 个以上的过孔，以增加接触面积。

第四步：进行过孔敷铜规则设置。在"Routing"(布线)的"Plane"(内层)的"Polygon Connect Style"(敷铜)项下，添加 1 条 Polygon Connect 规则。在原 Polygon Connect 规则选项下的设置默认即可，在添加的 Polygon Connect_1 规则选项下的"Where The First Object Matches"(优先匹配的对象所处位置)选项组中下拉列表框中选择"Custom Query"(自定义选择)项，在右边的输入框中输入"Isvia"，表示只针对电路板中所有过孔对象；然后在"约束"区域下的连接方式修改为"Direct Connect"(电源层与元器件的引脚通过实心的铜箔相连)，表示过孔将被敷铜区全部实心相连，如图 3-4-46 所示。

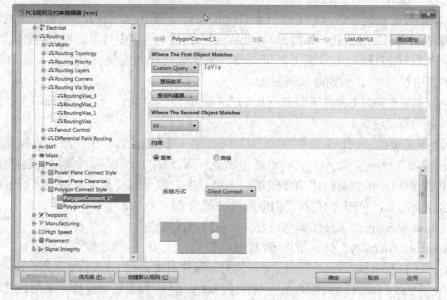

图 3-4-46 敷铜规则的添加与修改

其他设置选项按系统默认的即可，常规电路板设计的规则设置只需要修改以上三项即可。

3.4.2 PCB 布线

在 Altium Designer 系统中，为用户提供了两种布线方式，即自动布线和手动布线。在自动布线中还为用户提供了一些布线策略。

1. 自动布线

(1) 自动布线策略。执行菜单栏中的"布线"→"自动布线"→"设置"命令，系统弹出如图 3-4-47(a)所示的"Situs 布线策略"对话框。

在该对话框中可以设置自动布线策略。布线策略是指 PCB 自动布线时所采取的策略，如探索式布线、迷宫式布线、推挤式拓扑布线等。自动布线的布通率与元器件布局及设计规则有关。

在 Situs 布线策略对话框中，列出了默认 6 种自动布线策略，对默认的布线策略不允许进行编辑和删除操作。默认的 6 种自动布线策略功能如下：

① Cleanup(清除)：清除布线策略。

② Default 2 Layer Board(默认双面板)：默认的双面板的布线策略。

③ Default 2 Layer With Edge Connectors(默认具有边缘连接器的双面板)：默认的具有边缘连接器的双面板的布线策略。

④ Default Multi Layer Board(默认多层板)：默认的多层板的布线策略。

⑤ General Orthogonal(一般正交)：默认的正交布线策略。

⑥ Via Miser(少用过孔)：默认的多层板中尽量减少使用过孔的布线策略。

勾选"锁定已有布线"复选框后，所有先前的布线将被锁定，重新自动布线时将不改变这部分的布线。

(2) 添加自动布线策略。单击图 3-4-47(a)所示对话框中的"添加"按钮，系统将弹出"Situs 策略编辑器"对话框，如图 3-4-47(b)所示。在该对话框中可以添加新的布线策略。

① 在"策略名称"文本框中，可以填写添加的新建布线策略的名称，在"策略描述"文本框中填写对该布线策略的描述。

② 可以通过拖动文本框下面的滑块来改变此布线策略允许的过孔数目，允许的过孔数目越多自动布线越快。

③ 选择左边的 PCB 布线策略列表框中(可用的布线通过)的任一项，然后单击"添加"按钮(或双击该项)，此布线策略将被添加至右侧当前的 PCB 布线策略列表框中(该布线策略中通过的)，作为新创建的布线策略中的一项。如果想要删除右侧列表框中的某一项，则选择该项后，单击"移除"按钮(或双击该项)即可删除。

在 Altium Designer 17 布线策略列表中有多种布线策略。

"Adjacent Memory"(相邻的存储器)布线策略：采用 U 型走线的布线方式。采用这种布线方式，自动布线器对同一网络中相邻的元器件引脚采用 U 型走线方式。

"Clean Pad Entries"(清除焊盘走线)布线策略：清除焊盘冗余走线。采用这种布线方式可以优化 PCB 的自动布线，清除焊盘上多余的走线。

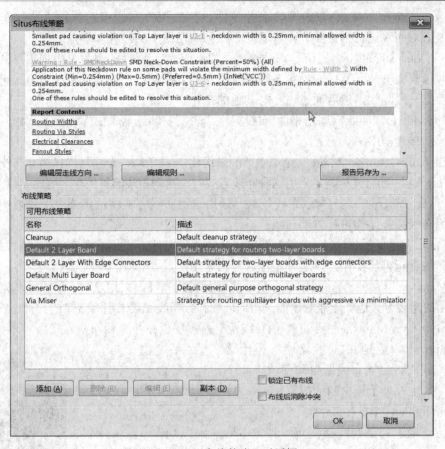

(a)　"Situs 布线策略"对话框

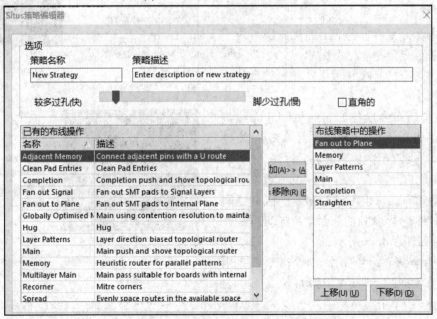

(b)　"Situs 策略编辑器"对话框

图 3-4-47　"Situs 布线策略"对话框和"Situs 策略编辑器"对话框

"Completion"(完成)布线策略：竞争的推挤式拓扑布线形式。采用这种布线方式时，布线器对布线进行推挤操作，以避开不在同一网络中的过孔和焊盘。

"Fan out Signal"(扇出信号)布线策略：表面安装元器件的焊盘采用扇出形式连接到信号层。当表面安装元器件的焊盘布线跨越不同的工作层时，采用这种布线方式可以先从该焊盘引出一段导线，然后通过过孔与其他的工作层连接。

"Fan out to Plane"(扇出平面)布线策略：表面安装元器件的焊盘采用扇出形式连接到电源层和接地网络中。

"Globally Optimised Main"(全局主要的最优化)布线策略：全局最优化拓扑布线方式。

"Hug"(环绕)布线策略：采用这种布线方式时，自动布线器将采取环绕的布线方式。

"Layer Patterns"(层样式)布线策略：采用这种布线方式将决定同一工作层中的布线是否采用布线拓扑结构进行自动布线。

"Main"(主要的)布线策略：主推挤式拓扑驱动布线。采用这种布线方式时，自动布线器对布线进行推挤操作，以避开不在同一网络中的过孔和焊盘。

"Memory"(存储器)布线策略：启发式并行模式布线。采用这种布线方式将对存储器元器件上的走线方式进行最佳的评估。对地址线和数据线一般采用有规律的并行走线方式。

"Multilayer Main"(主要的多层)布线策略：多层板拓扑驱动布线方式。

"Spread"(蔓延式)布线策略：采用这种布线方式时，自动布线器自动使位于两个焊盘之间的走线处于正中间的位置。

"Straighten"(伸直)布线策略：采用这种布线方式时，自动布线器在布线时将尽量走直线。

④ 单击"上移"按钮或"下移"按钮，可以改变各个布线策略的优先级，位于最上方的布线策略优先级最高。

在光控广告灯 PCB 板中，按系统默认的布线策略即可。

(3) 自动布线操作。布线规则和布线策略设置完毕后，用户即可进行自动布线操作。自动布线操作主要是通过"布线"→"自动布线"菜单命令进行。设计者不仅可以进行整体布线，也可以对指定的区域、网络及元器件进行单独的布线。"自动布线"菜单命令如图 3-4-48 所示。

① "全部"命令操作。"全部"命令用于全局自动布线，其操作步骤如下：

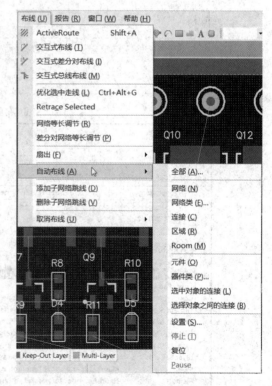

图 3-4-48　布线菜单命令

第一步：单击菜单栏中"布线"→"自动布线"→"全部"命令，系统将弹出"Situs 布线策略"对话框。在该对话框中可以设置自动布线策略。

第二步：选择一项布线策略，然后单击"Route All"(布线所有)按钮，即可进入自动布线状态。

光控广告灯 PCB 板选择"Default 2 Layer Board"(默认双面板)布线策略。布线过程中将自动弹出"Messages"(信息)面板，如图 3-4-49 所示，提供自动布线的状态信息。从最后两条提示信息可见，此次自动布线布通率 99%(还有 1 条导线没有布通)。

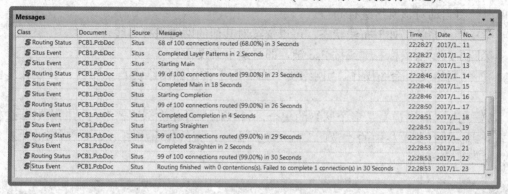

图 3-4-49　Messages 面板

第三步：全局布线后的 PCB 板效果如图 3-4-50 所示。

当元器件排列比较密集，或者布线规则设置过于严格时，自动布线可能不会完全布通，即使完全布通的 PCB 仍会有部分网络走线不合，存在如绕线过多、走线过长等问题，此时需要采用手动布线方式进行调整。

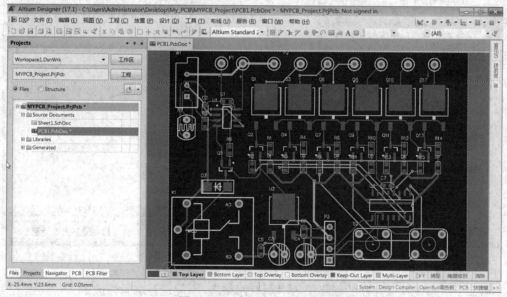

图 3-4-50　全局布线后的效果

 敲黑板

一个走线非常美观、规范的电路板，通常都是采用全局手动布线方式。

即使选用自动布线中不同的布线策略，都会有很多线路走得不合理，或者无法全部布通。比如，图 3-4-50 所示，U3 的第 8 脚 12V 网络与其第 4 脚边的 R3 的 12 V 网络没有布通，全局中的 VCC 网络走线太绕，全局中的 GND 网络走线不合理等。

② "网络"命令操作。"网络"命令用于为指定的网络自动布线，其操作步骤如下：

第一步：在规则设置中对该网络布线的线宽进行合理的设置。

第二步：执行菜单栏中的"布线"→"自动布线"→"网络"命令，此时鼠标指针将变成十字形状。移动鼠标指针到该网络上的任何一个电气连接点(飞线或焊盘处)，单击，此时系统将自动对该网络进行布线。

第三步：系统仍处于布线状态，可以继续对其他的网络进行布线。

第四步：单击鼠标右键或按 Esc 键，即可退出该操作。

③ "网络类"命令操作。"网络类"命令用于指定的网络类自动布线，其操作步骤如下：

第一步："网络类"是多个网络的集合，可以在"对象类浏览器"对话框中对其进行编辑管理。执行菜单栏中的"设计"→"类"命令，系统弹出如图 3-4-51 所示的"对象类浏览器"对话框。

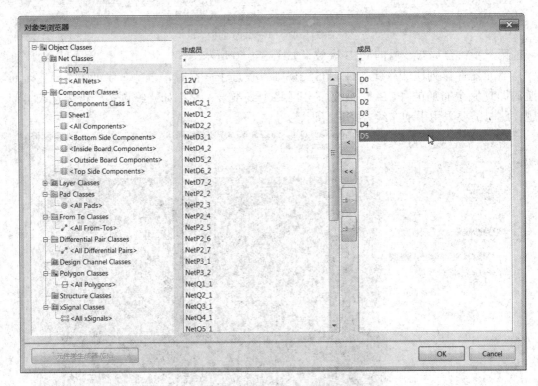

图 3-4-51　"对象类浏览器"对话框

第二步：系统默认存在的网络类为"所有网络"，不能进行编辑修改。

针对光控广告灯 PCB 板，在原理图设计中绘制了总线，并在总线上添加了一个网络，从原理图导入 PCB 后，自动将总线的入口网络 D1～D5 封装导成了 D[0…5]网络类，如图 3-4-51 所示。

第三步：将 6 个 N-MOS 的源极引脚上的网络创建为 OUT[0…5]。在对象类浏览器对话框的树状结构中鼠标右键单击 Net Classes，在弹出的选项中再单击添加类，并重命名为 OUT[0…5]。在对话框中间的非成员区将 Net P2_2～Net P2_7 分别进行双击或整体选取单击右侧的向右方向单箭头，此时 6 个网络名将移动到成员区下，如图 3-4-52 所示。单击"OK"按钮，一个新的网络类就创建好了，这个网络类在 PCB 规则及约束编辑器对话框下也可以使用。

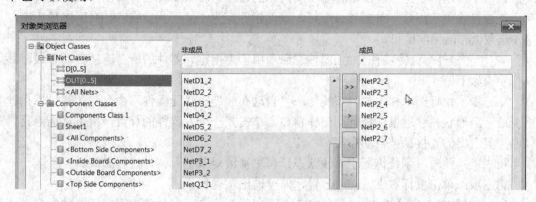

图 3-4-52 创建好的 OUT[0...5]网络类

第四步：执行菜单栏中的"布线"→"自动布线"→"网络类"命令后，如果当前文件中没有自定义的网络类，系统会弹出提示框，提示没有找到网络类；否则系统会弹出"Choose Objects Class"(选择对象类)对话框，列出当前文件中所有的网络类。这里，在列表中选择 OUT[0...5]网络类，单击"确定"按钮后，系统即将该网络类内的所有网络自动布线。

第五步：在自动布线过程中，所有布线器的信息和布线状态、结果会在"Messages"面板中显示出。布线结束后，"Choose Objects Class"(选择对象类)对话框再次弹出，可继续选择布线，也可直接关闭对话框结束布线。

④ "连接"命令操作。"连接"命令用于为两个存在电气连接的焊盘进行自动布线，其操作步骤如下：

第一步：如果对该段布线有特殊的 PCB 规则约束要求，则应该先在布线规则中对该段线进行相关设置。

第二步：执行菜单栏中的"布线"→"自动布线"→"连接"命令，此时鼠标指针将变成十字开状。移动鼠标指针到工作窗口，单击两点之间的飞线或单击其中的一个焊盘，此时系统将自动选择两点之间的连接，在该两点之间布线。

第三步：这时，系统仍处于布线状态，可以继续对其他的连接进行布线。

第四步：单击鼠标右键或按 Esc 键，即可退出该操作。

⑤ "区域"命令操作。"区域"命令用于完整包含在选定区域内的连接自动布线，其操作步骤如下：

第一步：执行菜单栏中的"布线"→"自动布线"→"区域"命令，此时鼠标指针变成十字形状。

第二步：在工作窗口中单击确定矩形布线区域的一个顶点，然后移动鼠标指针到合适的位置，再次单击该矩形区域的对角顶点。此时，系统将自动对该区域进行布线。

第三步：这时，系统仍处于放置矩形状态，可以继续对其他区域进行布线。

第四步：单击鼠标右键或按 Esc 键，可退出该操作。

⑥ "Room"(空间)命令操作。"Room"(空间)命令用于为指定 Room 类型的空间内的连接自动布线。

该命令只适用于完全位于 Room 空间内部的连接，即 Room 边界线以内的连接，不包括压在边界线上的部分。单击该命令后，鼠标指针变为十字形状，在 PCB 工作窗口中，单击选取 Room 空间即可。

⑦ "元器件"命令操作。"元器件"命令用于为指定元器件的所有连接自动布线，其操作步骤如下：

第一步：执行菜单栏中的"布线"→"自动布线"→"元器件"命令，此时鼠标指针将变成十字形状。移动鼠标指针到工作窗口，单击某一个元器件的焊盘，所有从选定元器件的焊盘引出的连接都被自动布线。

第二步：此时，系统仍处于布线状态，可以继续对其他元器件进行布线。

第三步：单击鼠标右键或按 Esc 键，即可退出该操作。

⑧ "器件类"命令操作。"器件类"命令用于为指定元器件类内所有元器件的自动连接自动布线，其操作步骤如下：

第一步："器件类"是多个元器件的集合，可以在"对象类浏览器"对话框中对其进行编辑管理。执行菜单栏中的"设计"→"类"命令，系统将弹出该对话框。

第二步：系统默认存在的元器件类为 All Components(所有元器件)，不能进行编辑修改。用户可以使用元器件类生成器自行建立元器件类(操作方法参考网络类的建立)。另外，在放置 Room 空间时，包含在其中的元器件也自动生成一个元器件类。

第三步：执行菜单栏中的"布线"→"自动布线"→"器件类"命令后，系统将弹出"Select Objects Class"(选择对象类)对话框。在该对话框中包含当前文件中的元器件类别列表。在列表中选择要布线的元器件类，系统即将该元器件内所有元器件的连接自动布线。

第四步：单击鼠标右键或按 Esc 键，即可退出该操作。

⑨ "选中对象的连接"命令。"选中对象的连接"命令用于为所选元器件的所有连接自动布线。单击该命令之前，要先选中欲布线的元器件。

⑩ "选择对象之间的连接"命令。"选择对象之间的连接"命令用于为所选元器件之间的连接自动布线。单击该命令之前，要先选中欲布线的元器件。

📋 敲黑板

　　　　在菜单栏中的"布线"命令下有"扇出"命令和"取消命令"。两个子命令下还有第三级命令，第三级命令中的命令内容与自动布线命令下的命令非常类似。其扇出命令下的命令全部是针对某特定命令下执行扇出操作，而取消布线命令下的命令是针对某特定命令下已执行自动布线的状态进行拆除布线。

2. 手工调整布线

布线是在板上通过走线和过孔来连接元器件的过程。Altium Designer 通过先进的交互式布线工具以及 Situs 拓扑自动布线器来简化这项工作，只需轻触一个按钮就能对整个板或其中的部分进行最优化布线。

自动布线器提供了一种简单而有效的布线方式。但在有些情况下，设计者需要精确地控制布线，使板子更加美观实用，则可以手动为部分或整块板布线。

在 PCB 上的线是由一系列的直线段组成的。每一次改变方向即是一条新线段的开始。

📽 **敲黑板**

布线时请记住以下几点：

(1) 单击或按 Enter 键来放置线到当前光标的位置。状态栏显示的检查模式代表未被布置的线，已布置的线将以当前层的颜色显示为实体。

(2) 在任何时间可以使用 Ctrl + 单击来自动完成连线。起始和终止引脚必须在同一层上，并且连接上没有障碍物。

(3) 使用 Shift + 空格键来改变线的角度模式。角度模式包括任意角度、45 度拐角、弧度 45 度拐角、90 度拐角和弧度 90 度拐角。按空格键可以在每一种的开始和结束两种模式间切换。

(4) 在任何时候按 End 键可以刷新屏幕。

(5) 在任何时间使用快捷键 V→F 重新调整屏幕以适应所有对象。

(6) 在任何时间按 PgUp 或 PgDn 键可以光标位置为中心来缩放视图。按 Ctrl 键，使用鼠标滑轮可进行放大和缩小。

(7) 当用户完成布线并希望开始一新的布线时，单击鼠标右键或按 Esc 键。

(8) 为了防止连接了不应该连接的引脚，Altium Designer 将不断地检查板的连通性，并防止用户在连接方面的失误。(在优选项下需将"在线 DRC"复选框勾选上。)

(9) 重布线是非常简便的，当用户布置完一条线并单击鼠标右键完成时，冗余的线段会自动清除。(可在优选项下修改线段冗余。)

(10) 在进行交互式布线时，按"Shift + Ctrl + 鼠标滑轮"(或按键盘中的"*"号键，切记是计算器数字键盘区中的*)可以在不同的信号层之间切换，这样可以完成不同层之间的走线。在不同的层间进行走线时，系统将自动为其添加一个过孔。

(11) 在交互式布线时，建议将优选项对话框 PCB Editor 下的 General 中"智能 TrackEnds"复选框取消。如果勾选后，每布置完一段导线，布线自动退出操作，又得重新执行 P→T 命令才能进入布线状态。

(12) 在 PCB 设计中，建议将优选项对话框 PCB Editor 下的 General 中"铺铜修改后自动重铺"复选框勾选。如果没有勾选，每次需要修改铺铜属性参数后，已铺设好的铺铜不会重新按规则进行变更。

(13) 根据布线的实际应用情形，可将板级选项对话框(按快捷键 O→D)下的"捕捉到目标热点"勾选或取消。

(14) 建议在 Altium 系统中将光标类型设置为 90 度大光标。

(15) 建议关闭浮动状态栏(按 Shift + H 组合键)。

交互式布线并不是简单地放置线路使得焊盘连接起来。可通过执行菜单栏中的"布线"→"交互式布线"命令(按快捷键 U→T)或"放置"→"走线"命令(按快捷键 P→T)，或单击布线工具栏中交互式布线 ✐ 按钮，或在右键菜单中单击"交互式布线"。交互式布线工具能直观地帮助用户在遵循布线规则的前提下取得更好的布线效果，包括跟踪光标确定布线路径、单击实现布线、推开布线障碍或绕行、自动跟踪现在连接等。

在布线过程中，也就是执行了交互式布线命令。处于布线状态下，按"～"快捷键可调出快捷键列表，如图 3-4-53 所示。

Help	F1
Edit Trace Properties	Tab
Suspend	Esc
Commit	Enter
Undo Commit	BkSp
Autocomplete Segments To Target (Ctrl+Click)	
✓ Look Ahead Mode	1
Toggle Elbow Side	Space
Cycle Corner Style	Shift+Space
Toggle Routing Mode	Shift+R
Toggle Follow Mouse Trail Mode	5
Toggle Loop Removal	Shift+D
Show Clearance Boundaries	Ctrl+W
Choose Favorite Width	Shift+W
Choose Favorite Via Size	Shift+V
Cycle Track-Width Source	3
Cycle Via-Size Source	4
Next Layer	Num +
Next Layer	Num *
Previous Layer	Num -
Switch Layer For Current Trace	L
Add Fanout Via and Suspend	/
Add Via (No Layer Change)	2
Change routing Via Start/End layers	6
Next Routing Target	7

图 3-4-53　快捷键列表

在交互式布线过程中，用户可以随时使用快捷键。在下面的介绍中会讲解各快捷键的用法。

下面开始进行光控广告灯 PCB 板的手动布线操作，先将自动布线后的光控广告灯 PCB 板进行全部取消。(在 PCB1.PcbDoc 处于打开情况下，执行"工具"→"取消布线"命令，即可取消已布好的线。)

(1) 放置走线。当进入交互式布线模式后，光标便会变成十字准线，单击 U13 的 15 脚(D0 网络)，焊盘开始布线。当单击线路起点时，当前的模式就在状态栏或者浮动状态栏(如果开启此功能)显示，此时向所需放置线路的位置单击或按 Enter 键放置线路。把光标的移动轨迹作为线路的引导，布线器能在最少的动作下完成所需的线路布置，如图 3-4-54(a)所示。

光标引导线路使得需要手工绕开阻隔的操作更加快捷、容易和直观。也就是说，只要设计者用鼠标创建一条线路路径，布线器就会试图根据该路径完成预布线，这个过程是在遵循设定的设计规则和不同的约束及走线拐角类型下完成的。按下空格键以改变拐角后的效果如图 3-4-54(b)所示。

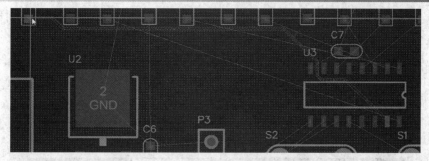

(a) 45 度拐角的效果

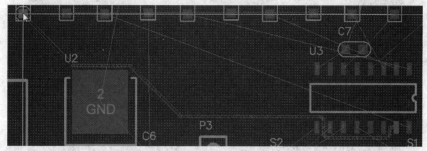

(b) 按下空格键后 45 度拐角的效果

图 3-4-54 鼠标轨迹预布线效果

📝 敲黑板

　　在没有障碍的位置布线，布线器一般会使用最短长度的布线方式。如果在这些位置用户要求精确控制线路，只能在需要放置线路的位置单击。

　　在较长距离的布线轨迹且有障碍时，通常只有 45 度和 90 度才能布通。其他模式走线只能靠精确控制线路的方式来进行布线。

　　如图 3-4-54 所示，轨迹预布线非常不理想，这是由于两点连接的距离太过长。因此，在长距离的布线的过程中，在需要放置线路的地方单击然后继续布线，这使得软件能精确根据用户选择的路径放置线路。如果距离较短，使用轨迹预布线(为阴影的导线)后执行单击确定导线放置还是非常便捷的。如图 3-4-55 所示，通过手动单击来确定布线路径位置(此时导线为实心)，一段一段固定后形成的布线效果，共需 6 个单击点，导线使用了圆弧 45 度任意拐角模式。

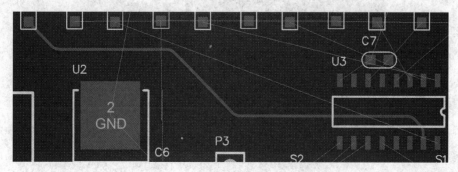

图 3-4-55 单击多点精确控制线路布线效果

在交互式布线过程中，对于单击确定好的线段，发现路径不适合时，可按 Backspace(退格)键，撤销放置好的线段，线段将自动变成轨迹预布线模式。

在交互式布线过程中，按 Shift＋空格组合键可以控制不同的拐角类型，如图 3-4-56 所示。当优选项对话框的 PCB Editor 中 Interactive Routing 下的限制为 90/45 复选框没有勾选时，圆弧拐角和任意角度就可用。

弧形拐角的弧度可以通过快捷键"，"(逗号)或"．"(句号)进行增加或减小。使用 Shift＋"．"快捷键或 Shift＋"，"快捷键则以 10 倍速度增加或减小控制。

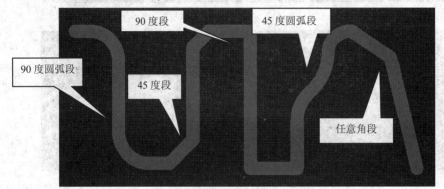

图 3-4-56　不同的拐角类型线路

(2) 连接飞线自动完成布线。在交互式布线中可以通过 Ctrl＋单击操作对指定连接飞线自动完成布线。这比单独手放置每条线路效率要高得多，但本功能有以下两方面的限制。

① 起始点和结束点必须在同一个板层内。

② 布线以遵循设计规则为基础。

Ctrl＋单击操作可直接单击布线的焊盘，无需预先对在选中的对象情况下完成自动布线。对部分已布线的网络，只要用 Ctrl＋单击焊盘或已放置的线路，便可以自动完成剩下的布线。图 3-4-57(a)所示为长距离、多障碍的 D1 网络布线效果，导线形成了多处环绕，并影响到 U3 其他引脚的导线引出。图 3-4-57(b)所示为短距离、无阻碍的自动布线效果。

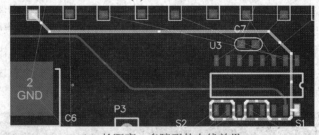

(a) 长距离、多障碍的布线效果

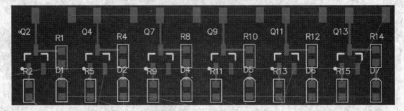

(b) 短距离、无障碍的布线效果

图 3-4-57　Ctrl＋单击自动布线效果

图 3-4-57(a)所示中，D1 网络线为高亮状态，使用了网络选取功能。该功能快捷键为 S→N(只选中某单击后的所有同名网络)，在 S 快捷键菜单中还提供了很多二级命令，比如，S→B(选中电路板上所有对象)、S→P(只选中某单击后连接在一起的铜膜)等。

使用快捷键 S→N 或 S→P 命令，可快捷删除被选中的所有网络或连接在一起的铜膜导线，或修改被选中对象的属性。在图 3-4-57(a)所示状态中，按 Delete 键，可将高亮显示的 D1 网络导线删除；或单击选择某一对象或某一线段，再按 Delete 键，同样可删除选中的对象。

📑 **敲黑板**

 Ctrl + 单击自动布线的功能只支持 45 度和 90 度拐角，不支持任意角度和圆弧角度。并且此功能不适宜长距离线导或障碍物过多的情况下自动布线。

按照上述操作方法，将 D1~D4 网络布线完成，采用 45 度圆弧拐角模式，如图 3-4-58 所示。布线过程中，难免还会根据实际应用情形调整元器件布局。比如，C7 元器件在走线时，发现布局位置不合理，需重新调整。

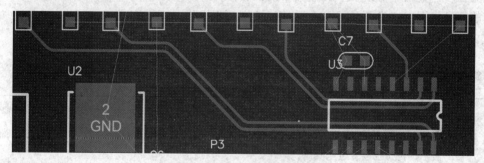

图 3-4-58　D0~D4 网络布线效果

(3) 布线中添加过孔和切换板层。在 Altium Designer 交互布线过程中可以添加过孔。过孔只能在允许的位置添加，软件会阻止在产生冲突的位置添加过孔(冲突解决模式选为"忽略冲突除外")。

① 添加过孔并切换板层。在布线过程中，按数字键盘的"*"或"+"键添加一个过孔并切换到下一个信号层，按"–"键添加一个过孔并切换到上一个信号层。该命令遵循布线层的设计规则，也就是只能在允许布线层中切换，单击确定过孔位置后可以继续布线。

② 添加过孔而不切换板层。按 2 键添加一个过孔，但仍保持在当前布线层，单击以确定过孔位置。

③ 添加扇出过孔。按数字键盘中的"/"键为当前走线添加过孔，单击以确定过孔位置。用这种方法添加过孔后将返回原交互式布线模式，可以马上进行下一处网络布线。本功能在需要放置大量过孔(如在一些需要扇出端口的器件布线中)时能节省大量的时间。

④ 布线中的板层切换。当在多层板上的焊盘或过孔布线时，可以通过快捷键 L 把当前线路切换到另一个信号层。本功能在当前板层无法布通而需要进行布线层切换时可以起到很好的作用。

⑤ PCB 板的单层显示。在 PCB 设计中，如果显示所有的层，有时会显得比较零乱，则需要单层显示；仔细查看每一层的布线情况，按 Shift + S 组合键就可以单层显示(其他层对象灰度显示)，选择哪一层的标签就显示哪一层；在单层模式下，再按 Shift + S 组合键(其他层对象不显示)可回到多层显示模式。

按上描述，D5 网络的布线操作如下：

第一步：在交互式布线状态下，单击 U3 的 4 脚，将鼠标指针移出到引脚外边后按"*"快捷键(如果是笔记本电脑，需要使用 Fn + P 键才能完成，部分笔记本键盘可能不兼容此功能)，将在鼠标中心下方出现一个过孔，此过孔遵循电气设计规则。可按 Tab 键，查看并修改过孔的属性，修改时也必须遵循电气设计规则中设置的参数，如有违反，过孔属性对话框中将弹出提示信息框；已经"违反"时，请在对话框中单击相应的约束项，进行电气规则设计中修改相应的约束项即可。

第二步：单击鼠标或按 Enter 键，确定过孔的固定位置。然后移动鼠标指针时，发现已切换到底层，且导线从过孔处引出，如图 3-4-59(a)所示，移动鼠标指针到 R15 的 D5 网络引脚边缘。

第三步：此时，导线在 PCB 板的底板，而 R15 在 PCB 板的顶层。要将顶层的导线与顶层的焊盘接通，必须再放置一个过孔，按上两步操作，即可完成 D5 网络的布线，如图 3-4-59(b)所示。

 敲黑板

> 在导线是按鼠标轨迹预布线的情况下，按"*"键，过孔的位置将处在第一个预布线的拐弯处；再按"*"键，可将预布线上的过孔撤销；然后以单击方式固定导线的准备位置后，再执行放置过孔操作。

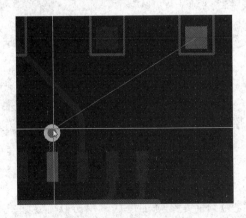 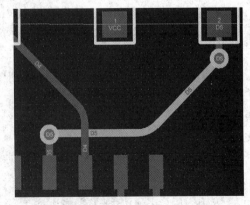

(a) 放置过孔　　　　　　　　　　　　(b) 完成走线

图 3-4-59　D5 网络的布线

图 3-4-59(a)所示中，只有被欲布线的网络为高亮显示，这个亮度可通过工作窗口右下角的掩膜级别标签设置，如图 3-4-60 所示。"掩膜对象因子"选项中值越小，没有选中布线的对象将越暗；"高亮对象因子"选项中值越小，已选中布线的对象将越暗。

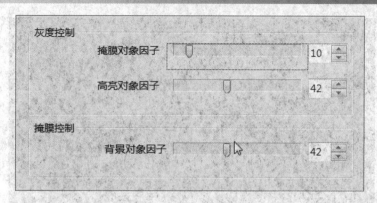

图 3-4-60　掩膜级别设置

(4) 布线冲突。布线工作是一个在已有的元器件焊盘、走线、过孔之间放置新的线路的复杂过程。在交互式布线过程中，Altium Designer 具有处理布线冲突问题的多种方法，从而使得布线更加快捷，同时使线路疏密均匀、美观得体。

这些处理布线冲突的方法可以在布线过程中随时调用，通过 Shift + R 组合键对所需的模式进行切换(布线时，在状态栏下可查看当前的模式)。

在交互式布线过程中，如果使用推挤或紧贴、推开障碍模式试图在一个无法布线的位置布线，线路端将会给出提示，告知用户该线路无法布通，如图 3-4-61 所示。

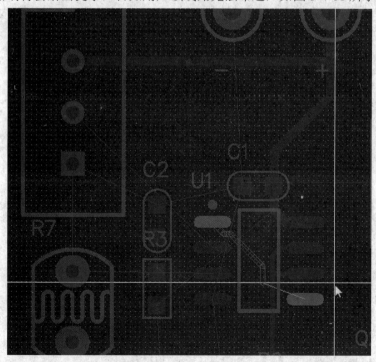

图 3-4-61　U1 的 NetU1_1 网络无法布通线路的提示

① 忽略障碍物(Ignore Obstacles)。该模式下软件将直接根据光标走向布线，不会发生任何冲突阻止布线。用户可以自由布线，冲突将以高亮显示(优选项对话框中在线 DRC 复选框被勾选时)，如图 3-4-62 所示。

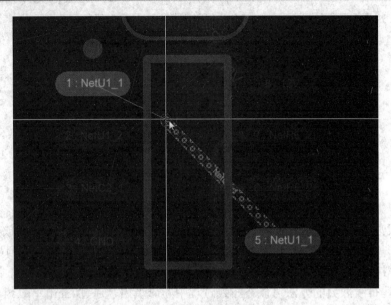

图 3-4-62　忽略障碍物

② 推挤障碍物(Push Obstacles)。该模式下软件将根据光标的走向推挤其他对象(走线和过孔)，使得这些障碍与新放置的线路不发生冲突，如图 3-4-63 所示。如果冲突对象不能移动(被锁定)或经移动后仍无法适应新放置的线路，线路将贴近最近的冲突对象且显示阻碍标志。

推挤障碍物将无法推挤圆弧性质对象。

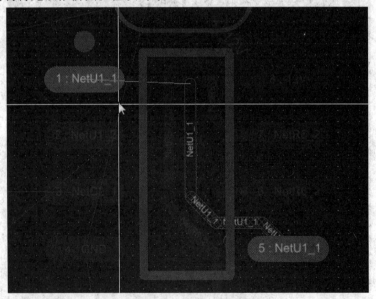

图 3-4-63　推挤障碍物

③ 围绕障碍物走线(Walkaround Obstacles)。该模式下软件试图跟踪光标路径绕过存在的障碍，它会根据存在的障碍来寻找一条绕过障碍的布线方法，如图 3-4-64 所示。

围绕障碍物的走线模式依据障碍实施绕开的方式进行布线，该方法有以下两种紧贴障碍模式：最短长度→试图以最短的线路绕过障碍；最大紧贴→绕过障碍布线时保持线路紧贴现存的对象。

这两种紧贴模式在线路拐角处遵循之前设置拐角类型的原则。

如果放置新的线路时冲突对象不能被绕开，布线器将在最近障碍处停止布线。

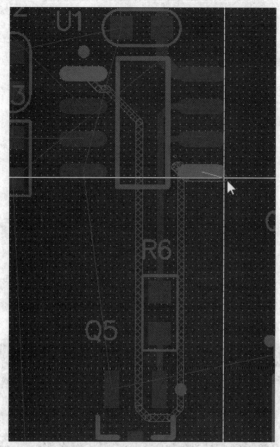

图 3-4-64　围绕障碍物走线

④ 在遇到第一个障碍物时停止(Stop At First Obstacles)。该模式在布线路径中遇到第一个障碍物时停止。

⑤ 紧贴并推挤障碍物(Hug And Push Obstacles)。该模式是围绕障碍物走线和推挤障碍物两种模式的结合。软件会根据光标的走向绕开障碍物，并且在仍旧发生冲突时推开障碍物。它将推开一些焊盘甚至是一些已锁定的走线和过孔，以适应新的走线。

如果无法绕行和推开障碍物来解决新的走线冲突，布线器将自动紧贴最近的障碍物并显示阻塞标志，如图 3-4-65 所示。

⑥ 冲突解决方案的设置。在首次布线时应对冲突解决方案进行设置，在优先项对话框中 PCB Editor 下的 Interactive Routing 项中的布线冲突方案区域修改。该对话框中设置的内容将取决于最后一次交互式布线时使用的设置。

与之相同的设置可以在交互式布线时按 Tab 键弹出的 Interactive Routing For Net 对话框中进行访问，如图 3-4-65 所示。

图 3-4-65　按 Tab 键弹出的交互式布线设置对话框

　　根据上述四大项交互式布线功能，可将光控广告灯 PCB 板中所有未连接的导线(使用
45 度拐角模式)全部布线完成。布线后的效果如图 3-4-66 所示，图示中将所有 GND 网络
名全部隐藏了。

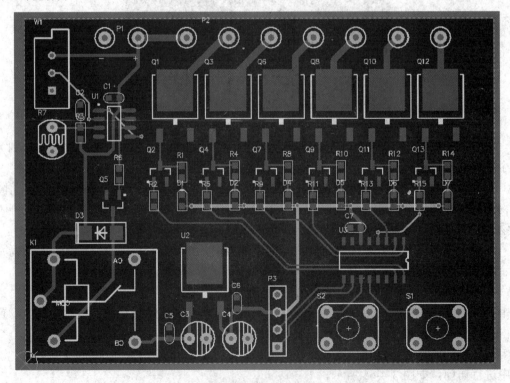

图 3-4-66　手动布线后的光控广告灯 PCB 板

敲黑板

	通常电源网络与 GND 网络安排在最后进行布线。电源网络和 GND 网络在一个电路板上分布在各处，如果提前布好了，会干涉到其他信号的布线。 如果一个电路板上的电源网络和 GND 网络飞线过多，可使用快捷键 N，在弹出的菜单项中单击"隐藏连接"→"网络"，鼠标指针变成十字光标后，再单击需要被隐藏的焊盘网络，此时所有同名网络的飞线将被隐藏起来。这样在整体设计区中，可减少不必要的干扰。将所有信号线的飞线布置完成后，再通过快捷键 N，在弹出的菜单项中单击"显示连接"→"全部"，此时，PCB 编辑器中所有被隐藏的同名网络的飞线将全部显示出来。 导线的移动与原理图的操作方式相似，选中导线后，可使用快捷键 M→M(移动)和 M→D(拖动)两种方式进行移动。除了快捷命令外，还可以使用鼠标进行移动。在选中一段导线后，光标在导线上的不同位置能显示三种状态，分别是 ✛(拖动)、↔(延伸)和 ⬍(分散直线)。

(5) 交互式布线中的线路长度调整。在布线过程中，如果一些特殊因素(如信号的时序)需要考虑，精确控制线路的长度，Altium Designer 能提供对线路长度更直观的控制，使用户能更快地达到所需的长度。目标线路的长度可以从长度设计规则或现有的网络长度中手工设置(PCB 规则及约束编辑器对话框的 High Speed 项下的 Length 中的约束项进行设置)。Altium Designer 以此增加额外的线段使其达到预期的长度。

在交互式布线时，可通过 Shift + A 组合键进入线路长度调整模式。一旦进入该模式，线路便会随光标的路径呈折叠形以达到设计规则设定的长度(如图 3-4-67 所示)。在 Interactive Length Tuning 对话框中(如图 3-4-68 所示)，用户可以对线路长度、折叠的形状等进行设置。在线路长度调整时按 Tab 键打开该对话框，按 Shift + G 组合键显示长度调整的标尺(如图 3-4-69 所示)。本功能更直观地显示出线路长度与目标对象之间的接近程度，有当前长度(左下方)、期望长度(右上方)和阈值(中心与右进度条之间)三个值。如果进度条变成红色，则表示长度已超过阈值。

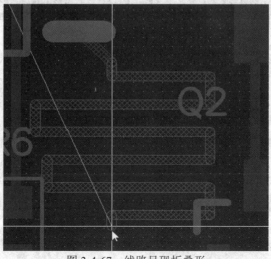

图 3-4-67　线路呈现折叠形

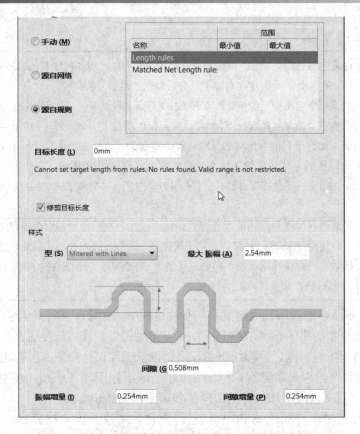

图 3-4-68　交互式长度调整设置对话框

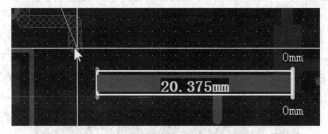

图 3-4-69　长度调整的标尺

当按需要调整好线路长度后，建议锁定线路，以免在布线推挤障碍物模式下改变其长度。执行"编辑"→"选中"→"网络"菜单命令(或按快捷键 S→N)，单击选中网络，右键菜单中选择"查找相似对象"，将 Object Kind 和 Net 两项的选项修改为 Same，单击"确定"按钮后，打开 PCB Inspector 面板并选中 Locked 复选框，完成锁定功能。

(6) 修改已布线的线路。电路板布线是一项重复性非常大的工作，常常需要不断地修改已布线的线路。这就要求所有布线修改工具来完善交互式布线。Altium Designer 具有相应的功能提供给用户，包括重新定义线路的路径及拖动线路，为其他线路让出空间。

软件对线路的修改主要包括环路移除和拖拽功能，它们对现有线路进行修改非常有用。

① 绘制已布线的线路→环路移除。在布线过程中会经常遇到需要移除原有线路的情

况。除了用拖拽的方法去更改原有的线路外，只能重新布线。重新布线时，在"布线"菜单中单击"交互式布线"命令，单击已存在的线路开始布线，放置好新的线路后再回来原有的线路上。这时，新旧两条线路便会构成一个环路，如图 3-4-70 所示。当按 Esc 键退出布线命令时，原有的线路自动被移除，包括原有线路上多余的过孔，这就是环路移除功能。

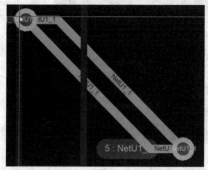
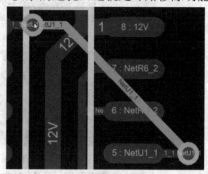

(a) 构成环路后的 NetU1_1 网络　　　　　(b) 环路移除后的效果

图 3-4-70　环路移除演示

②　保护已有的线路。有时环路移除功能会把希望保留的线路移除了，如在放置电源网络线路的时候，这时可以双击 PCB 面板中的网络名称，在编辑网络对话框中取消勾选"移除回路"复选框，如图 3-4-71 所示。

(a) PCB 面板双击 12 V 网络　　　　　(b) 编辑网络对话框中修改设置

图 3-4-71　保护已有的线路设置

③　保持角度的多线路拖拽。重新放置线路并非在所有情况下都是最好的修改线路的方法。例如，当保持原线路 45 度或 90 度拐角的情况下进行修改。单击鼠标的同时按 Shift 键选中要移动的多余线段(这里以光控广告灯 PCB 板中的 Out[0…5]网络上的导线为例)，光标变成图 3-4-72(a)所示的形状；按住鼠标左键移动鼠标，光标变成十字准线的箭头形状，如图 3-4-72(b)所示；拖拽线路到新的地方，这里会发现被拖拽的线路和与之相邻的线路的角度保持不变，即保持着原来的布线风格，如图 3-4-72(c)所示，移动到需要的位置后，放开鼠标左键即可。

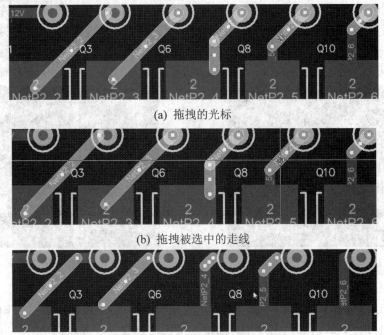

(a) 拖拽的光标

(b) 拖拽被选中的走线

(c) 被选中的走线拖拽到新位置

图 3-4-72　拖动线路

可以先选中要拖拽的线路，然后再对其进行操作，或者用 Ctrl 键＋单击操作直接对线路进行拖拽而无需事先选中。

 敲黑板

> 对线路进行保持角度的拖拽前，先选中线路，有不同的选择对象方法。按 S 键弹出选择子菜单，可从中单击相应的命令对线路进行选取。
>
> 保持角度的拖拽方式，在总线走线的时候，通常都是紧密平行的；对于没有走完的布线，可以单击线头进行智能拖拽，将线头延伸，进行 45 度拐角操作等。

(7) 交互式总线布线。从主菜单栏中"布线"→"交互式总线布线"中调出交互式总线布线命令或单击布线工具栏中的交互式布多根线连接 图标。该命令可以从没进行布线的元器件中引出多根线路，多根线路会自动会聚，如图 3-4-73 所示。

在使用该命令进行多根线布线时，有以下几点技巧。

① 按住 Ctrl 键不放，用鼠标拖动矩形框，以此选中要进行多根线布线的焊盘，而无需对每个焊盘一个接一个地单独选取。

② 多根线布线时，按 Tab 键打开 Interactive Routing 对话框，对总线间距(相邻线路中心到中心的距离)进行设置。

③ 使用快捷键"，"和"．"对多线间距进行交互式增加和减小，调整的步进为当前捕捉栅格的值。

④ 按空格键可以改变末端排列。

⑤ 按"～"键弹出快捷键列表。

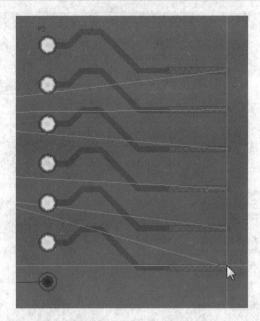

图 3-4-73 交互式总线布线

3. 补泪滴

如图 3-4-74 所示,在导线与焊盘或过孔的连接处有一段过渡,过渡的地方呈泪滴状,所以称它为泪滴。泪滴的作用是:在焊接或钻孔时,避免在导线和焊点的接触点出现应力集中而使接触处断裂,从而让焊盘和过孔与导线的连接更牢固。

(a) Curved 形式

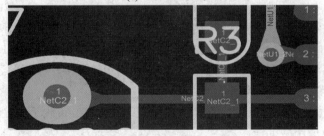

(b) Line 形式

图 3-4-74 泪滴的 Curved 和 Line 两种形式

放置泪滴的步骤如下:

第一步:执行"工具"→"滴泪"菜单命令,弹出如图 3-4-75 所示的泪滴设置对话框。

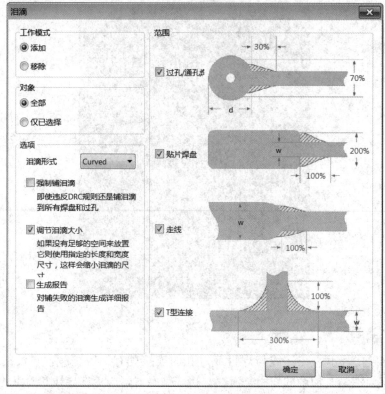

图 3-4-75　泪滴设置对话框

第二步：在工作模式区域中选择"添加"，可为 PCB 板添加泪滴；选择"移除"，可为 PCB 板中已添加的泪滴进行移除。

第三步：在对象区域中选择"全部"，可为对话框中右侧范围中的参考图样所勾选的对象进行泪滴操作；选择"仅已选择"，只对 PCB 板选择的对象进行泪滴操作。

第四步：在选项区域下的"泪滴形式"下拉列表框中有两种形式可选(Curved 和 Line)。

第五步：在范围区域中可针对 PCB 板中具体的元素进行设置，包含添加泪滴的百分比等。

第六步：单击"确定"按钮，系统将自动按放置的方式放置泪滴。

4. 放置填充

光控广告灯 PCB 板中不放置任何泪滴。对于大电流区域的电源网络和 MOS 管输出网络，通过手动加粗布线的方式来保证电流的通过率。在加粗布线线宽时，可能会违反线宽的设计规则，可以使用环形线的形式，在一个网络上绘制多根平行的导线，或放置填充的方式。放置填充的操作步骤如下：

第一步：执行主菜单命令"放置"→"填充"，或单击布线工具栏中的放置填充 ▥ 图标，鼠标指针变成十字准线。

第二步：将指针移到需要放置填充的区域，比如 12 V 电源网络上，单击一个点，确定填充的顶点；移动鼠标指针后再单击一个点，确定填充的对角终点，放置完成。

第三步：此时，鼠标仍处于放置填充状态，单击鼠标右键或按 Esc 键，可退出该操作。

双击放置好的填充，可填充属性对话框，在对话框中可设置尺寸、层和所属网络。

接下来使用环形线绘制加粗电源网络线。

第四步：执行 D→O 快捷键命令，在板级选项对话框中将"捕捉到目标热点"复选框取消勾选；再使用 P→T 快捷键命令，开始交互式布线。此时，鼠标指针移动到焊盘边缘上，不会跳转到焊盘中心上。这样就能在任意位置上进行布线。

第五步：使用 90 度拐角模式，在 12 V 电源网络入口处进行顶层和底层的实心包裹。在 6 个 MOS 管的输出端使用任意角度手动添加泪滴形状的布线，如图 3-4-76 所示。

图 3-4-76　放置填充并手动加粗布线

敲黑板

　针对端口加粗走线，对端口焊盘采用手动泪滴方式，能设计出更多的余量。

5. 放置安装孔

在低频电路中，可以放置过孔或焊盘作为安装孔。执行"放置"→"过孔"命令，进入放置过孔，按 Tab 键弹出过孔属性对话框，如图 3-4-77 所示。

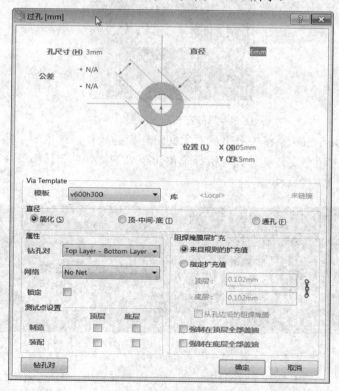

图 3-4-77　过孔属性对话框

敲黑板

> 安装孔通常是固定电路板于外接或包装壳内用的。安装孔可以采用机械层进行切割(孔边缘无铜膜),也可以使用过孔或焊盘进行钻孔(孔边缘有铜膜)。
>
> PCB 板设计中,通常都是在设计板边框线时就会一起将安装孔放置好,在元器件布局时,元器件就会对安装孔远离放置。如果在电路板进行布线结束后再来放置安装孔,那么可能会需要重新布局元器件和布线。

光控广告灯项目,根据选择的外壳需要两个安装孔。两个安装在 PCB 板边的正中心,安装孔中心距离板边 4 mm,外壳中的螺丝孔直径为 3 mm,外径为 6 mm。

将过孔直径修改为 6 mm,将过孔的孔直径修改为 3 mm,单击"确定"按钮。将过孔放在 PCB 的(4,25)和(66,25)上,退出放置操作。此时,右边的过孔已干涉到 R14 和 D7,如图 3-4-78 所示,必须对此两个元器件进行重新布局。根据查看,对 6 组 MOS 驱动电路进行向左平移,平移后对交叉的线路重新布线。

将 6 组 MOS 驱动电路框选后,使用快捷键 M→S(移动选中的对象),鼠标指针单击任意选中区域后,按下 Shift + 向左方向键,平移四次后按 Enter 键。根据交错后的布线重新手动布线,最后保存。

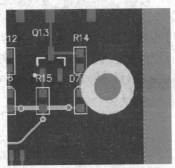

图 3-4-78   安装孔干涉到元器件

在 Altium Designer 系统中提供了对象间可转换的操作。这里演示将两个安装孔过孔转换为焊盘。选中两个安装孔过孔,执行菜单命令"工具"→"转换"→"选择的过孔转换为自由焊盘",如图 3-4-79 所示。

图 3-4-79   过孔转换为自由焊盘

在光控广告灯 PCB 板中,前面所讲的电气规则设置中,有一项关于过孔和焊盘的孔径约束(Manufacturing 规则设置下)。当时并没有为此规则增加 3 mm 孔径,因此在 DRC

编译时会出现不符合规则的地方。建议用户在 PCB 板中不用过孔或焊盘作为安装孔，可采用放置圆或圆弧的形式，将圆或圆弧设计在机械层 1 或禁止布线层上均可。具体操作步骤如下：

第一步：单击主菜单栏中"放置"→"圆"命令，或"放置"→"禁止布线"→"圆"命令，光标为十字形状时，按下快捷键 D→O，将板级选项对话框中的"捕捉到目标热点"复选框勾选后，按 Enter 键。

第二步：将光标移动到安装孔焊盘上，直到找到目标热点。单击鼠标左键，确定圆的中心点，按 Tab 键，将 Layer 选项修改为 Mechanical_1(针对圆弧命令对话框)或 All Layer(针对 Keep-Out 圆弧对话框)。单击"确定"按钮，关闭对话框，鼠标移动到适当位置单击左键，放置好第一个安装孔。

第三步：重复第二步完成第二个安装孔的放置后，单击鼠标右键或按 Esc 键，退出放置模式。

第四步：将两个安装孔焊盘选中，按 Delete 键，删除焊盘。

第五步：分别双击圆弧，将对话框中的半径修改为 3 mm，按 Enter 键，位于非电气层的安装孔放置完成，如图 3-4-80 所示。

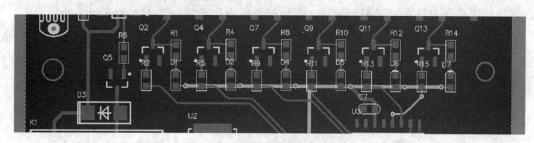

图 3-4-80　非电气层的安装孔

6. 多边形敷铜

在绘制 PCB 图时，"敷铜"就是用导线(铜箔)把 PCB 上空余的、没有走线的部分全部敷满。即"敷铜"是利用由一系列不规则的导线完成电路板内不规则区域的填充。在大多数情况下，用铜箔敷满部分区域和电路的 GND 网络相连。在低信号时，利用"敷铜"接地(特别是单面 PCB)可以提高电路的抗干扰能力。另外，通过大电流的导线通路也可采用"敷铜"来提高过电流的能力。通常，"敷铜"的安全间距应该在一般导线安全间距的 2 倍以上。需要大面积敷铜时，采用实心填充敷铜还是网络敷铜，需要考虑焊接工艺。采用大面积实心填充敷铜，如果过波峰焊时，板子就可能会翘起来，甚至会起泡。所以在过波峰焊时，采用网格敷铜要好些。

下面开始对光控广告灯 PCB 板开始进行敷铜操作，具体步骤如下：

第一步：将隐藏的网络全部显示，执行主菜单栏"视图"→"连接"→"显示所有"命令，或按 N 键在弹出的菜单项中单击"显示连接"→"全部"。此时，在前面隐藏的 GND 网络飞线全部显示出来了。

第二步：执行快捷键 D→R，将 PCB 规则及约束编辑器(电气规则)设置对话框打开。在 Clearance 选项中，将下面除 Clearance 项以外的所有规则全部禁用，如图 3-4-81 所示；并将 Clearance 项中的安全间距修改为 0.7 mm(此项安全间距作为敷铜层对所有对象的，一般设置为 0.3~0.7 mm)，单击"确定"按钮。

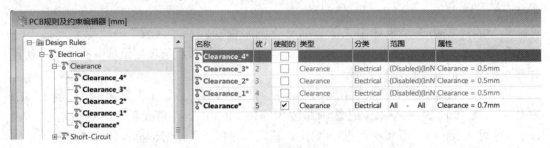

图 3-4-81　电气安全间距规则修改后

第三步：执行菜单栏中的"放置"→"敷铜"命令，或者单击布线工具栏中的放置多边形平面按钮，或使用快捷键 P→G，即可启动放置"敷铜"命令。系统弹出的多边形敷铜对话框，如图 3-4-82 所示。

① "填充模式"选项区用于选择"敷铜"的填充模式，包括"实心(铜皮区域)"、"网格(导线/圆弧)"和"None(仅轮廓)"三个填充模式。针对不同的填充模式，有不同的设置参数选项。可以在对话框中的显示图形区域，直接设置"敷铜"的具体参数。

"实心(铜皮区域)"选项：敷铜区域内为全铜敷设，如图 3-4-82(a)所示，可以设置删除孤立区域敷铜的面积限制值，以及删除凹槽的宽度限制值等。

(a) 实心(铜皮区域)设置选项

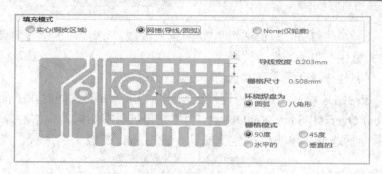

(b) 网格(导线/圆弧)设置选项

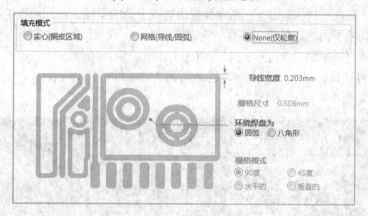

(c) None(仅轮廓)设置选项

图 3-4-82 "多边形敷铜[mm]"对话框

"网格(导线/圆弧)"选项：敷铜区域内采用网格状的敷铜，如图 3-4-82(b)所示，可以设置网格线的宽度、网格的大小、围绕焊盘的形状及网格的类型等。

"None(仅轮廓)"选项：只保留敷铜边界，内部无填充，如图 3-4-82(c)所示，可以设置敷铜边界导线宽度及围绕焊盘的形状等。

② 在"属性"选项区域中，有以下内容：

"层"下拉列表框：用于设定敷铜所属的工作层。

"最小元素长度"文本框：用于设置最小图元的长度。

"锁定元素"复选框：用于选择是否锁定敷铜中的单根线段。

③ "网络选项"区域中，有以下内容：

"连接到网络"下拉列表框：用于选择敷铜连接到的网络。通常连接到 GND 网络。

"Don't Pour Over Same Net Objects(填充不超过相同的网络对象)"选项：用于设置敷铜的内部填充不与同网络的图元及敷铜边界相连。

"Pour Over Same Net Polygons Only(填充只超过相同的网络多边形)"选项：用于设置敷铜的内部填充只与敷铜边界线及同网络的焊盘相连。

"Pour Over All Same Net Objects(填充超过所有相同的网络对象)"选项：用于设置敷铜的内部填充与敷铜边界线，并与同网络的任何图元相连，如焊盘、过孔和导线等。

"移除死铜"复选框：用于设置是否删除孤立区域的敷铜。孤立区域的敷铜是指没有连接到指定网络元器件上的封闭区域内的敷铜，若勾选该复选框，则可以将这些区域的敷铜除去。

第四步：光控广告灯 PCB 板选用"实心(铜皮区域)"选项，板上元器件绝大部分为贴片元器件，批量生产也不需要过波峰焊。

第五步：在属性选项区域中按默认值不变。

第六步：在网络选项区域中将"连接到网络"选择 GND，同时在下面的下拉列表框中选择"Pour Over All Same Net Objects"(填充超过所有相同的网络对象)选项，并勾选"移除死铜"复选框。单击"确定"按钮，此时指针变成十字形状，准备开始"敷铜"操作。

第七步：用指针沿 PCB 的"Keep-Out(禁止布线层)"边界线进行一个闭合的矩形框。单击确定起点后，可通过快捷键 J→L 来定位板边的四个角的坐标。在此过程中可按 Shift＋空格或空格键来切换不同的拐角模式，直至确定矩形的 4 个顶点，然后右键单击退出。

第八步：系统在框线内部自动生成了 Top Layer(顶层)的铺铜。

第九步：再次执行"敷铜"命令，选择层面为 Bottom Layer(底层)，其他设置相同，为底层敷铜，如图 3-4-83 所示。

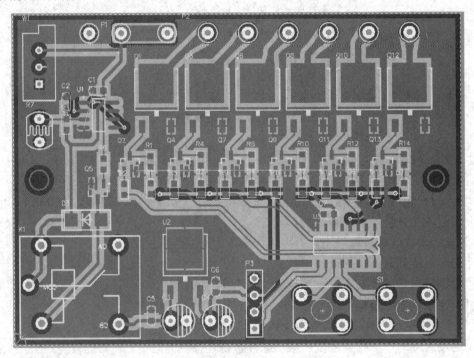

图 3-4-83　敷铜后的光控广告灯 PCB 板

图 3-4-83 所示中，由于电气安全间距设置比较宽，导致 PCB 板中还有几条 GND 网络线没有连接完毕。这些没有连接完毕的网络在同一个层面是无法在当前规则下再布通，可通过手动放置过孔进行上下 GND 网络连接，或手动布线，将没有连接起来的 GND 网络建立共通。另外，敷铜结束后，由于顶层和底层全是属于 GND 网络，主要依靠插件元器件的焊盘进行顶层与底层连接的，可在 PCB 板上的 GND 顶底连接性较少的区域或存在大电流回路的引脚周边，多放置几个 GND 过孔，以帮助顶层和底层更多地接触面积，增加回路电流的通过。过孔放置后，可双击顶层和底层的敷铜层打开属性对话框，再关闭

对话框，敷铜层将会重新自动再铺设一次，再次利用单层显示，可全局观察信号层面的铜箔、过孔及焊盘，最后效果如图 3-4-84 所示。

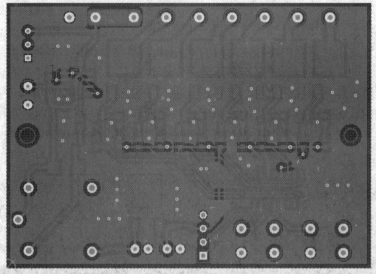

(a) 光控广告灯顶层单层显示

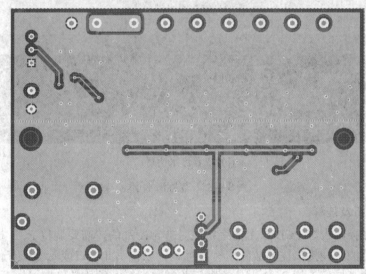

(b) 光控广告灯底层单层显示

图 3-4-84 放置过孔后的光控广告灯 PCB 板

7. 放置"流水槽"

光控广告灯电路中，6 个 MOS 管驱动负载的功率较高，流过铜膜线的电流较大，为了保证能长久运行，需要在 12 V 入口网络及 6 个 MOS 管的驱动网络导线上增加"流水槽"。流水槽事实上是因为 PCB 板上的铜箔线太薄，流过的电流不够大，在铜箔线上增加一段阻焊层的线段，这样该线段就不会被阻焊油墨所覆盖。在生产后的物理电路板上，该段的铜箔与焊盘一样，是裸露可以上锡的。在实际生产，需要对该段导线上锡，增加该段导线的厚度，以满足大电流的通过。具体设置步骤如下：

第一步：使用 L 快捷键，打开视图配置对话框，将 Top Solder 层展示复选框勾选，单击"确定"按钮。

第二步：在 PCB 编辑窗口下方选择 Top Solder 标签，按快捷键 P→L，放置线条。

第三步：将鼠标指针移动到需要放置流水槽的网络导线上，单击一个焊盘，按下 Tab 键，在弹出的线约束对话框中将线宽修改为 0.7 mm，单击"确定"按钮。

第四步：移动鼠标指针到同名网络下的另一个焊盘，单击鼠标左键，固定导线后再单击鼠标右键，退出本次导线的放置。放置过程中可按 Shift + 空格或空格改变拐角模式。

第五步：指针还是在放置导线的状态下，按第四步重复完成余下的流水槽放置工作，按 Esc 键退出放置模式，效果如图 3-4-85 所示。图 3-4-85(a)为放置流水槽前的 3D 显示效果，图 3-4-85(b)为放置流水槽后的 3D 显示效果。

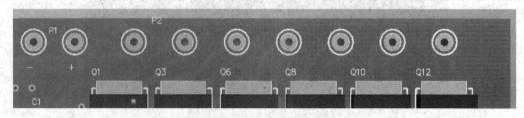

(a) 放置流水槽前

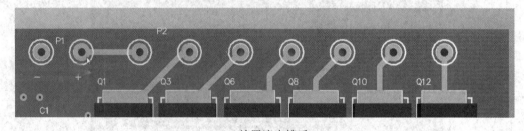

(b) 放置流水槽后

图 3-4-85　放置流水槽

8. 放置字符及注释

到目前，光控广告灯 PCB 板上的字符还是非常凌乱的，需要调整 PCB 板上的字符。同时，电路板上的某些接口需要放置应有的标记，以说明此接口或此引脚有什么特征或功能。根据要求给光控广告灯 PCB 上放置字符并调整字符，具体操作步骤如下：

第一步：单击菜单栏中"放置"→"字符串"命令(按快捷键 P→S)，或单击布线工具栏中放置字符串 **A** 按钮，鼠标上将悬浮一个字符串，可按 Tab 键进行属性修改，如图 3-4-86 所示。

在字符串对话框中图样区域，可设置字符串的高度(Height)、旋转角度和宽度等，根据 PCB 板的放置空间及比例，设置适合大小即可。

在属性文本框中可输入需要放置的字符串，可以是英文，也可以是中文。如果放置中文，字体选项区中必须勾选 True Type 单选框，否则在 PCB 板中将显示不出中文。勾选笔画时，字体名称下拉列表框中提供了"Default"、"Sans Serif"和"Serif"三种可选。三种样式的字体如图 3-4-87 所示。

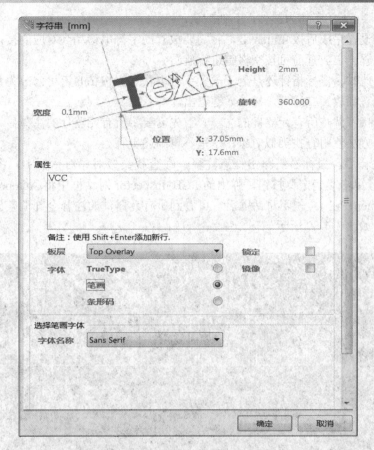

图 3-4-86 "字符串[mm]"对话框

图 3-4-87 字体名称选项下的三种样式

勾选条形码单选框时，可放置一组条形码在 PCB 板上，属性中的文本内容将在条形码的下方一起显示，如图 3-4-88 所示。在该选项下，可设置条形码的尺寸、属性内容显示/隐藏、反向显示和字体等。

图 3-4-88 条形码样式

勾选 True Type 单选框时，可修改字符串的为显示反向、字体等。这里选择 True

Type，高度为 2 mm，字体为黑体，其他默认。

第二步：设置完成后按 Enter 键，将需要放置的字符串移动到对应的接口处，单击鼠标左键即可放置。在放置前可按空格键进行旋转。

第三步：此时，鼠标指针还是处于放置字符串状态，按 Tab 键可修改为其他字符串，可继续放置。直到放置完成后，按 Esc 键退出。

第四步：接着调整所有元器件的注释，首先需要将所有元器件的注释显示出来，并全部选中。操作方法使用查找类似对象，这里不再细述步骤。

显示出注释后，鼠标右键单击任意注释，在查找类似对象对话框中，将 Component 选择为 Same，单击"确定"按钮。弹出的 PCB Inspector 对话框中将 Autoposition 后的选项修改为 Center(中心)。关闭对话框后，可看到所有元器件的注释全部调整放置在元器件的中心位置，如图 3-4-89 所示。

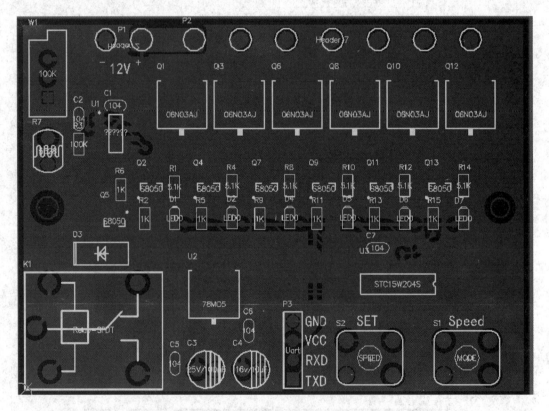

图 3-4-89　注释放置在元器件中心后的效果

第五步：接下来需要手动对元器件的位号、注释进行调整。所有注释向元器件布局的方向基准中心调整，所有位号向靠近元器件附近调整，方向尽量统一。不允许将元器件位号放置在焊盘、过孔及元器件上。这个手动调整过程是一项重复性的工作，使用快捷键 M→D 和空格键是有效的。

建议在视图配置对话框中的显示/隐藏选项标签下将铺铜项设置隐藏，同时按 Shift + S 组合键使用单层灰度显示的方式来调整 PCB 板上的字符串。调整完成后的效果如图 3-4-90 所示。

第六步：U1 芯片的注释为双运放(中文)，但字体选择为笔画时，所以显示出 "??????"。为了注释显示正常可将字体选择 True Type，或将双运放修改为 LM358。

第七步：将所有元器件的注释全部隐藏，具体操作方法请参考第四步。

第八步：将隐藏项全部修改为显示。

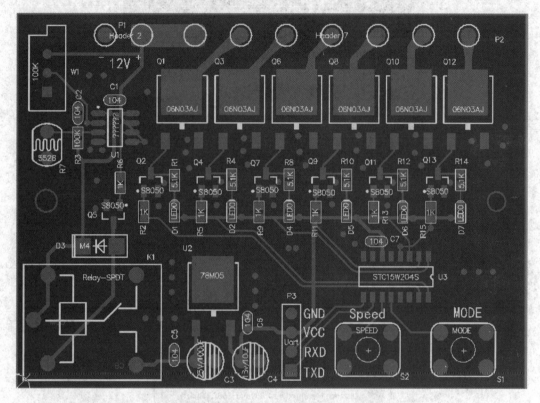

图 3-4-90　所有字符调整完成后的效果

9．PCB 的测量与放置尺寸标注

Altium Designer 17 提供了一个 PCB 测量工具，可以用于电路设计时进行检查。测量工作菜单命令在"报告"子菜单中，如图 3-4-91 所示。

(1) 测量 PCB 上两点之间的距离。测量 PCB 上任意两点之间的距离，可以利用"测量距离"命令进行。具体操作步骤如下：

第一步：执行"报告"→"测量距离"命令(按快捷键 Ctrl + M)，此时鼠标指针变成十字形状出现在工作窗口中。

第二步：移动指针到某个坐标点上，单击鼠标左键，确定测量起点。如果指针移动到某个对象上，则系统将自动捕捉该对象的中心点。

图 3-4-91　报告菜单

第三步：此时，鼠标指针仍为十字形状，重复第二步，确定测量终点。这时将弹出如图 3-4-92 所示的对话框，并在对话框中给出了测量的结果。测量结果包含总距离、X 方向上的距离和 Y 方向上的距离，同时在测量区域上留

下了测量信息，这些信息可按 Ctrl + C 组合键进行清除。

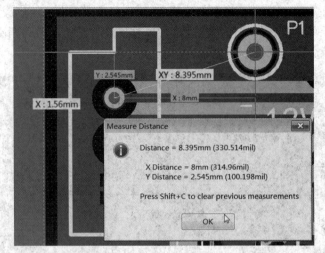

图 3-4-92　两点之间距离测量结果

第四步：此时，鼠标指针仍为十字状态，重复第二步和第三步，可以继续其他测量。

第五步：完成测量后，单击鼠标右键或按 Esc 键，即可退出该操作。

(2) 测量导线长度。在高速数字电路 PCB 设计中，通常会需要测量 PCB 上导线长度。测量 PCB 上的导线长度可以利用"测量选择对象"命令进行。具体操作步骤如下：

第一步：在工作窗口中选择想要测量的导线，按快捷键 S→P 或 S→N。

第二步：执行"报告"→"测量选择对象"命令，即可弹出如图 3-4-93 所示的对话框，并在该对话框中给出了测量结果。

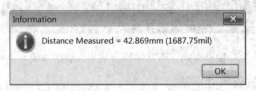

图 3-4-93　导线测量结果

(3) 放置尺寸标注。在设计电路板时，为了便于制板，常常需要提供尺寸的标注。一般来说，尺寸标注通常是设置在某个机械层，用户可以从 16 个机械层中指定一个层来做尺寸标注层，也可以把尺寸标注放置在 Top Overlay 或 Bottom Overlay 层。根据标注对象的不同，尺寸标注有十多种。下面进行常用尺寸标注的介绍，其他方法用户可以根据需要自学。

① 直线尺寸标注。对直线距离尺寸进行标注，可以进行以下操作：

第一步：单击应用工具栏中的放置尺寸 ▇ ▾ 下的放置线尺寸 ▇ 按钮，或单击菜单栏"放置"→"尺寸"→"线性尺寸"命令，鼠标指针将变成十字形状。

第二步：按 Tab 键，打开如图 3-4-94 所示的 Linear Dimension 对话框。

第三步：根据对话框中的描述进行各参项修改即可，通常有必要修改单位项为 Millimeters(公制毫米)，字体名为 Sans Serif，精确度根据实际应用调整，前缀可不需要，后缀可修改为 mm(毫米单位)，单击"确定"按钮。

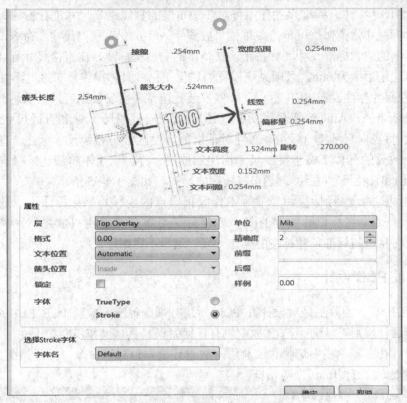

图 3-4-94　直线尺寸标注对话框

第四步：将光标定位到需要测量的起始点位置上，单击鼠标左键，确定起点，移动鼠标(移动鼠标时，可使用空格键改变方向)到终点位置，再单击鼠标左键确定终点(注意，放置前可将尺寸线离开对象一点)，即可完成测量。

第五步：此时，鼠标指针还是处在测量状态，可重复第四步继续放置直线尺寸标注，完成后可按 Esc 键退出放置，如图 3-4-95 所示。

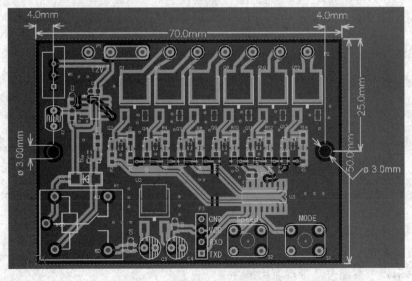

图 3-4-95　添加尺寸标注后 PCB 板

② 标准尺寸标注。标准尺寸标注可对任意角度的直线距离尺寸进行标注，操作方式与直线尺寸标注非常类似。可单击菜单栏"放置"→"尺寸"→"尺寸"命令，或单击应用工具图标下的放置标准尺寸图标按钮。在弹出的对话框标注，比直接尺寸标注要简单，并且默认标注了后缀为 mm，且随系统设置的单位变化。具体操作步骤这里不细述：

③ 直径尺寸标注。在 PCB 板中，一些安装孔通常需要安装螺钉，所以这些孔位需要标注出直径或半径。Altium 提供了两种直径尺寸(径向直径尺寸 ∨ 和直径尺寸 ‖‖)标注和一种半径尺寸(径向尺寸 ♨)标注。属性对话框的属性区域与直线尺寸标注一样，可参考进行设置。放置的具体步骤与直线尺寸标注的放置一样，这里不再细述。径向直径尺寸(右边安装孔)和直径尺寸(左边安装孔)放置后的样式，如图 3-4-95 所示。

④ 坐标标注。坐标标注用于显示工作区指定点的坐标。坐标标注可以放置在任意层，它包括一个十字标记和位置的(X，Y)坐标，可单击菜单栏"放置"→"坐标"命令，操作及对话框与标准尺寸标注的操作一样，这里不再细述。

3.4.3 验证 PCB 设计

验证 PCB 设计实际上是对设计好 PCB 板进行规则检查，检查 PCB 板中的每一个对象是否符合设计规则，以确保 PCB 板中没有任何错误。具体操作步骤如下：

第一步：在主菜单栏中选择"工具"→"设计规则检查"命令，打开如图 3-4-96 所示的"设计规则检查器[mm]"对话框。

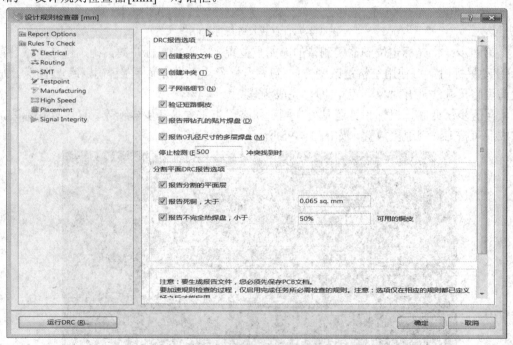

图 3-4-96 "设计规则检查器[mm]"对话框

第二步：单击"运行 DRC"按钮，启动设计规则检查。

设计规则检查结束后，系统自动生成如图 3-4-97 所示的检查报告文件。

从检查报告可看出有 7 个地方出错。

Time:	11:14:38		Warnings:	0
Elapsed Time:	00:00:01		Rule Violations:	0
Filename:	C:\Users\weiya\Desktop\2019ÂëÊÌ°ëÂ½ì²Á²ÀÐÞ Â2019\ÍÂ¿Éê¼ÆÉuÒÐÂÙÊYÖÍÂ¼þ(cao)\MY_PCB_Project\PCB1.PcbDoc			

Summary

Warnings	Count
	Total 0

Rule Violations	Count
Clearance Constraint (Gap=0.254mm) (All),(All)	0
Clearance Constraint (Gap=0.7mm) (Disabled)(ispad),(All)	0
Clearance Constraint (Gap=0.5mm) (Disabled)(All),(All)	0
Short-Circuit Constraint (Allowed=No) (All),(All)	0
Un-Routed Net Constraint ((All))	0
Modified Polygon (Allow modified: No), (Allow shelved: No)	0
Width Constraint (Min=0.254mm) (Max=0.5mm) (Preferred=0.254mm) (All)	0
Width Constraint (Min=0.5mm) (Max=2mm) (Preferred=1mm) (InNetClass('D[0-5]'))	0
Width Constraint (Min=0.5mm) (Max=1mm) (Preferred=0.5mm) (InNetClass('Power nets'))	0
Width Constraint (Min=0.5mm) (Max=5mm) (Preferred=1mm) (InNet('12V'))	0
Power Plane Connect Rule(Relief Connect)(Expansion=0.508mm) (Conductor Width=0.254mm) (Air Gap=0.254mm) (Entries=4) (All)	0
Hole Size Constraint (Min=0.025mm) (Max=2.54mm) (All)	0
Hole To Hole Clearance (Gap=0.254mm) (All),(All)	0
Net Antennae (Tolerance=0mm) (All)	0
Height Constraint (Min=0mm) (Max=25.4mm) (Prefered=12.7mm) (All)	0
	Total 0

图 3-4-97　检查报告文件

第一处："Clearance Constraint(Gap=0.7mm) (All),(All)" 问题，鼠标单击该处，连接到具体出错的位置，如图 3-4-98 所示。

Clearance Constraint (Gap=0.7mm) (All),(All)

Clearance Constraint: (0.447mm < 0.7mm) Between Arc (32.179mm,20.034mm) on Top Layer And Arc (31.929mm,19.334mm) on Top Layer

Clearance Constraint: (0.446mm < 0.7mm) Between Track (29.441mm,21.05mm)(32.179mm,21.05mm) on Top Layer And Arc (31.929mm,19.334mm) on Top Layer

Clearance Constraint: (0.418mm < 0.7mm) Between Track (32.898mm,20.752mm)(38.202mm,15.448mm) on Top Layer And Arc (31.929mm,19.334mm) on Top Layer

Clearance Constraint: (0.489mm < 0.7mm) Between Track (32.648mm,20.052mm)(37.988mm,14.712mm) on Top Layer And Arc (32.179mm,20.034mm) on Top Layer

Clearance Constraint: (0.489mm < 0.7mm) Between Track (22.271mm,20.35mm)(31.929mm,20.35mm) on Top Layer And Arc (32.179mm,20.034mm) on Top Layer

Clearance Constraint: (0.446mm < 0.7mm) Between Track (22.271mm,20.35mm)(31.929mm,20.35mm) on Top Layer And Arc (29.441mm,22.066mm) on Top Layer

Clearance Constraint: (0.565mm < 0.7mm) Between Arc (55.379mm,16.616mm) on Top Layer And Arc (54.628mm,16.772mm) on Top Layer

Clearance Constraint: (0.496mm < 0.7mm) Between Track (46.721mm,15.6mm)(55.379mm,15.6mm) on Top Layer And Arc (54.628mm,16.772mm) on Top Layer

Clearance Constraint: (0.543mm < 0.7mm) Between Arc (55.379mm,16.616mm) on Top Layer And Arc (54.688mm,16.712mm) on Top Layer

Clearance Constraint: (0.346mm < 0.7mm) Between Track (46.721mm,15.6mm)(55.379mm,15.6mm) on Top Layer And Arc (54.688mm,16.712mm) on Top Layer

Clearance Constraint: (0.383mm < 0.7mm) Between Arc (46.721mm,16.616mm) on Top Layer And Arc (47.071mm,17.216mm) on Top Layer

Clearance Constraint: (0.418mm < 0.7mm) Between Track (41.398mm,20.502mm)(46.002mm,15.898mm) on Top Layer And Arc (47.071mm,17.216mm) on Top Layer

Clearance Constraint: (0.346mm < 0.7mm) Between Track (46.721mm,15.6mm)(55.379mm,15.6mm) on Top Layer And Arc (47.071mm,17.216mm) on Top Layer

Clearance Constraint: (0.5mm < 0.7mm) Between Arc (55.279mm,13.184mm) on Top Layer And Arc (54.457mm,12.957mm) on Top Layer

图 3-4-98　电气安全间距过大

从图 3-4-98 可看出，各导线的原始安全间距都小于检查后的安全间距。可单击网页中的每个项后，将直接跳转到 PCB 编辑器中对应的坐标上，并在 PCB 编辑器的检查违反规则处高亮显示，并增加有提醒信息，如图 3-4-99 所示。

图 3-4-99　错误的具体坐标及提醒信息

这个安全间距错误共计 61 处，这是因为我们在之前的铺铜操作当中已将所有安全间距修改为 0.7 mm 了，可通过 PCB 规则及约束编辑器重新修改回来即可。

第二处："SMD Neck-Down Constraint (Percent=50%)(All)"问题，共计 18 条。这是因为从表面贴片焊盘走线占比大于规则设置中的 50%，可重新修改此约束规则为 100%或关闭检查此规则即可。

第三处："Minimum Solder Mask Sliver (Gap=0.254mm) (All), (All)"问题，共 12 条。

第四处："Silk To Solder Mask (Clearance=0.254mm) (IsPad), (All)"问题，共 234 条。

第五处："Silk to Silk (Clearance=0.254mm) (All),(All)"问题，共 9 条。

以上三处错误属于设置的规则较严，可以不进行这三项检查，方法为：按快捷键 D→R，打开"PCB 规则及约束编辑器[mm]"对话框，如图 3-4-100 所示；双击 Manufacturing 类，对话框的右边显示所有制造规则；对以上错误的三项名称，将使能栏复选框取消勾选，表示关闭这三项规则，不进行这三项的规则检查。

图 3-4-100　"PCB 规则及约束编辑器[mm]"对话框

第六处："RoomDefinition_1 (Bounding Region = (79.25 mm，39.55 mm，82.25 mm，40.65 mm)(All)"问题，共 1 处。这表示在 PCB 板中有一个名为 Definition_1 的空间，仅包含了一个元器件在内部。这个空间是在练习操作中误放入的，在进行设计时，当时在视图配置中已将 Room 进行了隐藏，因此放置后无法看到。

第七处："Room Sheet1 (Bounding Region = (99.45mm, 40.6mm, 428.199mm, 81.65mm)(InComponentClass('Sheet1'))"问题，共 52 处。这表示 PCB 板中有一个名为 Sheet1 空间，包含了 52 个元器件。这个是原理图导入生成 PCB 时默认形成的。

以上两处错误，并不是真正的错误，可以忽略，也可以将这两个 Room 空间在 PCB 板中直接删除。

重新运行设计规则检查，检查报告网页中就不会再有以上错误，且没有任何警告。

至此，光控广告灯项目的 PCB 板系统布线成功，并完成了该项目的硬件电路板设计工作。

3.4.4　输出文件

1. 输出 PDF 文件

现在已经完成了光控广告灯电路的 PCB 设计和布线，还需要把各种文件整理分发出来，从而进行设计审查、制造验证和生产组装 PCB 板。需要输出的文件很多，有的文件是提供给 PCB 制造商生产 PCB 板使用的，比如 PCB 文件、Gerber 文件、PCB 规格书等；而有的文件则是提供给工厂生产使用的，比如 Gerber 文件用来开钢网，Pick 坐标文件做自动贴片插件机，单层的测试点文件做 ICT，元器件丝印图做生产作业文件等。对于这些要求，Altium Designer 完全可以输出各种用途的文件。

这些用途包括以下几个方面：

(1) 装配文件输出。

① 元器件位置图：显示电路板每一面元器件 X、Y 坐标位置和原点信息。

② 抓取和放置文件：用于元器件放置机械手在电路板上的摆放元器件。

③ 3D 结构图：将 3D 图给结构工程师，沟通是否有高度、装配、尺寸等。

(2) 文件输出。

① 文件产出复合图纸：成品板组装，包括元器件和线路。

② PCB 板的三维打印：采用三维视图观察电路板。

③ 原理图打印：绘制设计的原理图。

(3) 制作输出。

① 绘制复合钻孔图：绘制电路板上钻孔位置和尺寸的复合图纸。

② 钻孔绘制/导向：在多张图纸上分别绘制钻孔位置和尺寸。

③ 最终的绘制图纸：把所有的制作文件合成单个绘制输出。

④ Gerber 文件：制作 Gerber 格式的制作信息。

⑤ NC Drill Files：创建能被数控钻床使用的制造信息。

⑥ ODB++：创建 ODB++ 数据库格式的制造信息。

⑦ Power-Plane Prints：创建内电层和电层分割图纸。

⑧ Solder/Paste Mask Prints：创建阻焊层和锡层图纸。

⑨ Test Point Report：创建在不同模式下设计的测试点和输出结果。

（4）网表输出。

网表描述在设计上元器件之间的连接逻辑，对于移植到其他电子产品设计中是非常有帮助的，比如与 Pads2007 等其他 CAD 软件连接。

（5）报告输出。

① Bill of Materials(BOM)：为了制作板的需求而创建的一个在不同格式下部件和零件的清单。

② Component Cross Reference Report：在设计好的原理图的基础上，创建一个组件列表。

③ Report Project Hiearchy：在该项目上创建一个源文件的清单。

④ Report Single Pin Nets：创建一个报告，列出任何只有一个连接的网络。

⑤ Simple BOM：创建文本和该 BOM 的 CSV(逗号隔开的变量)文件。

大部分输出文件是用作配置的，在需要的时候输出就可以。在完成更多的设计后，用户会发现他经常输出多个相同或相似的输出文件，这样一来就做了许多重复性的工作，严重影响工作效率。针对这种情况，Altium Designer 提供了一个叫作 Output Job Files 的方式，该方式使用 Output Job Editor 接口，将各种需要输出的文件捆绑在一起，将它们发送给各种输出方式(可以直接打印，或生成 PDF 和生成文件)。

Output Job Files 的相关操作和内容，其实在项目 2、3 中已做过一次原理图的打印输出。当 PCB 文件设计完成后，可以在 Smart PDF 对话框中(快捷键 F→M)选择 PrjPcb 作为输出(此时，输出的文件包含了原理图和 PCB 图)，也可以连同 BOM 表一起生成导出，直到弹出图 3-4-101 图所示对话框。该对话框是选择 PCB 打印的层和区域。在上半部的打印层设置中可以设置元器件的打印面是否镜像(常常是对于底层视图的时候需要勾选此选项，这样更贴近人类的视觉习惯)、是否显示孔等；下半部分主要是设置打印的图纸范围，是选择整张输出，还是仅仅输出一个特定的 XY 区域，比如对于模块化和局部放大就很有用处。单击"下一步"按钮。

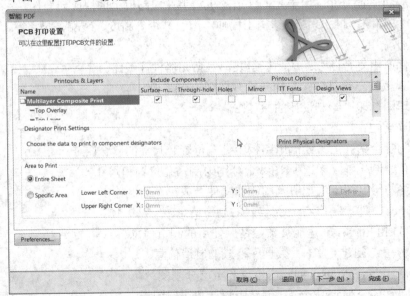

图 3-4-101　打印输出的层和区域设置

在弹出的下一个对话框中，在项目 2、3 中已描述，这里不再细述。

直到最后一步，Altium Designer 工作窗口将自动打开 MYPCB_Project.OutJob 文档，如图 3-4-102 所示。在输出区域中包含了各种输出文件的集合，用户可按鼠标右键单击任意一项，在弹出的菜单选项进行添加、删除、配置并导出等操作。

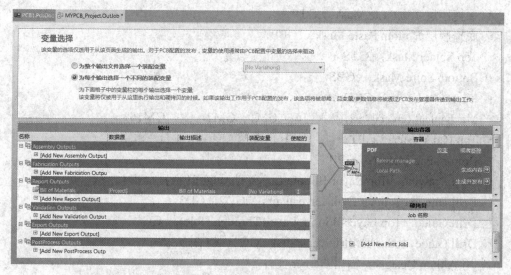

图 3-4-102　MYPCB_Project.OutJob 文档

2. 生成 Gerber 文件

(1) 简单介绍 Gerber 文件。电子 CAD 文档一般指原始 PCB 设计文件，如 Altium Designer、PADS 等 PCB 设计文件，文件后缀一般为.PcbDoc、.Pcb 等；而对用户或企业设计部门，出于各方面的考虑，往往提供给生产制造部门的电路板都是 Gerber 文件。

敲黑板

　　提供 Gerber 文件并不代表就是很安全保密的。实际应用中，可以利用各种应用软件将 Gerber 文件反推到 PCB 文件。因此，很多工程师设计好 PCB 文件后，直接将原文件发送给生产制造商，让制造商自己在文件中提取相关的生产文件。这样，工程师也能节省一些工作。

Gerber 文件是所有电路板设计软件都可以生成的一种文件格式，在电子组装行业又称为模板文件，在 PCB 制造业又称为光绘文件。可以说 Gerber 文件是电子组装业中最通用、最广泛的文件格式。在标准的 Gerber 文件格式里面可分为 RS-274 与 RS-274X 两种，其不同之处在于 RS-274 格式中的 Gerber 文件与 aperture 文件是分开的不同文件，RS-274X 格式的 aperture 文件是整合在 Gerber 文件中的，因此不需要 aperture 文件(即内含 D 码)。目前，国内厂家使用 RS-274X 比较多，也比较方便。

由 Altium Designer 产生的 Gerber 文件各层扩展名与 PCB 原来各层对应关系如下：

- 顶层 Top(copper)Layer：.GTL
- 底层 Bottom(copper)Layer：.GBL

- 中间信号层 Mid Layer 1，2，…，30：.G1，.G2，…，.G30
- 内电层 Internal Plane Layer1，2，…，16：.GP1，.GP2，…，.GP16
- 顶层丝印层 Top Overlay：.GTO
- 底层丝印层 Bottom Overlay：.GBO
- 顶掩膜层 Top Paste Mask：.GTP
- 底掩膜层 Bottom Paste Mask：.GBP
- Top Solder Mask：.GTS
- Bottom Solre Mask：.GBS
- Keep-Out Layer：.GKO
- Mechanical Layer 1，2，…，16：.GM1，GM2，…，GM16
- Top Pad Master：.GPT
- Bottom Pad Master：.GPB
- Drill Drawing，Top Layer-Bottom Layer(Through Hole)：.GD1
- Drill Drawing，other Drill(Layer)Pairs：.GD2，GD3，…
- Drill Guide，Top Layer-Bottom Layer(Through Hole)：.GG1
- Drill Guide，other Drill(Layer)Pairs：.GG2，GG3，…

(2) 用 Altium Designer 输出 Gerber 文件。

第一步：执行"文件"→"制造输出"→"Gerber Files"命令，打开 Gerber 设置对话框，如图 3-4-103 所示。

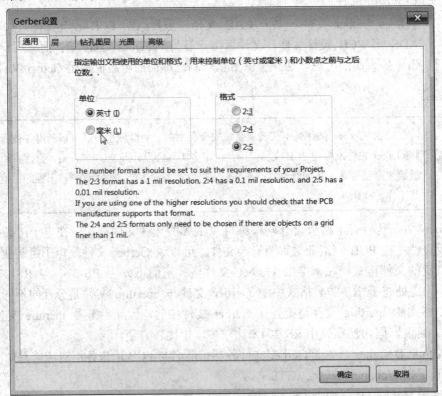

图 3-4-103　Gerber 通用选项设置

第二步：在"通用"选项卡下面，用户可以选择输出的单位是英寸还是毫米；在格式栏有 2：3、2：4、2：5 三种，分别对应了不同的 PCB 生产精度，一般用户可以选择 2：4，当然有的设计尺寸要求高些，用户也可以选择 2：5。

第三步：单击"层"选项卡，用户在此进行 Gerber 绘制输出层设置，然后单击"绘制层"按钮，并选择"选择使用的"选项，再单击"镜像层"按钮，并选择"全部去掉"选项，如图 3-4-104 所示。当然，用户也可以根据需要或 PCB 板的要求来决定一些特殊层是否需要输出，比如单面板和双面板、多层板等。

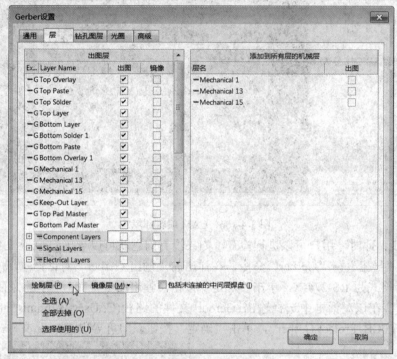

图 3-4-104 Gerber 绘制输出层设置

第四步：在"钻孔图层"选项卡的"钻孔绘制图"区域内勾选"输出所有使用的钻孔对"复选框，如图 3-4-105 所示。

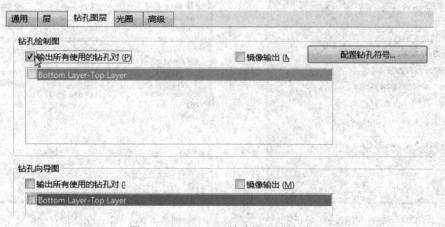

图 3-4-105 Gerber 钻孔输出层设置

第五步：而对于其他选项用户采用默认值，不用去设置了，直接单击"确定"按钮退出设置对话框。Altium Designer 则开始自动生成 Gerber 文件，并且同时进入 CAM 编辑环境，如图 3-4-106 所示，显示出用户刚才所生成的 Gerber 文件。

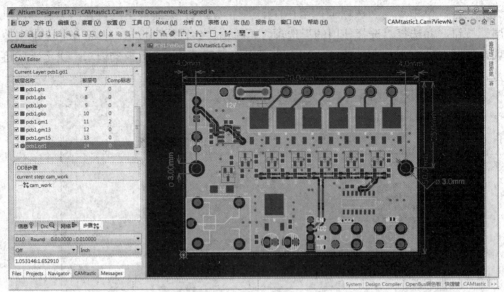

图 3-4-106　CAM 编辑环境

第六步：此时，用户可以进行检查，如果没有问题就可以导出 Gerber 文件了。单击"文件"→"导出"→"Gerber"命令，在弹出的"输出 Gerber"对话框(如图 3-4-107 所示)里面选择格式为 RS-274-X，单击"确定"按钮，弹出图 3-4-108 所示的保存 Gerber 文件的对话框；在该对话框中选择输出 Gerber 文件的路径(C:\Users\Administrator\Desktop\My_PCB\MYPCB_Project\Gerber\)，单击"确定"按钮，即可导出 Gerber 文件。

图 3-4-107　"输出 Gerber"对话框

图 3-4-108　Gerber 文件存储位置对话框

第七步：此时，用户可以查看刚才生产的 Gerber 文件，打开 C:\Users\Administrator\Desktop\My_PCB\MYPCB_Project\Gerber\文件夹，可以看见新生成的 Gerber 文件，如图 3-4-109 所示。

图 3-4-109　Gerber 输出文件清单

第八步：现在我们还需要导出钻孔文件，用户重新回到 PCB 编辑界面，执行"文件"→"制造输出"→"NC Drill Files"命令，弹出"NC Drill 设置"对话框，如图 3-4-110 所示。选择输出的单位是英寸还是毫米等；格式有 2∶3、2∶4、2∶5 三种，同样对应了不同的 PCB 生产精度，一般普通用户选择 2∶4，当然有的设计对尺寸要求高些，可选 2∶5。还有一个很关键的问题：对于此处的单位和格式选择必须和产生 Gerber 的选择一致，否则厂家生产的时候双层会出问题。其他选择采用默认设置，单击"确定"按钮，弹出图 3-4-111 所示的"导入钻孔数据"对话框，单击"确定"按钮，出现了 CAM 输出界面，如图 3-4-112 所示。

图 3-4-110　"Nc Drill 设置"对话框

图 3-4-111　"导入钻孔数据"对话框

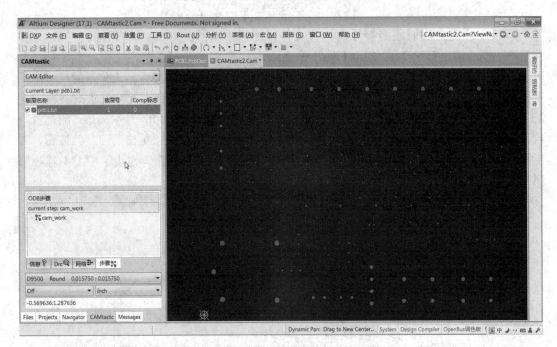

图 3-4-112　CAM 输出界面

3．创建 BOM

BOM 为 Bill of Materials 的简称，也叫材料清单。它是一个很重要的文件，在物料采购、设计验证、样品制作、批量生产等环节也都需要。可以用 SCH 文件产生 BOM，也可以用 PCB 文件产生 BOM。这里简单介绍用 PCB 文件产生 BOM 的方法。

第一步：首先打开光控广告灯电路板项目的 PCB 文件，然后执行"报告"→"Bill of Materials"命令，弹出 Bill of Materials For PCB Document 对话框，如图 3-4-113 所示。

第二步：使用此对话框建立需要的 BOM。在图 3-4-113 中的全部列栏，选择需要输出到 BOM 报告的标题，选中右边的展示复选框，则对话框的右边显示选中的内容；从全部列栏中选择并拖动标题到组合列栏，以便在 BOM 报告中按该数据类型来分组元器件。

图 3-4-113 Bill of Materials For PCB Document 对话框

第三步：在导出选项区域可以设置文件的格式是用 SLX 的电子表格，还是 TXT 的文本样式，还是 PDF 格式等 6 种格式。在 Excel 选项区域可以选择相应的 BOM 模板，软件自己附带多种输出模板，比如设计开发前期简单的 BOM 模板(BOM Simple.XLT)、样品的物料采购 BOM 模板(BOM Purchase.XLT)、生产用 BOM 模板(BOM Manufacturer.XLT)、普通的缺省 BOM 模板(BOM Default Template 95.XLT)等，当然用户也可以做一个适合自己的 BOM 模板。

第四步：单击"导出"按钮，弹出保存 BOM 文件夹对话框，将路径保存到相应的工程文件夹下即可，单击"保存"按钮，即在 C:\Users\Administrator\Desktop\My_PCB\MYPCB_ Project\Project Outputs for MYPCB_Project 文件夹下产生了"PCB1.xls"文件。

第五步：进入 C:\Users\Administrator\Desktop\My_PCB\MYPCB_Project\Project Outputs for MYPCB_Project 文件夹，打开"PCB1.xls"文件，如图 3-4-114 所示。

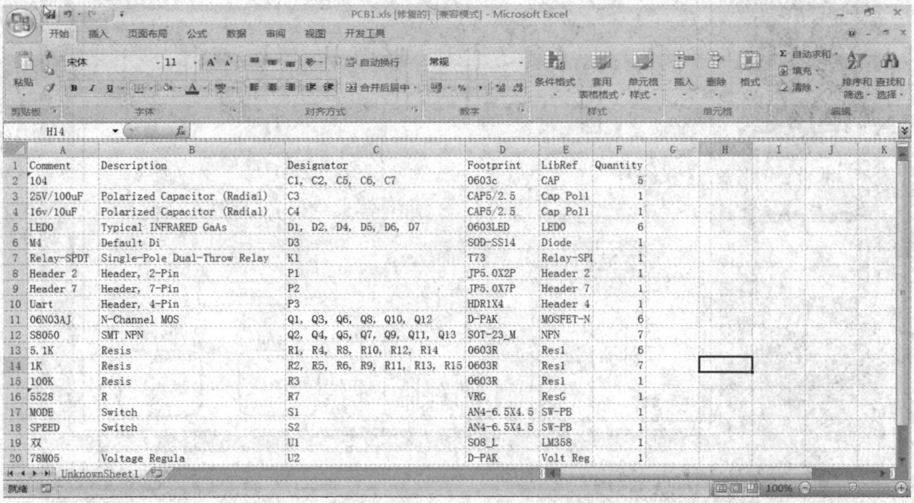

图 3-4-114 产生的 BOM 文件

4．其他辅助文件输出

在"文件"菜单命令下面的"制作输出"菜单下还有很多其他选项，比如 Composite Drill Guide(综合的钻孔指南)、Drill Drawing(钻孔示意图)、Test Point Report(测试点输出)等。这里简单介绍一下 Final 项输出内容的操作。

第一步：执行"文件"→"制造输出"→"Final"命令，弹出"Preview Final Artwork Prints of [PCB1.PcbDoc]"对话框，如图 3-4-115 所示。

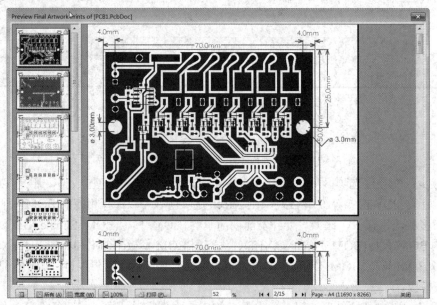

图 3-4-115　"Preview Final Artwork Prints of [PCB1.PcbDoc]"对话框

拖动图 3-4-115 右边的滚动条，可以将各层列出来做相应文件，比如用顶层丝印图、底层丝印图来做装配显示意图，如图 3-4-116 所示(需要将所有元器件的注释全部显示)。

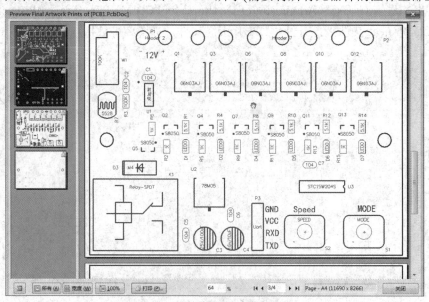

图 3-4-116　装配示意图

当然，这里还有一些别的输出项目，比如单就测试点文件而言，用户可以用它做一个 ICT 进行在线测试以保证产品质量，或者做一个 PCB 单板的功能测试架进行功能测试检查，或者做一个 MCU 的仿真和烧写架等。

第二步：在预览区可单击鼠标右键，在弹出的菜单项中可进行图元复制、页面设置 (可设置颜色)、配置等。在配置选项下，将会弹出新的对话框，在对话框中可增加层类、删除层类、为某层类增加层，根据用户的实际需求而选择。如图 3-4-116 所示为只打印 4 个层类(丝印和信号)，在每一层类中只打印需要的层。

在实际应用中，环境和情况总不尽相同，比如仅仅是软件硬件验证的 PCB 板、做技术方案的 PCB 样品、做小批量生产用的 PCB、大规模化生产的工艺要求高的 PCB 生产等。只有用户认真熟悉 PCB 各种输出文件的设置和应用方式，并根据情况进行合理和调配，才能更好地输出对应的技术文件。

课后练习

1. 整流滤波电路 PCB 设计。请先建立整流滤波项目 Filter.PrjPcb，然后在此项目中建立一个 Filter.SchDoc 的原理图文档和一个 Filter.PcbDoc 的 PCB 文档，并按照表 3-4-1 的属性要求绘制图 3-4-117 所示的整流滤波电路原理图，最后设计如图 3-4-118 所示的整流滤波电路 PCB。

表 3-4-1　整流滤波电路元器件属性

注 释	描 述	元器件编号	封 装	元器件名称	数 量
Cap Pol1	极性电容	C1	RB7.6-15	Cap Pol1	1
Diode 1N4007	二极管	D1, D2, D3, D4	DO-41	Diode 1N4007	4
Header 2	2 针插座	P1, P2	HDR1X2	Header 2	2

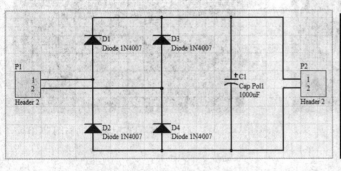

图 3-4-117　整流滤波电路原理图

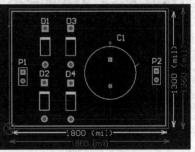

图 3-4-118　整流滤波电路 PCB

2. 单管放大电路 PCB 设计(单面板)。请先建立单管放大项目 dgfd.PrjPcb，然后在此项目中建立一个 fd.SchDoc 的原理图文档和一个 fd.PcbDoc 的 PCB 文档，并按照表 3-4-2 的属性要求绘制图 3-4-119 所示的单管放大电路原理图，最后设计如图 3-4-120 所示的单管放大电路 PCB。要求电源和地线宽度为 50 mil，其他信号线宽度为 20 mil，并按照网状、45 度模式敷铜。敷铜后的效果如图 3-4-121 所示。

表 3-4-2　单管放大电路元器件属性

元器件编号	注　释	元器件名称	封　装	描　述
C1, C2	Cap	Cap	RAD-0.1	电容
C3	Cap	Cap	RAD-0.2	电容
J1	C ON4	Header 4	SIP4	4 针插座
J2	C ON2	Header 2	SIP2	2 针插座
Q1	2N2222A	2N3904	TO-92A	三极管
R1, R2, R3, R4	Res2	Res2	AXIAL-0.3	电阻

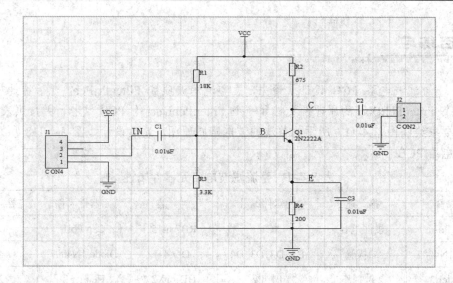

图 3-4-119　单管放大电路原理图

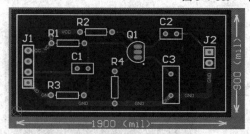

图 3-4-120　单管放大电路 PCB

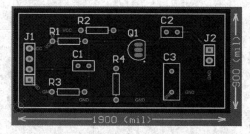

图 3-4-121　单管放大电路敷铜后的 PCB

电机驱动电路电路板的设计

/////////////////////////////

内容提要

本项目结合电机驱动电路层次图设计，讲述了层次图的概念、层次图设计的方法、层次图自上而下设计的步骤、层次图自下而上设计的步骤、层次图的切换、层次图 PCB 的设计等知识。

能力目标

(1) 能根据项目需求合理地设计层次图。
(2) 能采用不同的方法绘制层次图。
(3) 能设计层次图 PCB。

知识目标

(1) 掌握层次图的概念和层次图的结构。
(2) 掌握层次图绘制的方法并能快速绘制层次图。
(3) 掌握层次图 PCB 设计的方法和技巧。

任务一 层次原理图设计原理

4.1.1 层次原理图概念

为满足电路原理图模块化设计的需要，Altium Designer 17 系统提供功能强大的层次原理图的设计方法，可以将一个复杂的、大规模的系统电路作为一个整体项目来设计。设计时，可以根据系统功能划分出若干个电路模块，把一个复杂的、大规模的电路原理图设计变成多个简单的小型电路原理图设计，分别作为设计文件添加到整体项目中，这样层次清晰明了，使整个设计过程变得简单方便。

层次原理图设计的一个重要环节就是对系统总体电路进行模块划分。设计者可以将整个电路系统划分为若干个子系统(模块)，每一个子系统(模块)再划分为若干个功能模块，而每一个功能模块还可以再细分为若干个基本的小电路模块，这样依次细分下去，就把整个系统划分成为多个模块。划分的原则是，每一个电路模块都应该有明确的功能特征和相对独立的结构，而且还要有简单、统一的接口，便于模块彼此之间的连接。

📋 **敲黑板**

层次原理图的设计理念是将实际的总体电路进行模块划分。

层次原理图设计的关键在于正确地传递各层次之间的信号。在层次原理图的设计中，信号的传递主要通过电路方块图、方块图输入/输出端口、电路输入/输出端口来实现，它们之间有着密切的联系。

子电路图：对于每一个电路模块，可以分别绘制相应的电路原理图，该原理图称之为"子原理图"。

顶层原理图(主模块图)：主要构成元素不再是具体的元器件，而是代表子原理图的图纸符号。每一个图纸符号都代表一个相应的子原理图文件，在图纸符号的内部给出了一个或多个表示连接关系的电路端口。图纸符号之间的连接可以使用导线或总线，并采用输入/输出端口和电路端口形式来完成。在同一个项目的所有电路原理图(包括顶层原理图和子原理图)中，相同名称的输入/输出端口和电路端口之间，在电气意义上都是相互连接的。顶层原理图描述了整体电路的功能结构。这样，就把一个复杂的、大规模的电路系统分解成了由顶层原理图和若干个子原理图构成的结构形式，而各原理图可以分别进行设计。

电路端口：在子原理图中都有相同名称的输入/输出端口与之相对应，以便建立起不同层次间的信号通道。也就是，电路端口既可以表示单图纸内部的网络连接(与"网络标签"相似)，也可以表示图纸间的网络连接。

4.1.2　层次原理图结构

Altium Designer 支持"自上而下"和"自下而上"这两种层次原理图结构方式。本节将以电机驱动电路为实例，介绍使用 Altium Designer 进行层次设计的方法。图 4-1-1 是电机驱动电路的原理图(图纸的图幅是 A3)，虽然该电路不是很复杂，为了学习层次原理图设计，本节还是以它为例，介绍层次原理图的设计方法。

从图中可以看出，整个图纸分为上、中、下三个部分，其中：中部分和下部分是相同的，分别对应子图 1、2、3、4、5、6。这六个模块图可以用图 4-1-2 顶层原理图来表示，先建立一个主模块图 Main.SchDoc 来放置各个子图对应的方块图符号，然后由方块图产生各子原理图。在主图中建立如图 4-1-2 所示的方块图，其中子图 1 为隔离部分，子图 2 为电机驱动部分。

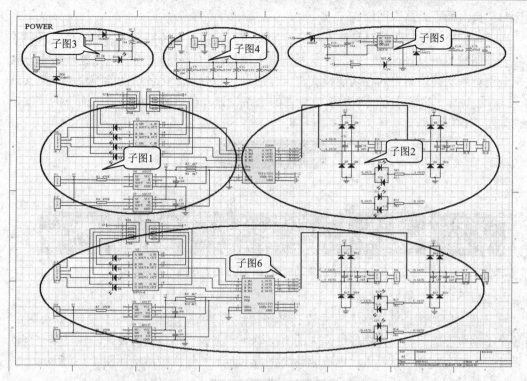

图 4-1-1　电机驱动电路原理图(子模块图)

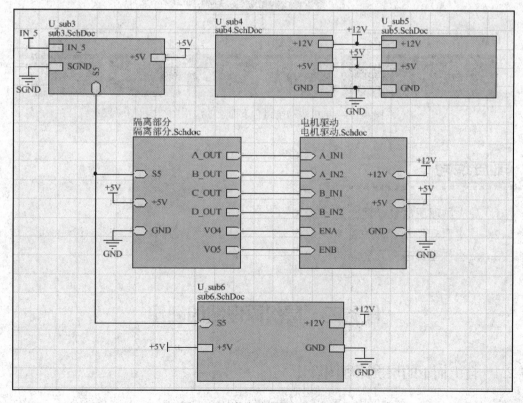

图 4-1-2　主电路图 Main.SchDoc

1."自上而下"层次图结构

所谓自上而下设计,就是按照系统设计的思想,首先对系统最上层进行模块划分,设计包含子图符号的父图(方块图),标示系统最上层模块(方块图)之间的电路连接关系,接下来分别对系统模块图中的各功能模块进行详细设计,分别细化各个功能模块的电路实现(子图)。自上而下的设计方法适用于较复杂的电路设计。电机驱动电路自上而下的层次图结构如图 4-1-3 所示。

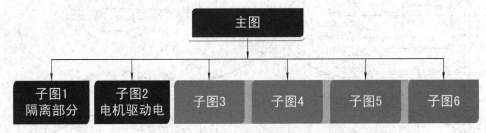

图 4-1-3 电机驱动电路自上而下的层次图结构

2."自下而上"层次图结构

自下而上层次图结构设计,首先设计各子模块(子图),接着创建一个父图(方块图),将各个子模块连接起来成为功能更强大的上层模块,完成一个层次的设计,经过多个层次的设计后,直至满足项目要求。电机驱动电路自下而上的层次图结构如图 4-1-4 所示。

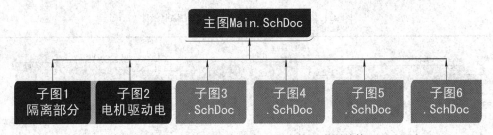

图 4-1-4 电机驱动电路自下而上的层次图结构

课后练习

1. 层次原理图的设计理念是什么?
2. 层次原理图设计的关键步骤是什么?
3. 层次原理图有哪几种结构?分别是什么?

任务二 层次原理图的创建

4.2.1 自上而下的层次原理图设计

自上而下的层次原理图设计分为 7 个步骤:建立工程文件、添加主图文件、在主图中放置方块图、在方块图内放置端口、方块图之间连线、由方块图生成子原理图、绘制子原理图。下面以电机驱动电路的子图 1 和子图 2 的绘制为例，学习自上而下层次图的绘制。绘制好的效果如图 4-2-1 所示。

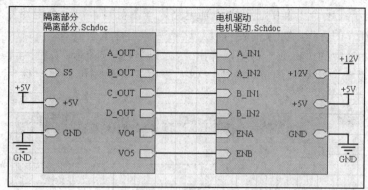

图 4-2-1　子图 1 和子图 2 对应的方块图及连接关系

1．绘制顶层原理图文件

(1) 新建工程。执行"文件"→"新的"→"工程"→"PCB 工程"命令，建立一个新项目文件，另存为"层次原理图设计.PrjPCB"。

(2) 添加原理图文件。执行"文件"→"新的"→"原理图"命令，在新项目文件中新建一个原理图文件，另存为"Main.SchDoc"，设置原理图图纸参数。

2．放置方块图

(1) 放置方块图。执行"放置"→"图纸符号"命令，或单击布线工具栏中的"　　"按钮，放置方块电路图。此时，光标变成十字形，并带有一个方块电路。

(2) 修改方块图属性。按 Tab 键，弹出方块符号属性设置的对话框，如图 4-2-2 所示。该对话

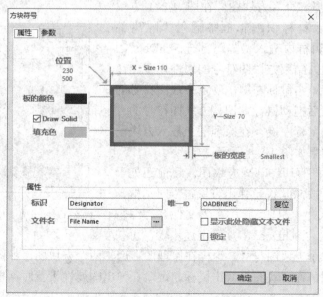

图 4-2-2　方块符号属性设置对话框

框的上半部分用来设置方块电路的大小、颜色和边框。方块符号对话框的"属性"栏中，"标识"用于设置方块图所代表的图纸的名称；"文件名"用于设置方块图所代表的图纸的文件全名(包括文件的后缀)，以便建立起方块图与原理图(子图)文件的直接对应关系；"唯一 ID"为了在整个工程中正确地识别电路原理图符号，每一个电路原理图符号在工程中都有一个唯一的标识，如果需要可以对这个标识进行重新设置。

单击图 4-2-2 中的"参数"标签，弹出"参数属性"选项卡，如图 4-2-3 所示。在该对话框中可以设置标注文字的"名称"、"值"、"位置"、"颜色"、"字体"、"定位"以及"类型"等。

图 4-2-3　"参数属性"选项卡

(3) 放置"隔离部分"方块图。在图 4-2-2 方块符号属性设置对话框标识编辑框中输入"隔离部分"，在文件名编辑框内输入"隔离部分.SchDoc"，单击"确定"按钮，结束方块图符号的属性设置。在原理图上合适位置单击鼠标左键，确定方块图符号的一个顶角位置，然后拖动鼠标，调整方块图符号的大小，确定后再单击鼠标左键，在原理图上插入方块图符号，绘制后的结果如图 4-2-4 所示。

(4) 放置"电机驱动"部分方块图。目前还处于放置方块图状态，按 Tab 键，弹出方块符号对话框，在"标识"处输入"电机驱动"，在"文件名"编辑框内输入"电机驱动.SchDoc"，重复上述步骤，可在

图 4-2-4　放置方块图"隔离部分"

原理图上插入第二个方块图符号。这样在原理图上产生两个方块图，如图 4-2-5 所示。也可以先放置方块图，在方块图上双击鼠标左键，在弹出的属性设置对话框中修改方块图的属性即可。

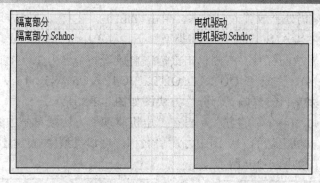

图 4-2-5　放入两个方块图符号后的上层原理图

3. 放置图纸入口

图纸入口与图表符总是结伴出现在层次电路中，垂直连接到图表符所调用的下层图纸端口。

(1) 单击布线工具栏中的添加"方块入口"工具按钮 ，或者在主菜单中选择"放置"→"添加图纸入口"命令。

(2) 光标上"悬浮"着一个"方块入口"图符，把光标移入"隔离部分"的方块图内，按 Tab 键，打开如图 4-2-6 所示的方块入口属性设置对话框。在该对话框内，各项的含义如下：

边：设置入口在方块图中的位置。

类型：表示信号的传输方向。

名称：是识别入口的标识。应将其设置为与对应的子电路图上对应入口的名称相一致。

I/O 类型：表示信号流向的确定参数。它们分别是：未指定的(Unspecified)、输出端口(Output)、输入端口(Input)和双向端口(Bidirectional)。

(3) 在"方块入口"对话框的"名称"编辑框中输入 A_OUT，作为方块图入口的名称。在"I/O 类型"下拉列表中选择 Output 项，将方块图入口设为输出口，单击"确定"按钮。在隔离部分方块图符号右边一侧单击鼠标，放置一个名为"A_OUT"的方块图输出端口，如图 4-2-7 所示。

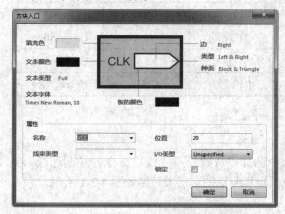

图 4-2-6　方块入口属性设置对话框

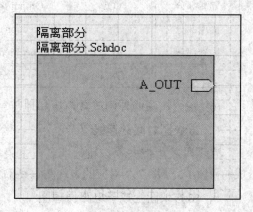

图 4-2-7　放置的方块图入口

(4) 此时，光标仍处于放置入口状态，单击 Tab 键，在打开的"方块入口"对话框中的"名称"编辑框中输入 B_OUT，"I/O 类型"下拉菜单中选择 Output 项，单击"确定"按钮。在隔离部分方块图符号靠右侧单击鼠标，再放置一个名为 B_OUT 的方块图输出端口。重复步骤(3)～(4)，完成 C_OUT、D_OUT、VO4、VO5、S5、+5 V、GND 输入/输出端口的放置，放置完端口的"隔离部分"方块图如图 4-2-8 所示。

(5) 采用步骤(1)～(4)介绍的方法，再在"电机驱动"方块图符号中添加 6 个输入、电源和地的端口，在电机驱动的方块图中各端口名称、端口类型(如表 4-2-1 所示)。放置完端口后的上层原理图如图 4-2-9 所示。

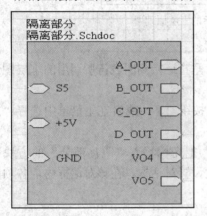

图 4-2-8 放置完端口的方块图

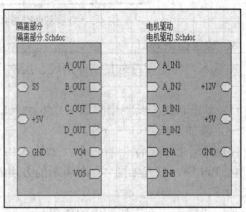

图 4-2-9 放置完端口后的上层原理图

表 4-2-1 入口名称和类型表

方块图名称	端口名称	端口类型	方块图名称	端口名称	端口类型
隔离部分	A_OUT	Output	电机驱动	A_IN1	Input
隔离部分	B_OUT	Output	电机驱动	A_IN2	Input
隔离部分	C_OUT	Output	电机驱动	B_IN1	Input
隔离部分	D_OUT	Output	电机驱动	B_IN2	Input
隔离部分	VO4	Output	电机驱动	ENA	Input
隔离部分	VO5	Output	电机驱动	ENB	Input
隔离部分	S5	Bidirectional	电机驱动	+12 V	Unspecified
隔离部分	+5 V	Unspecified	电机驱动	+5 V	Unspecified
隔离部分	GND	Unspecified	电机驱动	GND	Unspecified

(6) 在方块图的外侧放置电源和地符号，并修改对应名称。

4．方块图之间的连线

在工具栏上按 ≈ 按钮，或者在主菜单中选择"放置"→"线"命令，绘制连线，完成的子图 1、子图 2 相对应的方块图隔离部分、电机驱动的上层原理图如图 4-2-1 所示。

5．由方块图生成子电路原理图

在完成了顶层原理图的绘制后，需要把顶层原理图中的每个方块对应的子原理图绘制出来。注意：其中每一个子原理图中还可以包括子方块电路。

(1) 执行菜单命令"设计"→"产生图纸"，光标变成十字形。移动光标到方块电路"隔离部分"的内部空白处，单击鼠标左键。

(2) 系统会自动生成一个与该方块图同名的子原理图文件，并在原理图中生成与方块图对应的输入/输出端口。如图 4-2-10 所示，系统自动在"层次原理图设计.PrjPCB"工程中新建一个名为"隔离部分.SchDoc"的原理图文件，置于 Main.SchDoc 原理图文件下层。在原理图文件"隔离部分.SchDoc"中自动放置了如图 4-2-11 所示的 9 个端口，该端口中的名字与方块图中的一致。

图 4-2-10　自动创建的"隔离部分.SchDoc"　　图 4-2-11　在"隔离部分.SchDoc"的
　　　　　　原理图文件　　　　　　　　　　　　　　　　原理图自动生成的端口

(3) 在新建的"隔离部分.SchDoc"原理图中绘制如图 4-2-12 所示的原理图。该原理图即是子图 1。

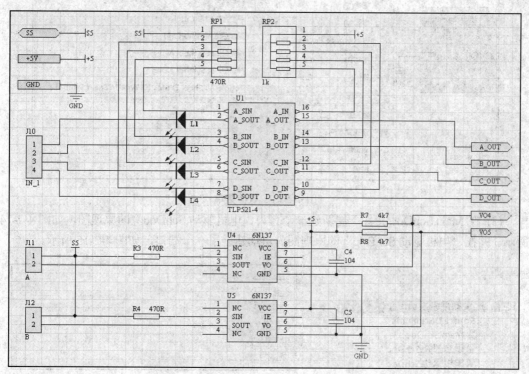

图 4-2-12　"隔离部分"方块图所对应的下一层"隔离部分.SchDoc"原理图

至此，完成了上层方块图"隔离部分"与下一层原理图"隔离部分.SchDoc"之间一一对应的联系。父层(上层)与子层(下一层)之间的联系，靠上层方块图中的输入、输出端口与下一层的电路图中的输入、输出端口进行联系。如上层方块图中有 A_OUT 等 6 个端口，在下层的原理图中也有 A_OUT 等 6 个端口，名字相同的端口就是一个点。

下面用另一种方法来完成上层方块图"电机驱动"与下一层"电机驱动.SchDoc"的原理图之间的一一对应关系。

(1) 单击 Main.SchDoc 文件标签，将其在工作窗口中打开。

(2) 在原理图中的"电机驱动"方块图符号上单击鼠标右键，在弹出如图 4-2-13 所示的右键菜单中选择"图表符操作"→"产生图纸"命令。

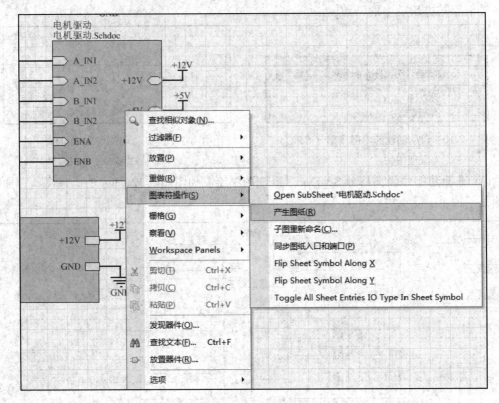

图 4-2-13 右键菜单

(3) 在 Main.SchDoc 文件下层新建一个名为"电机驱动.SchDoc"的原理图，如图 4-2-14 所示。并在"电机驱动.SchDoc"的原理图内自动建立了 9 个端口，如图 4-2-15 所示。

图 4-2-14 新建的"电机驱动.SchDoc"的　　　图 4-2-15 在"电机驱动.SchDoc"的原理图
　　　　　　原理图　　　　　　　　　　　　　　　　　　内自动建立的 9 个端口

(4) 在"电机驱动.SchDoc"原理图文件中，完成如图 4-2-16 所示的电路原理图。

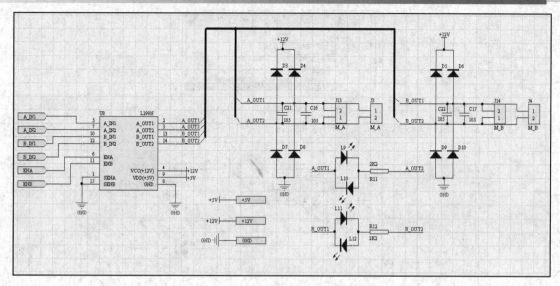

图 4-2-16　电机驱动.SchDoc 原理图(子图 2)

至此，完成了上层方块图"电机驱动"与下一层原理图"电机驱动.SchDoc"之间一一对应的联系。"电机驱动.SchDoc"原理图，就是图 4-1-1 所示的原理图中的子图 2。这样，我们就用图 4-1-1 所示的子图 1、子图 2，完成了自上而下的层次原理图设计。

最后在主菜单中选择"文件"→"保存"命令，将新建的 3 个原理图文件按照其原名保存。

📑 敲黑板

 　　在用层次原理图方法绘制电路原理图中，系统总图中每个模块的方块图中都给出了一个或多个表示连接关系的电路端口，这些端口在下一层电路原理图中也有相对应的同名端口，它们表示信号的传输方向也一致。Altium Designer 使用这种表示连接关系的方式构建了层次原理图的总体结构，层次原理图可以进行多层嵌套。

4.2.2　自下而上的层次原理图设计

在自下而上的层次原理图设计方法中，设计者首先根据功能电路模块绘制出子原理图，然后由子图生成方块电路，组合产生一个符合自己设计需要的电路系统。

本节将采用图 4-1-1 所示的子图 3、子图 4、子图 5，学习自下而上的设计方法，为电机驱动电路添加电源。

1. 完成各个子电路图

完成各个子电路图(如：sub3.SchDoc、sub4.SchDoc、sub5.SchDoc)，并在各子电路图中放置连接电路的输入/输出端口。

(1) 启动 Altium Designer，打开上一节中创建的上层原理图文件 Main.SchDoc。

(2) 单击主菜单"文件"→"新建"→"原理图"命令，新建一个默认名称为 Sheet1.SchDoc 的空白原理图文档。将它另存为 sub3.SchDoc(如图 4-2-17 所示)。

图 4-2-17　新建 sub3.SchDoc

(3) 在 sub3.SchDoc 原理图文档中绘制如图 4-2-18 所示的电路。

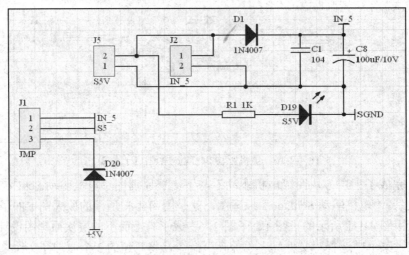

图 4-2-18　子图 3(sub3.SchDoc)

(4) 在 sub3.SchDoc 电路图中放置与其他电路图连接的输入/输出端口，鼠标单击工具栏中按钮 ⬚ (或在主菜单栏选"放置"→"端口"命令)，光标上"悬浮"着一个端口，按 Tab 键弹出"端口属性"对话框，如图 4-2-19 所示。在"名称"编辑框输入端口的名字"IN_5"；"I/O 类型"编辑框选择"Unspecified"，按"确定"按钮。在需要的位置放置端口即可。

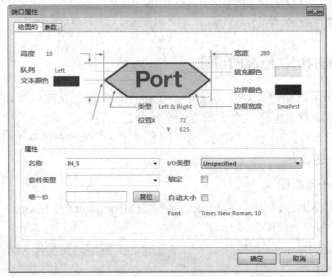

图 4-2-19　"端口属性"对话框

(5) 按步骤(4)放置端口：+5 V、SGND，这 2 个端口的"I/O 类型"都选择"Unspecified"；端口 S5 的"I/O 类型"都选择"Bidirectional"。放置完端口的电路图如图 4-2-20 所示。

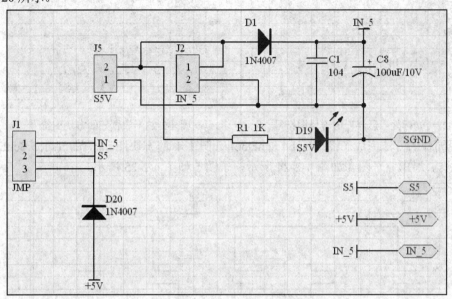

图 4-2-20　放置端口的电路图

2．生成主电路图

从下层原理图产生上层方块图。

(1) 如果没有主原理图，先要建立主原理图。单击主菜单"文件"→"新建"→"原理图"命令，新建电路图文档。在本例中，已有主电路图文档"Main.SchDoc"，所以执行步骤(2)，打开它即可。

(2) 单击项目工作面板中"Main.SchDoc"文件的名称，在工作区打开该文件。

注意：一定要打开该文件，并在打开该文件的窗口下，执行步骤(3)。

(3) 在主菜单中选择"设计"→"Creat Sheet Symbol From Sheet"命令，系统会弹出如图 4-2-21 所示的"选择文件放置"对话框。

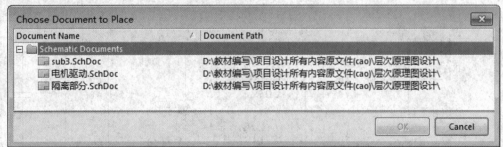

图 4-2-21　"选择文件放置"对话框

(4) 在"选择文件放置"对话框中选择"sub3.SchDoc"文件，单击"确定"按钮，回到 Main.SchDoc 窗口中。此时，光标处"悬浮"着一个方块图，如图 4-2-22 所示。在适当的位置，按鼠标左键，把方块图放置好(如图 4-2-23 所示)。

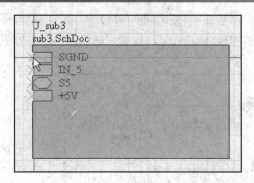

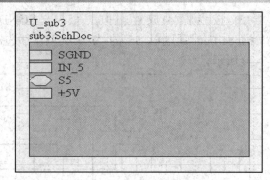

图 4-2-22　光标处"悬浮"的方块图符号　　　　　　图 4-2-23　放置好的方块图符号

(5) 用同样的方法完成子图 4(sub4.SchDoc)及子图 4 的方块图、子图 5(sub5.SchDoc)及子图 5 的方块图。(子图 4 如图 4-2-24 所示，子图 5 如图 4-2-25 所示。)

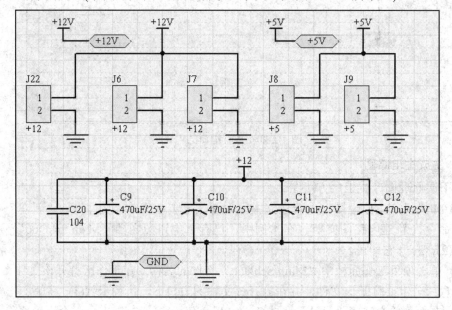

图 4-2-24　子图 4(sub4.SchDoc)

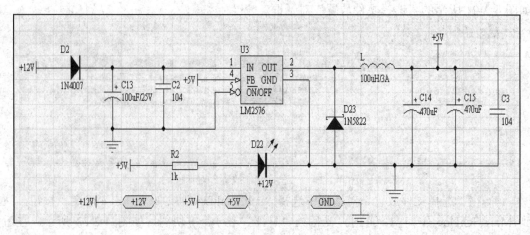

图 4-2-25　子图 5(sub5.SchDoc)

(6) 完成子图 3、子图 4、子图 5 的方块图,如图 4-2-26 所示。

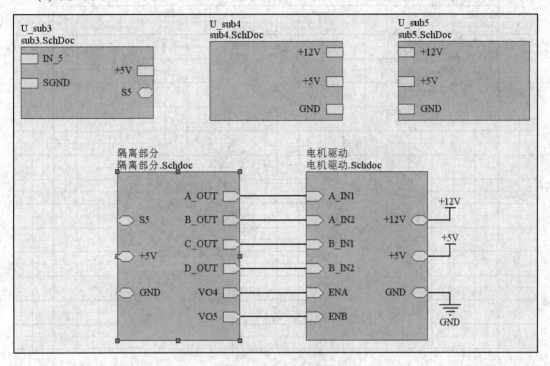

图 4-2-26 上层方块图

再看图 4-1-1 中,还有子图 6 如图 4-2-27 没有完成,子图 6 既可用自上而下的方法完成,也可以用自下而上的方法完成。请读者自己完成。

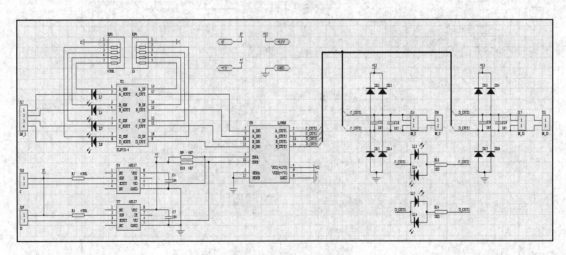

图 4-2-27 子图 6 (sub6.SchDoc)

(7) 放置完 6 个方块图的 Main.SchDoc 上层原理图如图 4-2-28 所示。

(8) 在主电路图(Main.SchDoc)内连线,在连线过程中,可以用鼠标移动方块图内的端口(端口可以在方块图的上、下、左、右四个边上移动),也可改变方块图的大小,完成后的主电路图(Main.SchDoc)如图 4-2-29 所示。

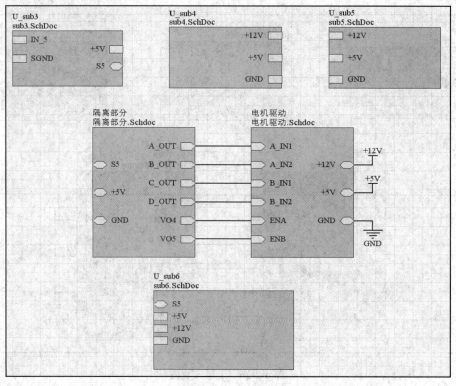

图 4-2-28　放置完 6 个方块图的 Main.SchDoc 上层原理图

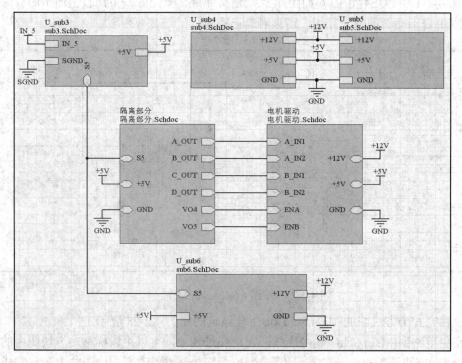

图 4-2-29　绘制完成的上层方块图

3．检查是否同步

检查是否同步，也就是方块图入口与端口之间是否匹配。单击选中工程文件，选择菜单"设计"→"同步图纸入口和端口(p)"命令，如果方块图入口与端口之间匹配，则显示对话框"Synchronize Ports To Sheet Entries In 层次原理图设计.PrjPCB"，告知所有图纸符号都是匹配的，如图 4-2-30 所示。

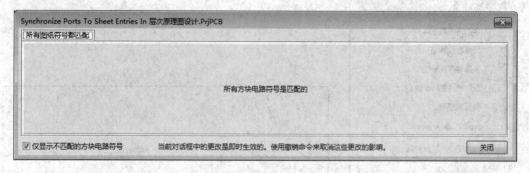

图 4-2-30　显示方块图入口与端口之间匹配

4．保存文件

选择"文件"→"全部保存"命令，保存工程中的所有文件。

4.2.3　层次原理图之间的切换

在一个绘制完成的层次电路原理图中，一般都包含顶层原理图和多张子原理图。设计者在编辑时，常常需要在这些图中来回切换查看，以便了解整个系统电路的结构情况。在 Altium Designer 17 系统中，可以利用"Projects"(工程)工作面板或者命令方式，帮助设计者在层次原理图之间方便地进行切换，实现多张原理图的同步查看和编辑。

1．用"Projects"(工程)面板切换

打开"Projects"面板，如图 4-2-31 所示。单击面板中相应的原理图文件名，在原理图编辑区内就会显示对应的原理图。

2．用命令方式切换

(1) 由顶层原理图切换到子原理图。

① 打开项目文件，执行"工程"→"Compile PCB Project 层次原理图设计.PRJPCB"命令，编译整个电路系统。

② 打开顶层原理图，执行"工具"→"上/下层次"命令，如图 4-2-32 所示。或者单击主工具栏

图 4-2-31　"Projects"面板

中的"　(上/下层次)"按钮，此时光标变成十字形；移动光标至顶层原理图中的欲切换的子原理图对应的方块电路上，鼠标左键单击其中一个图纸入口，系统自动打开子原理图，并将其切换到原理图编辑区内。此时，子原理图中与前面单击的图纸入口同名的端口处于高亮状态。例如，在主原理图中执行"工具"→

"上/下层次"命令，单击"子图 3"方块的 +5 V 端口，系统自动切换到子图 3，并且 +5 V 端口高亮显示，如图 4-2-33 所示。此时，光标上还附着一个十字，单击右键退出命令状态，再单击左键退出过滤状态。

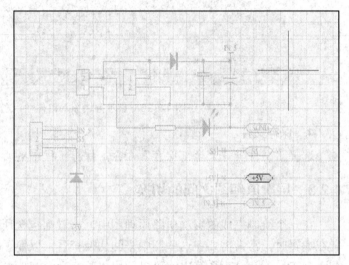

图 4-2-32 "上/下层次"菜单命令   图 4-2-33 从主原理图切换到子图 3

(2) 由子原理图切换到顶层原理图。

① 打开一个子原理图，执行菜单命令"工具"→"上/下层次"，或者单击主工具栏中的" ▇▇(上/下层次)"按钮，光标变成十字形。

② 移动光标到子原理图的一个输入/输出端口上，如图 4-2-34 所示。用鼠标左键单击该 S5 端口，系统将自动打开并切换到顶层原理图，此时顶层原理图中与前面单击的输入/输出端口同名的端口处于高亮状态，如图 4-2-35 所示。

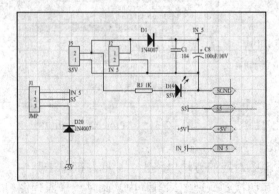

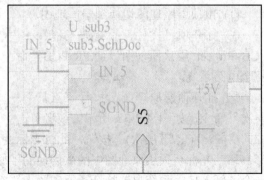

图 4-2-34 选择端口准备切换   图 4-2-35 切换到主原理图的状态

敲黑板

i	一定要用鼠标左键单击原理图中的连接端口，否则回不到上一层图。

课后练习

1．流水灯层次原理图绘制：采用自上而下的设计方法绘制流水灯的层次图。

2．分别将主图(图 4-2-36)、电源图(图 4-2-37)、主控图(图 4-2-38)命名为：Main.SchDoc、power.SchDoc、mcu.SchDoc。

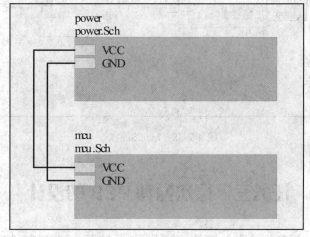

图 4-2-36　Main.SchDoc

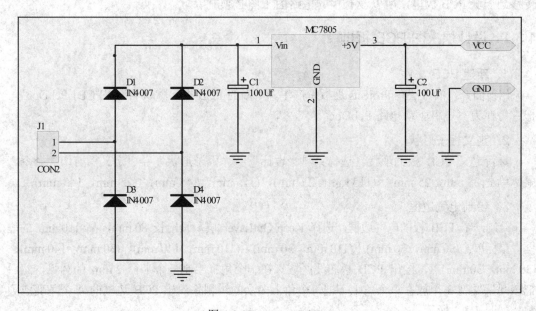

图 4-2-37　power.SchDoc

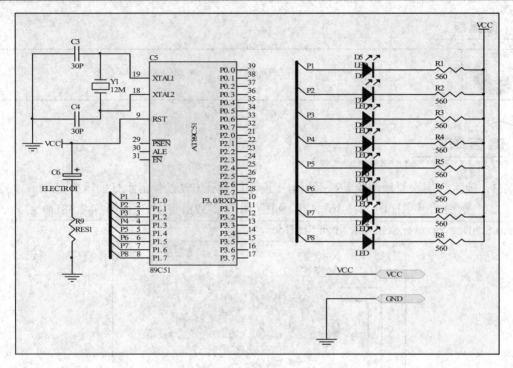

图 4-2-38   mcu.SchDoc

任务三   层次原理 PCB 的设计

在一个工程里，不管是单张电路图，还是层次电路图，有时都会把所有电路图的数据转移到一块 PCB 板里，所以没有用的电路图子图必须删除。

4.3.1   设计层次图 PCB 板框

1. 新建 PCB 文件

用前面介绍的方法在 Projects 面板里产生一个新的 PCB 板，默认名为"PCB1.PcbDoc"，把它另存为"电机驱动电路.PcbDoc"。

2. 定义板子形状

重新定义 PCB 板的形状。选择菜单"设计"→"板子形状"→"定义板剪切"命令，鼠标单击(25 mm，25 mm)、(115 mm，25 mm)、(115 mm，145 mm)、(25 mm，145 mm)点。

3. 绘制电气边框

绘制一个 PCB 板的电气边框，选择 Keep-OutLayer 层，画出长 80 mm，高 110 mm 的边框。鼠标单击(30 mm，30 mm)、(110 mm，30 mm)、(110 mm，140 mm)、(30 mm，140 mm)、(30 mm，30 mm)点，绘出 PCB 板布线区域。在一个角上绘制一个半径 2 mm 的圆弧，然后把该圆弧复制 3 个放在每个角上，把每个角上多余的线删除，让 PCB 边框的 4 个角变成圆角，如图 4-3-1 所示。

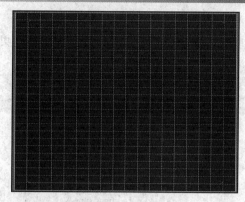

图 4-3-1　PCB 板边框

4.3.2　导入层次原理图网络信息

1. 元器件封装检查

检查每个元器件的封装是否正确，可以打开封装管理器。选择菜单"工具"→"封装管理器"，弹出封装管理器对话框，在该对话框内，检查所有元器件的封装是否正确。

2. 编译原理图

打开原理图(Main.SchDoc)，检查原理图(Main.SchDoc)有无错误，执行"工程"→"Compile PCB Project 层次原理图设计.PrjPCB"命令。如果有错，则在 Messages 面板有提示，按提示改正错误后，重新编译，直到没有错误后进行以下操作。

　敲黑板

> ⓘ　在编译之前首先要装入工程中原理图符号库和器件所对应的封装库，或者装入相应的集成库，否则检查会出错。

3. 工程更改

执行"设计"→"Update PCB Document 电机驱动电路.PcbDoc"命令，出现如图 4-3-2 所示的"工程更改顺序"对话框。

图 4-3-2　"工程更改顺序"对话框

4．验证原理图信息

按"生效更改"按钮验证一下有无不妥之处，程序将验证结果反映在对话框中，如图 4-3-3 所示。

图 4-3-3　验证更新

5．导入原理图信息

在图 4-3-3 中，如果所有数据转移都顺利，没有错误产生，则按"执行更改"按钮执行真正的操作，然后按"Close"按钮关闭此对话框。此时，原理图的信息转移到"电机驱动电路.PcbDoc"PCB 板上，如图 4-3-4 所示。

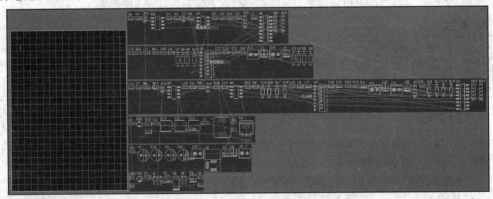

图 4-3-4　数据转移到"电机驱动电路.PcbDoc"的 PCB 板上

4.3.3　设计层次图 PCB

1．布局

在图 4-3-4 中包括 6 个零件摆置区域(上述设计的 6 个模块电路)，分别将这 6 个区域的元器件移动到 PCB 板的边框内，用前面介绍的方法完成布局操作，在此不再赘述。

2．布线

布局好后，可以在顶层和底层进行布线。顶层布线效果如图 4-3-5(a)所示，底层布线效果如图 4-3-5(b)所示。

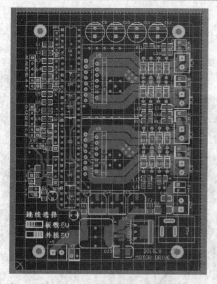
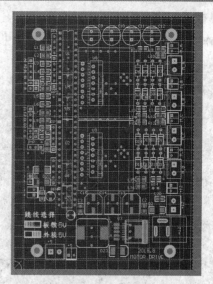

(a) 顶层布线效果 　　　　　　　　　(b) 底层布线效果

图 4-3-5　电机驱动电路布线效果

3．敷铜

敷铜后的效果如图 4-3-6 所示。

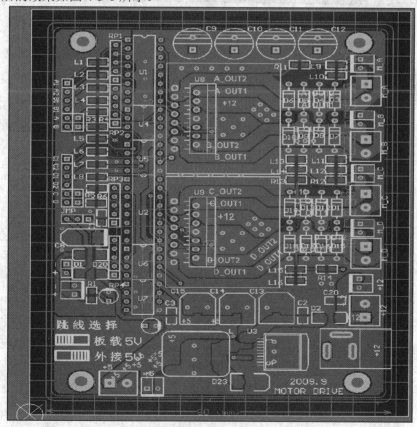

图 4-3-6　敷铜后的电机驱动电路 PCB 板

4．板子实物

制作的机器人"电机驱动电路"PCB 板的实物如图 4-3-7 所示。

图 4-3-7　机器人"电机驱动电路"PCB 板实物

课后练习

根据所学知识设计项目四中任务二课后练习中的流水灯层次原理图对应的 PCB。

综合应用设计

////////////////////////////

内容提要

本项目通过万年历的设计、数码管显示电路的设计、电子秤的设计 3 个典型的应用实例，让读者进一步熟练掌握原理图设计的步骤和 PCB 设计的基本技巧。

能力目标

(1) 能快速地绘制原理图。
(2) 能快速准确地设计原理图对应的 PCB。
(3) 能根据需要快速切换到对应的环境。

知识目标

(1) 掌握原理图绘制的步骤。
(2) 掌握 PCB 设计的步骤。
(3) 掌握不同界面切换的方法。

任务一 万年历的设计

5.1.1 设计万年历原理图

1. 万年历原理图的构成

万年历原理图由 5 个部分构成：最小系统部分、按键部分、显示部分、温度采集部分和日历部分。万年历原理图如图 5-1-1 所示。

2. 万年历原理图元器件属性

万年历原理图元器件属性如表 5-1-1 所示。

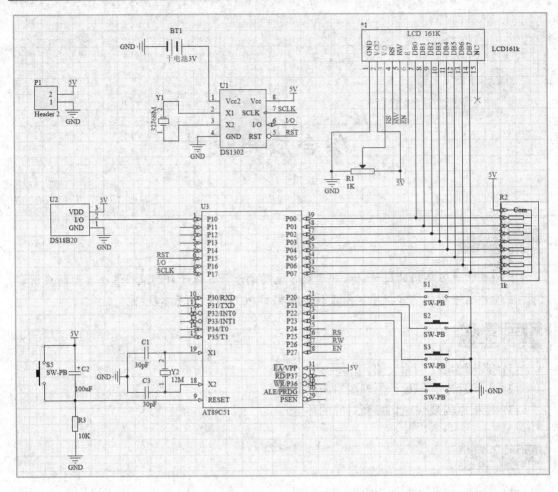

图 5-1-1 万年历原理图

表 5-1-1 万年历原理图元器件属性

注　释	描　述	元器件编号	封　装	元器件名称	数量
LCD161k	15 针插座	*1	HDR1X15	LCD161k	1
3 V	电池	BT1	SIP2	电池	1
Cap	电容	C1, C3	RAD0.1	Cap	2
Cap Pol2	电解电容	C2	RB.4/.1.2	Cap Pol2	1
Header 2	2 针插座	P1	HDR1X2	Header 2	1
1 kΩ	可调电位器	R1	VR3296-1	RESVR	1
1 kΩ	排阻	R2	SIP9	RES10	1
Res2	电阻	R3	AXIAL-0.4	Res2	1
SW-PB	开关	S1, S2, S3, S4, S5	AN66	SW-PB	5

注　释	描　述	元器件编号	封　装	元器件名称	数量
DS1302	时钟芯片	U1	DIP8	DS1302	1
DS18B20	温度传感器	U2	TO-92A	DS18B20	1
AT89C51	单片机	U3	DIP40	AT89C51	1
32768M	晶振	Y1	XTAL	XTAL	1
12M	晶振	Y2	XTAL	XTAL	1

3．万年历原理图绘制步骤

万年历原理图绘制步骤如下：

(1) 建立"万年历"文件夹。

(2) 建立"万年历"工程文件。执行"文件"→"新建"→"工程"→"PCB 工程"→"wnl.PrjPcb"命令。

(3) 保存工程文件。在工程上单击右键，将"保存工程"保存在"万年历"文件夹中。

(4) 建立"万年历系统"原理图文件。在工程上单击右键，选择"给工程添加新的"→"原理图"，新建一个空的原理图文件。

(5) 保存原理图文件。在原理图上单击右键，在"保存"中输入文件名"wnl.SchDoc"，然后保存在"万年历"文件夹中。

(6) 装载原理图库。在库面板中单击"库"→"library…"→"已安装库"→"安装"，找到"my.IntLib"，然后单击"确定"按钮。

(7) 设置原理图图纸。在"设计"的"文档选项"中选择 A4 纸，其他项默认即可。

(8) 将鼠标设为 large90。单击"工具"→"原理图参数"→"schematic"→"graphical editing"，将"光标"设为"large cursor90"。

(9) 按照表 5-1-1 所示的元器件清单放置元器件，并设置对应的属性，进行连线。绘制好的万年历原理图如图 5-1-1 所示。

(10) 编译原理图。如有错误继续修改，再编译，直到没错误为止。单击"工程"→"compiledocument wnl.SchDoc"，如果没有任何信息弹出，则说明没有错误；有错误，会弹出消息框，按照提示修改即可。

(11) 添加所需要的 PCB 库文件。在库面板中单击"库"→"library…"→"工程"→"添加库"，找到"PCB.PcbLib"，然后打开或关闭即可添加当前要用的 PCB 库文件。如果集成库中已有这些 PCB 封装模型，这一步可以省略。

(12) 用封装管理器检查所有元器件的封装。在将原理图信息导入到新的 PCB 之前，应确保所有与原理图和 PCB 相关的库都是可用的。可以用封装管理器检查所有元器件的封装。在原理图编辑器内执行"工具"→"封装管理器"命令，显示如图 5-1-2 所示的封装管理器检查对话框。根据前面讲过的方法检查所有元器件的封装。如果元器件的封装不存在，则双击元器件，在对话框的右下角添加即可。

至此，原理图设计已经完成。设计好的原理图如图 5-1-1 所示。

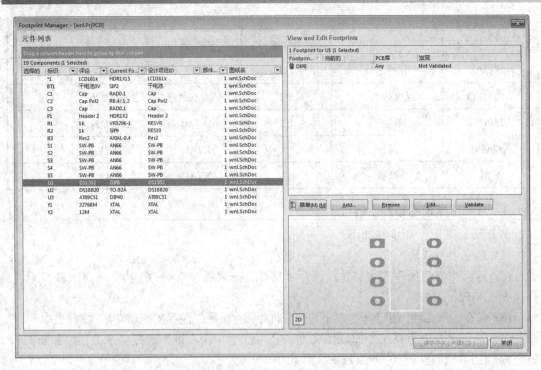

图 5-1-2　封装管理器对话框

5.1.2　设计万年历 PCB

通过万年历 PCB 设计练习，进一步掌握双面 PCB 制作的方法和步骤。

万年历 PCB 设计步骤如下：

(1) 打开万年历工程文件，建立"wnl.PcbDoc"文件。

(2) 手动或使用向导绘制 100 mm × 90 mm 大小的板子。

(3) 导入原理图信息。**注意**，在导入原理图信息之前要检查元器件的封装是否可用。

(4) 布局元器件封装。布局后的效果如图 5-1-3 所示。

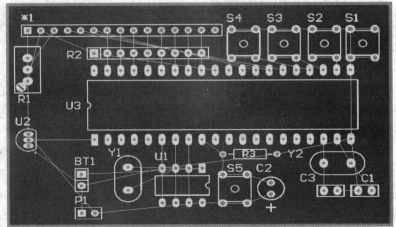

图 5-1-3　万年历布局后的效果

(5) 设置布线规则：GND 为 1.3 mm，VCC 为 1.3 mm，其他信号 Width 为 0.5 mm。按照前面讲过的方法添加两个布线规则，分别改为 GND 和 VCC，并将 GND 和 VCC 的首选线宽和最大线宽设为 1.3 mm，最小线宽设为 1 mm；将其他信号线 Width 的首选线宽和最大线宽设为 0.5 mm，最小线宽设为 0.2 mm；按照由高到低的优先级对 VCC、GND、Width 进行设置。

(6) 布线操作。按照上面的设计规则，根据以前讲过的布线方法，进行手动布线。布线后的效果如图 5-1-4 所示。

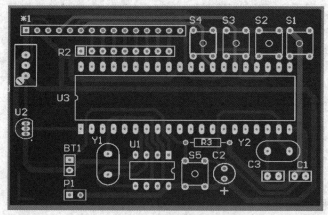

图 5-1-4　万年历布线后的效果

(7) 保存工程。通过万年历的原理图绘制和 PCB 设计，使读者进一步掌握原理图绘制的步骤和 PCB 设计的基本步骤。希望读者动手完成以上操作。

课后练习

1. 请按下面的步骤设计正负电源原理图。正负电源原理图分为 4 个部分：输入部分、整流部分、滤波稳压部分和输出部分。正负电源原理图元器件属性如表 5-1-2 所示，绘制的原理图如图 5-1-5 所示。

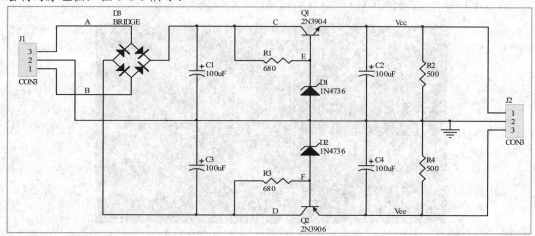

图 5-1-5　正负电源原理图

表 5-1-2　正负电源原理图元器件属性

元器件类型	元器件编号	封　　装	元器件类型	元器件编号	封　　装
1N4736	D2	DIODE-0.4	100 µF	C1	RB-.3/.6
1N4736	D1	DIODE-0.4	500 Ω	R2	AXIAL0.4
2N3904	Q1	TO220V	500 Ω	R4	AXIAL0.4
2N3906	Q2	TO220V	680 Ω	R3	AXIAL0.4
100 µF	C2	RB-.3/.6	680 Ω	R1	AXIAL0.4
100 µF	C4	RB-.3/.6	BRIDGE	D3	FLY-4
100 µF	C3	RB-.3/.6	CON3	J2	SIP-3
CON3	J1	SIP-3			

正负电源原理图绘制步骤：

(1) 创建工程文件：正负电源.PrjPcb。

(2) 建立原理图文件：正负电源.SchDoc。

(3) 设置原理图参数。

(4) 绘制原理图。

(5) 添加封装模型。

(6) 编译并保存原理图。

2. 按照下列要求设计正负电源 PCB：

(1) 设计大小为 3000 mil × 2000 mil 的单层电路板。

(2) 建立 PCB 图文件：正负电源.PcbDoc。

(3) 人工放置元器件封装。

(4) 电源地线的铜膜线的宽度为 40 mil。

(5) 一般布线的宽度为 20 mil。

(6) 人工连接铜膜线。

正负电源 PCB 设计的结果如图 5-1-6 所示。

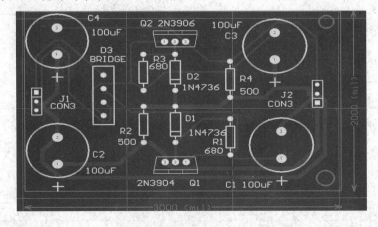

图 5-1-6　正负电源 PCB 图

任务二 数码管显示电路的设计

5.2.1 设计数码管显示电路原理图

通过数码管显示电路原理图的绘制，能更进一步掌握原理图绘制的步骤，以及掌握总线绘制原理图的方法，熟悉原理图的编译及修改方法。

1. 数码管显示电路原理图

数码管显示电路原理图如图 5-2-1 所示。

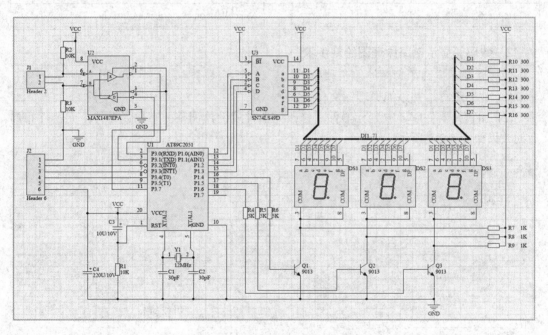

图 5-2-1 数码管显示电路原理图

数码管显示电路原理图元器件属性如表 5-2-1 所示。

表 5-2-1 数码管显示电路原理图元器件属性

元器件样本	元器件编号	元器件参数	所属元器件库
AT89C2051	U1		New Integrated_Library1.IntLib(新建元器件库)
MAX1487EPA	U2		Maxim Communication Transceiver.IntLib
74LS49	U3		TI Interface Display Driver.IntLib
Dpy Blue-CA	DS1～DS3		New Integrated_Library1.IntLib(新建元器件库)
NPN	Q1～Q3	9013	Miscellaneous Devices.IntLib
XTAL	Y1	12 MHz	Miscellaneous Devices.IntLib

续表

元器件样本	元器件编号	元器件参数	所属元器件库
Cap	C1，C2	30 pF	Miscellaneous Devices.IntLib
Cap Pol2	C3	10 μF/10 V	Miscellaneous Devices.IntLib
Cap Pol2	C4	220 μF/10 V	Miscellaneous Devices.IntLib
Res2	R1～R3	10 kΩ	Miscellaneous Devices.IntLib
Res2	R4～R6	5 kΩ	Miscellaneous Devices.IntLib
Res2	R7～R9	1 kΩ	Miscellaneous Devices.IntLib
Res2	R10～R16	300 Ω	Miscellaneous Devices.IntLib
Header2	P1		Miscellaneous Connectors.IntLib
Header6	P2		Miscellaneous Connectors.IntLib

2. 数码管显示电路原理图绘制步骤

数码管显示电路原理图绘制步骤如下：

(1) 建立工程，并添加原理图文件。

(2) 加载元器件库，放置元器件，修改元器件属性，调整并布局元器件。元器件布局后的效果如图 5-2-2 所示。

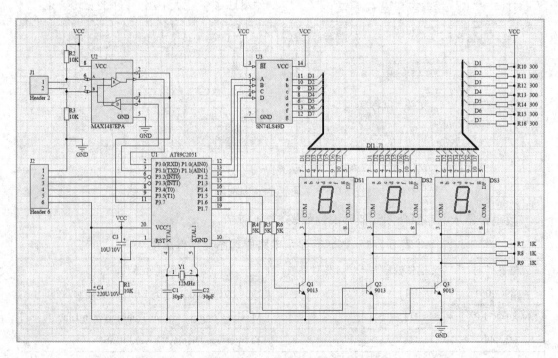

图 5-2-2　数码管显示电路原理图布局后的效果

(3) 连接线路。使用"放置"→"线"命令，连接基本线路，连线后的效果如图 5-2-3 所示。

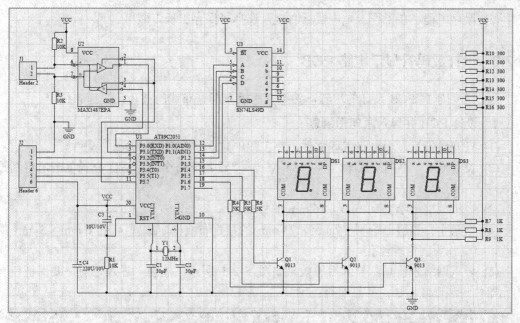

图 5-2-3 数码管显示电路原理图连线后的效果

(4) 使用总线绘制命令连接数码管显示与排阻及 74LS49D。

① 使用"放置"→"总线"命令，绘制总线的主干部分。

② 使用"放置"→"总线入口"命令，放置总线分支，可以通过 Shift + space 组合键改变线的显示模式。

③ 连接引脚与总线分支。

④ 放置网络标号，完成后的原理图如图 5-2-4 所示。

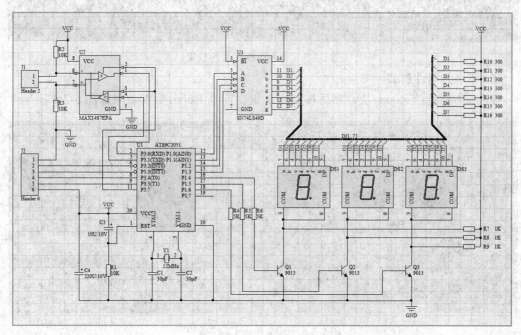

图 5-2-4 完成后的数码管显示电路原理图

(5) 保存工程。在工程上单击鼠标右键，选择"保存工程"即可。

5.2.2 设计数码管显示电路 PCB

通过学习掌握 PCB 设计的步骤，熟悉双面板布局、布线的技巧，快速布线。

1. 设计 PCB 并导入原理图信息

(1) 打开数码管显示电路工程文件，在工程中建立"PCB1.PcbDoc"文件。

(2) 设置原点。执行"编辑"→"原点"→"设置"命令，在适当位置单击，将其设为原点。

(3) 在机械层上绘制 81 mm × 76 mm 的板框。

(4) 在禁止布线层上绘制 79 mm × 73 mm 的禁止布线框，放置 4 个 6 mm × 3 mm 的过孔，将其作为固定螺丝孔。

(5) 导入网络表信息。导入后的效果如图 5-2-5 所示。**注意**，导入之前，要保证所有的元器件封装已经添加，并且检查正确。

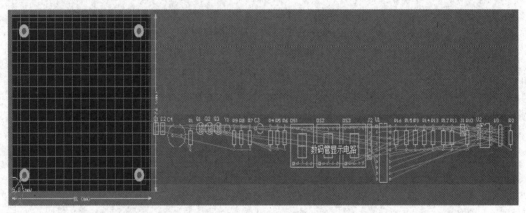

图 5-2-5　导入原理图后的效果

2. 布局元器件封装

(1) 选中红色的 Room 块，然后按 Delete 键。删除 Room 后的效果如图 5-2-6 所示。

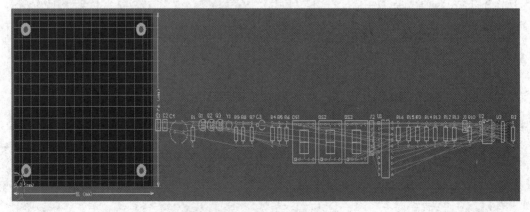

图 5-2-6　删除 Room 后的效果

(2) 布局元器件。首先在原理图中选中与数码管相连接的 9 个电阻，切换到 PCB1.PcbDoc 中，则 9 个对应的电阻在 PCB 中也被选中，然后将其拖动到 PCB 板的右上边重新排列；在拖动过程中按空格键，使其以合适的方向放置(如图 5-2-7 所示)。一般，元器件被放在顶层。

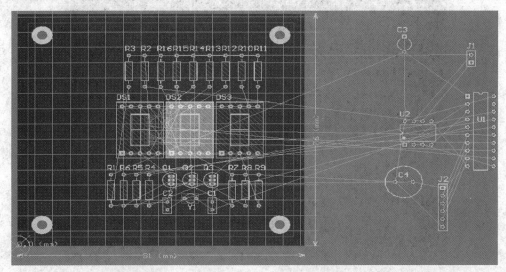

图 5-2-7 数码管显示电路主要模块布局后的效果

用同样的方法，在原理图中选中不同的元器件组，再回到 PCB 文件中将其拖到对应的位置，最后将剩余的元器件放在对应的位置上，并调整好方向。放置后的效果如图 5-2-8 所示。

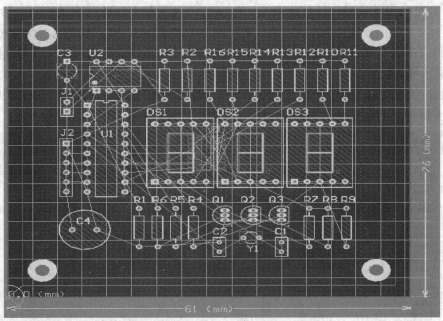

图 5-2-8 数码管显示电路顶层布局后的效果

因双面布局，将 U3 元器件放置到 PCB 板的底层(Bottom Layer)。放置后切换到底层的效果如图 5-2-9 所示，这时会看到顶层上的元器件镜像。

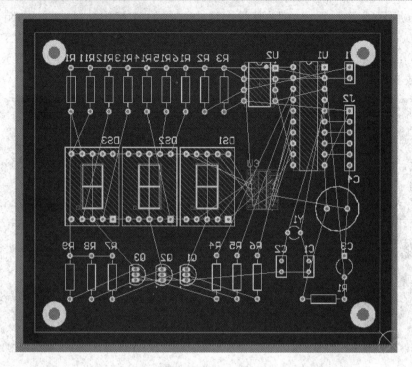

图 5-2-9　数码管显示电路切换到底层的效果

3. 数码管显示电路布线

(1) 布线规则设置。激活 PCB 文件，从菜单选择"设计"→"规则"命令，打开 PCB 规则及约束编辑器对话框，双击"Routing"展开显示相关的布线规则，然后双击 "Width"显示宽度规则。将它的首选线宽和最大线宽设为 30 mil，最小线宽设为 10 mil。 在上面的"Width"上单击鼠标右键，再增加两个规则，分别改为 GND 和 VCC。将 GND 首选线宽和最大线宽设为 30 mil，最小线宽设为 10 mil；将 VCC 首选线宽和最大线宽设 为 20 mil，最小线宽设为 10 mil，并将优先权设为 GND、VCC、Width。设置后的效果如 图 5-2-10 所示。

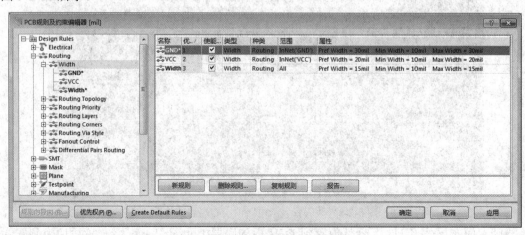

图 5-2-10　布线规则设置的效果

(2) 布线操作：可以采用自动布线或手动布线；也可以先局部布线，再自动布线，最后手动调整布线。

① 网络布线：在主菜单中执行"自动布线"→"AutoRoat"→"网络"命令，光标变成十字准线，选中需要布线的网络即可完成所选网络的布线，继续选择需要布线的其他网络即可完成相应网络的布线，按鼠标右键或 Esc 键退出该模式。可以先布电源线，然后布其他线。先布电源线 VCC 的电路如图 5-2-11 所示。如果觉得布线不合适，可以使用"自动布线"→"取消布线"→"网络"命令，光标变成十字准线，再单击要取消的网络即可删除网络连接线。

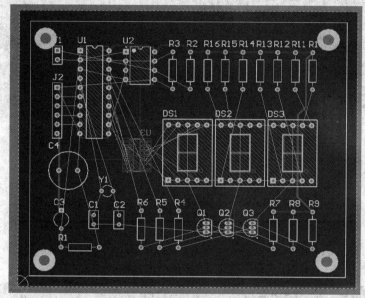

图 5-2-11　VCC 网络布线的效果

② 单根布线：在主菜单中执行"自动布线"→"AutoRoat"→"连接"命令，光标变成十字准线，选中某根线即可对选中的连线进行布线，继续选择下一根线则对选中的线自动布线，按鼠标右键或 Esc 键退出该模式。它与"网络"布线的区别是它是单根线，而"网络"布线是多根线。

③ 面积布线：在主菜单中执行"自动布线"→"AutoRoat"→"区域"命令，则对选中的面积进行自动布线。

④ 元器件布线：在主菜单中执行"自动布线"→"AutoRoat"→"元器件"命令，光标变成十字准线，选中某个元器件即可对该元器件引脚上所有连线自动布线，继续选择下一个元器件即可对选中的元器件布线，按鼠标右键或 Esc 键退出该模式。

⑤ 选中元器件布线：先选中一个或多个元器件，执行"自动布线"→"AutoRoat"→"选中对象的连接"命令，则对选中的元器件进行布线。

⑥ 选中元器件之间布线：先选中一个或多个元件，执行"自动布线"→"AutoRoat"→"选择对象之间的连接"命令，则在选中的元器件之间进行布线，布线不会延伸到选中元器件的外面。

⑦ 调整布线：是在自动布线的基础上完成的，同时按 Shift + S 组合键，单层显示 PCB 板上的布线。按照以上方法，对数码管显示电路布线后的效果如图 5-2-12 所示。

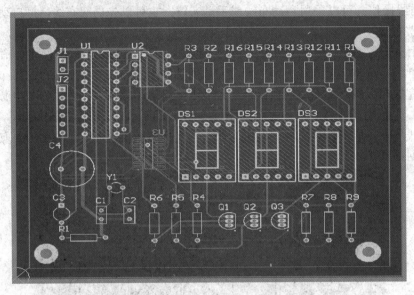

图 5-2-12 数码管显示电路布线后的效果

4．PCB 敷铜

使用"放置"→"多边形敷铜"命令，并做相应的设置，然后用光标沿着 PCB 的"Keep-Out"(禁止布线层)边界线画一个闭合的矩形框。单击确定起点，然后移动至拐点处再单击，直至确定矩形框的 4 个顶点，单击鼠标右键退出。系统会自动将起点和终点连接起来构成闭合框线。这样，系统在框线内部自动生成了 Top Layer(顶层)的敷铜。顶层敷铜的效果如图 5-2-13 所示。

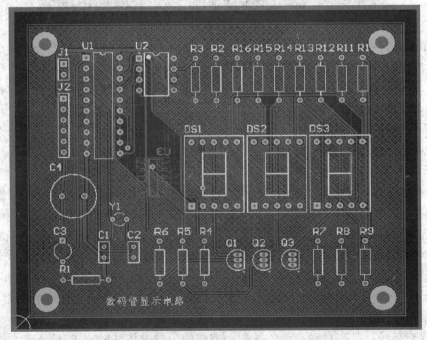

图 5-2-13 数码管显示电路顶层 PCB 的敷铜效果

用同样的方法给底层敷铜。底层敷铜的效果如图 5-2-14 所示。

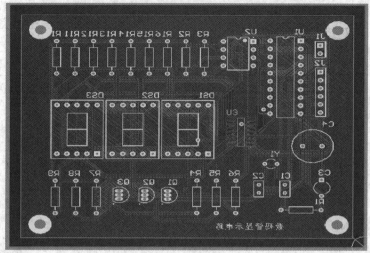

图 5-2-14　数码管显示电路底层 PCB 的敷铜效果

课后练习

心形 LED 循环彩灯电路设计。

(1) 心形 LED 循环彩灯原理图如图 5-2-15 所示。原理图分为 3 个部分：电源部分、集基耦合振荡器电路(控制)部分、显示部分。整个电路由两个 8050 三极管组成非稳态多谐振荡器，并驱动一个继电器进行开关动作，而且电器内部带有一路常开和常闭开关，用于控制心形 LED 的组态亮灭情况，达到 LED 循环流水效果。

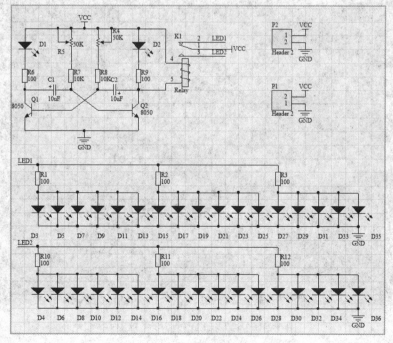

图 5-2-15　心形 LED 循环彩灯原理图

(2) 心形 LED 循环彩灯元器件属性如表 5-2-2 所示。

表 5-2-2　元器件属性

注　释	描　述	元器件编号	封　装	元器件名称	数量
10 μF	电解电容	C1, C2	E25/47	Cap Pol2	2
	发光二极管	D1~D36	led1	LED0	36
Relay	单刀双掷继电器	K1	OMRON_G5LA	Relay	1
Header 2	2 针插座	P1, P2	2ERJVC-3.5-2P	Header 2	2
8050	三极管	Q1, Q2	TO92-2	NPN	2
100 Ω	电阻	R1, R2, R3, R6, R9, R10, R11, R12	AXIAL-0.4	Rcs2	8
50 kΩ	可调电位器	R4, R5	VR5	RPot	2
10 kΩ	电阻	R7, R8	AXIAL-0.4	Res2	2

(3) 心形 LED 循环彩灯 PCB 图如图 5-2-16 所示，要求建立 145 mm × 125 mm PCB 的板框。

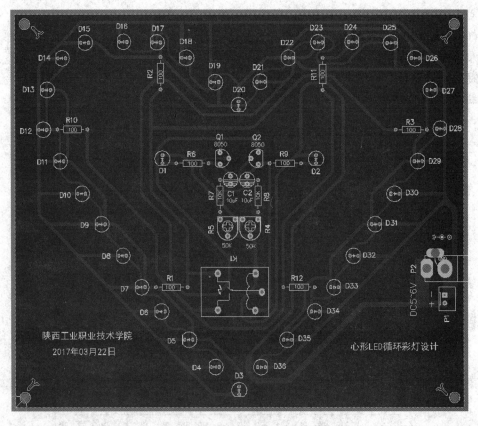

图 5-2-16　心形 LED 循环彩灯 PCB 图

心形 LED 循环彩灯的 PCB 的 3D 预览效果如图 5-2-17 所示。

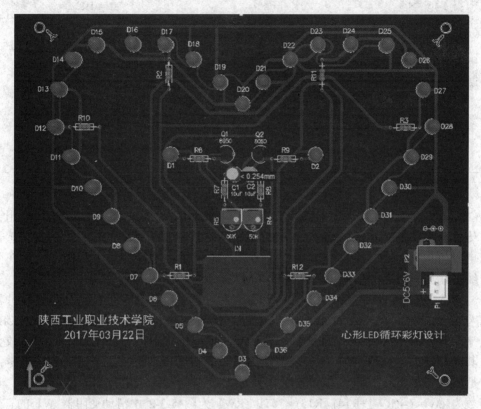

图 5-2-17　心形 LED 循环彩灯 PCB 的 3D 预览效果

任务三　电子秤的设计

通过该任务中原理图的绘制，让读者进一步掌握原理图的绘图环境、绘制流程、绘制步骤。通过电子秤 PCB 的设计，让读者更加熟练地掌握 PCB 设计的步骤，并能根据实际情况快速地导入原理图信息，设置布局、布线规则，快速布局、布线，同时能对 PCB 做补泪滴、敷铜、输出等操作。

5.3.1　分析电子秤原理图

电子秤原理图电路包括整流降压电路、仪表运算调理放大电路、重量显示电路和处理器运算电路。

(1) 整流降压电路：由 4 个整流二极管组成桥式整流电路，由后级滤波电容对电源进行滤波，输出 ±12 V 电压。±12 V 电压为运算调理放大电路提供电源。降压电路主要由 U1(HT7550-5.0 V)降压芯片完成，为处理器运算电路提供电源。整流降压电路如图 5-3-1 所示。

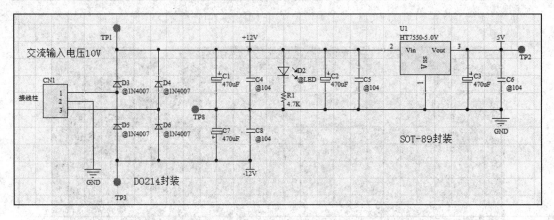

图 5-3-1　整流降压电路

(2) 仪表运算调理放大电路: 主要由多个 LM324 组成。电路中 CN3 接口座用于为称重传感器提供 5 V 电源, 而 CN4 接口座用于对接称重传感器的信号。称重传感器是一个电阻桥电路, 当这个传感器承受压力时, 电阻桥由平衡变成不平衡, 从而在两根信号线上输出一对差分信号。而后级的 LM324 组成一对差分信号调理放大电路, 失调很小。图 5-3-2 中, U2A 部分和 U2C 部分为缓冲器, 前级传感器的信号通过缓冲器放大信号电压。来自两个缓冲器的输出信号连接到放大电路中的减法器单元(U2B 部分), 在这里以低增益放大差分信号, 而衰减共模电压。最后一级(U2D 部分)是放大电路, 其同相端的电位器 W2 用于调节输出信号的幅度值, 也就是通常所说的调零; 而 W1 是放大器的反馈电阻, 压力信号需要放大多少倍与这个电位器有直接关系。其放大倍数为 Av = (−(RW1+R14) / R15) × VTP5(RW1 为图 5-3-2 中滑动变阻器 W1 的有效电阻, VTP5 为图 5-3-2 中 TP5 处的电压)。

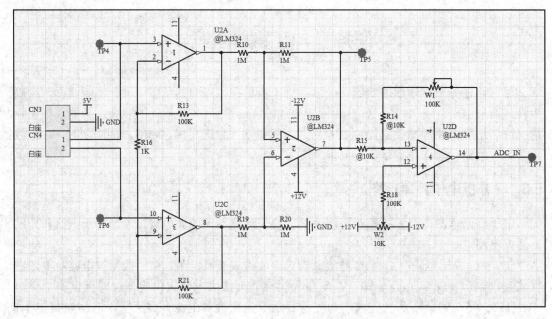

图 5-3-2　仪表运算调理放大电路

(3) 重量显示电路：如图 5-3-3 所示，由 4 位一体共阳 0.36 英寸数码管组成，显示的亮度由三极管驱动，呈现出不同的数值是由处理器进行动态扫描完成的效果。

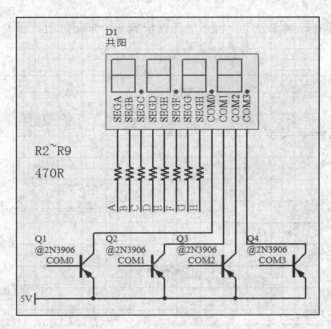

图 5-3-3　重量显示电路

(4) 处理器运算电路：如图 5-3-4 所示，由 STC12C2052AD 单片机组成，主要作用是采集仪表运算调理放大电路输出的模拟电压信号，然后由处理器内置烧录好的程序去运算这个模拟电压信号，将其转换为重量值，显示到数码管上。处理器的程序升级由 DB1 接口进行下载烧录。

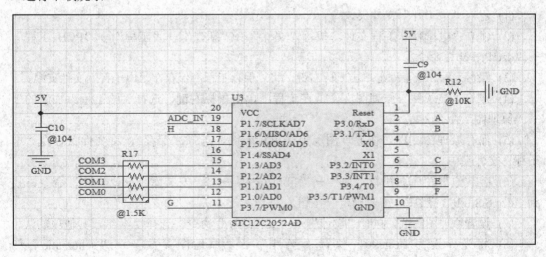

图 5-3-4　处理器运算电路

根据以上分析，创建工程文件，建立原理图文件，设置原理图参数，绘制原理图，建立 PCB 文件，设置 PCB 参数，建立 PCB 的板框，导入原理图信息，布局设置并布局元器件，设置布线规则，布线，保存并输出 PCB 来设计电子秤 PCB。

5.3.2 绘制电子秤原理图

根据以上电子秤原理图分析，将不同的模块放在一张图纸上。原理图整体效果如图 5-3-5 所示。

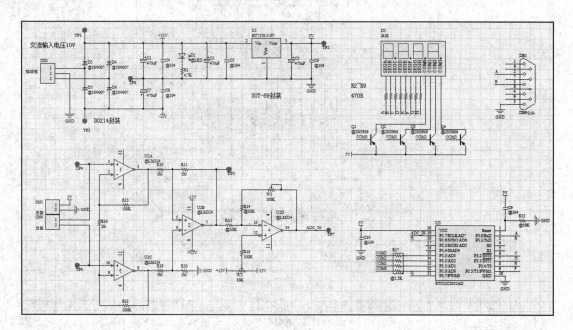

图 5-3-5　电子秤原理图整体效果

1. 绘图前准备

(1) 建立"电子秤"文件夹。

(2) 建立"电子秤"工程文件。执行"文件"→"新建"→"工程"→"PCB 工程"→"dzc.PrjPcb"命令。

(3) 保存工程。在工程上单击鼠标右键，将"保存工程"保存在"电子秤"文件夹中。

(4) 建立"电子秤"原理图文件。在工程上单击鼠标右键，选择"给工程添加新的"→"原理图"命令。

(5) 保存原理图文件。在原理图上单击鼠标右键，选择"保存"，将文件保存在"电子秤"文件夹中。

(6) 装载原理图库。执行"库"→"library…"→"已安装库"→"安装"命令，找到"dzc.SchLib"，然后单击"确定"按钮。

(7) 设置原理图图纸。执行"设计"→"文档选项"命令，选择 A4 纸，其他项默认。

(8) 将光标设为 large90。执行"工具"→"原理图参数"→"schematic"→"graphical editing"命令，将"光标"设为"large cursor90"。

2. 绘制电子秤原理图

(1) 放置元器件。

按照前面介绍的方法放置元器件。表 5-3-1 给出了该电路中每个元器件、元器件标号、元器件名称(型号规格)等数据，按该表修改元器件属性并统一编号。

表 5-3-1 电子秤原理图元器件属性

元器件名称	元器件编号	元器件参数	封装	数量
插件电阻	R1	4.7 kΩ	0603	1
插件电阻	R2, R3, R4, R5, R6, R7, R8, R9	470 Ω	0603	8
插件电阻	R10, R11, R19, R20	1 MΩ	0603	4
贴片电阻	R12, R14, R15	@10 kΩ	0603	3
插件电阻	R13, R18, R21	100 kΩ	0603	3
插件电阻	R16	1 kΩ	0603	1
贴片排阻	R17	@1.5 kΩ		1
插件电位器	W1	100 kΩ	VR	1
插件电位器	W2	10 kΩ	VR	1
插件电解电容	C1, C2, C3, C7	470 μF	CAP4/2	4
贴片电容	C4, C5, C6, C8, C9, C10	@104	0805	6
贴片 IC	U1	HT7550-5.0V		1
贴片 IC	U2	@LM324	SOP-14	1
插件单片机	U3	STC12C2052AD	DIP-20	1
数码管	D1	4 位一体共阳 0.36 英寸	DIP	1
贴片发光二极管	D2	@LED	0805LED	1
贴片二极管	D3, D4, D5, D6	@1N4007	MELF	4
贴片三极管	Q1, Q2, Q3, Q4	@2N3906	SOT-23	4
插件串口接头	DB1	DB9 公头	DB9	1
插件接线柱	CN1, CN2	绿色可拼装	HX3.5-2P	2
插件塑插座	CN3, CN4	白色	HX2.54-2P	2

(2) 放置好元器件，然后连接电路，自动编号。绘制后的电路原理图如图 5-3-5 所示。

(3) 用"放置文字"命令放置设计要求，并绘制标题栏，注明绘图时间和设计者信息。完成后的电路如图 5-3-6 所示。

(4) 编译原理图。执行"工程"→"compiledocument dzc.SchDoc"命令。如果有错误，则显示错误，根据提示一一修改；如果没有弹出任何信息，则表示原理图没有错误。

(5) 用封装管理器检查所有元器件的封装。在将原理图信息导入到新的 PCB 之前，应确保所有与原理图和 PCB 相关的库都是可用的。先添加"常用元器件.PcbLib"，然后用封装管理器检查所有元器件的封装是否已经添加。

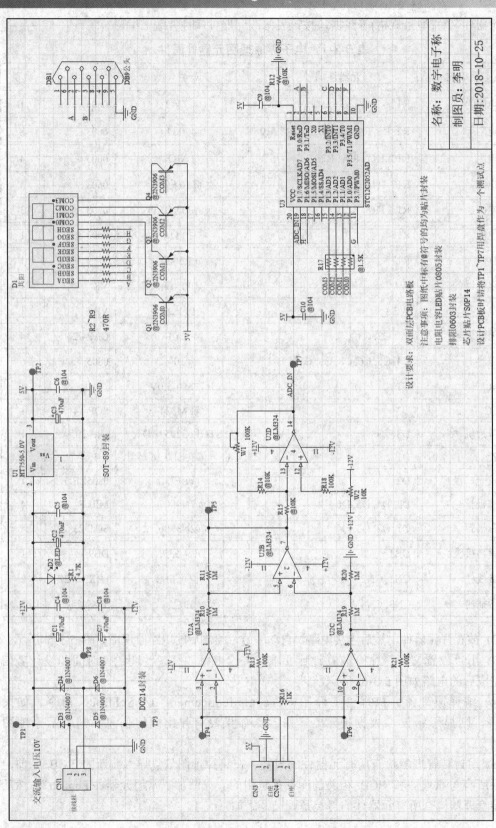

图 5-3-6 绘制好的"电子秤"原理图

检查元器件封装的操作步骤：在原理图编辑器内执行"工具"→"封装管理器"命令，显示如图 5-3-7 所示的封装管理器检查对话框；在该对话框的"元件列表"区域显示原理图内的所有元器件，用鼠标左键可以选择每一个元器件；当选中一个元器件时，在对话框的右边的封装管理编辑框内设计者可以添加、删除、编辑当前选中元器件的封装。如果对话框右下角的元器件封装区域没有出现，则可以将鼠标放在"添加"按钮的下方，把这一栏的边框向上拉，就会显示封装图的区域。如果所有元器件的封装检查完都正确，则单击"关闭"按钮关闭对话框。

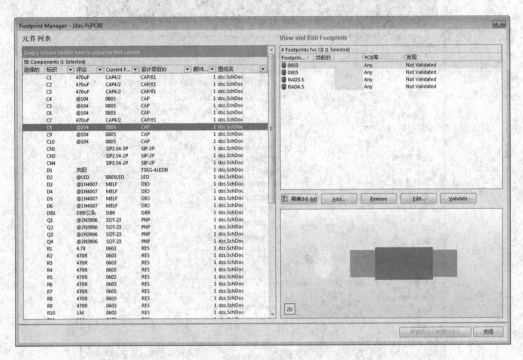

图 5-3-7　封装管理器检查对话框

5.3.3　设计电子秤 PCB

电子秤 PCB 设计要求：建立 100 mm × 60 mm 的双面板，布线时，GND 为 0.3 mm，VCC 为 0.3 mm，其他信号线为 0.2 mm。

1. 打开并建立工程文件

打开"dzc.PrjPcb"工程文件，并建立"dzc.PcbDoc"文件。

2. 手动绘制 100 mm×60 mm 板子的轮廓

(1) 设置原点：执行"编辑"→"原点"→"设置"命令，在左下方的适当位置单击鼠标左键，将其定为原点。

(2) 绘制板子轮廓：执行"放置"→"走线"命令或者选择工具"line"命令，在 keepoutlayers 绘制 100 mm × 60 mm 的板框

(3) 确定板子形状：执行"设计"→"板子形状"→"按选择对象定义"命令。

(4) 放置螺丝孔：使用"放置"→"焊盘"命令，绘制 3 mm 的螺丝孔放在左上角距离边线 3 mm 处，焊盘设置信息如图 5-3-8 所示。用同样的方法分别在其他三个角上放置对应的螺丝孔，结果如图 5-3-9 所示。

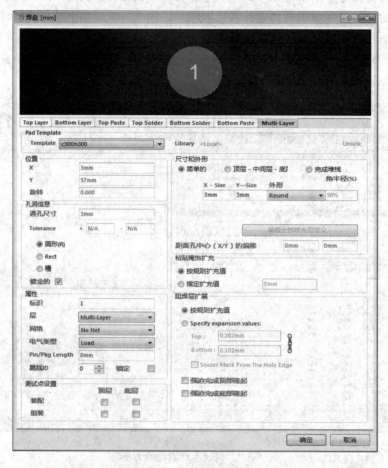

图 5-3-8 焊盘设置信息

图 5-3-9 放置的 4 个螺丝孔

3. 导入原理图信息

(1) 在原理图编辑器中，单击"设计"→"update schemaitc in dzc.PcbDoc"，弹出"工程更改顺序"对话框，在此对话框中单击"生效更改"按钮，系统将扫描所有的改变，看能否在 PCB 上执行所有的改变，弹出如图 5-3-10 所示的对话框。如果"检测"栏显示对钩，则表示这些改变都是合法的；如果有叉号，则说明此改变不可执行，需要回到前面步骤进行修改，直到执行合法为止。

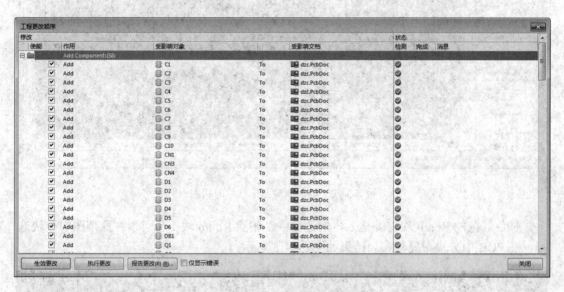

图 5-3-10　"生效更改"检查状态

(2) 进行合法性检验后，再单击"执行更改"按钮，于是系统完成网络表的导入。同时，在每一项的"完成"栏中显示对钩标记，提示导入成功，如图 5-3-11 所示。

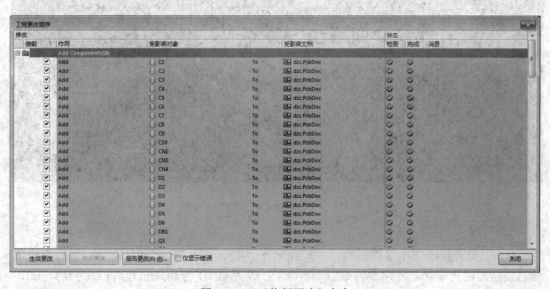

图 5-3-11　"执行更改"命令

4．布局元器件

导入原理图信息后的状态如图 5-3-12 所示。

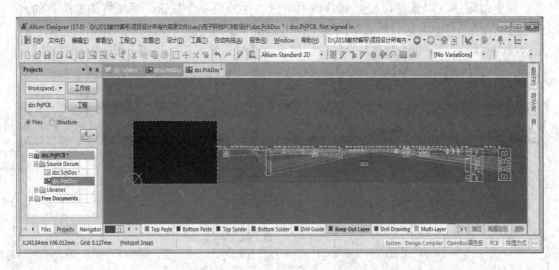

图 5-3-12　导入原理图信息后的状态

按住红色的 Room 块将其拖入电气边框中，删除 Room 块；也可以在原理图中分块选择，在 PCB 中分块布局。布局结果如图 5-3-13 所示。

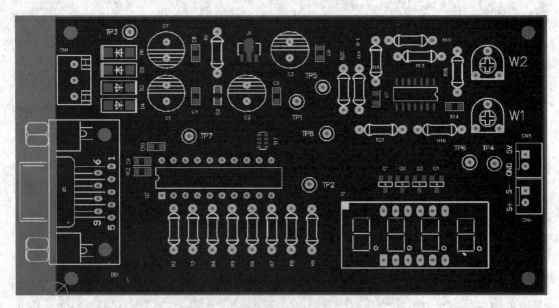

图 5-3-13　布局后的"电子秤"PCB 图

5．布线

(1) 电子秤布线规则设置：执行"设计"→"规则"→"routing"命令，然后单击鼠标右键新建两个规则，分别改为 GND 和 VCC；设置 GND 为 0.3 mm，VCC 为 0.3 mm，其他线为 0.2 mm，并设置优先级，如图 5-3-14 所示。

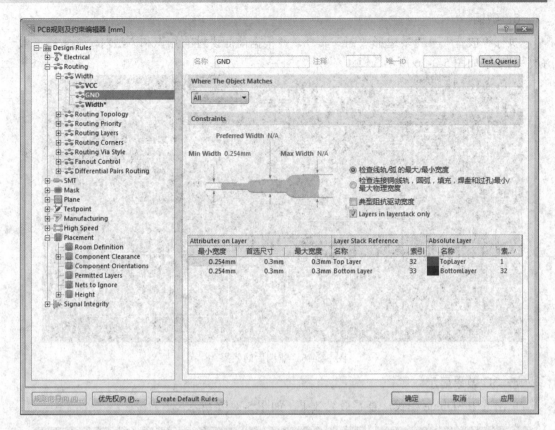

图 5-3-14　布线规则设置对话框

(2) 自动布线：执行"自动布线"→"全部"→"route All"命令。

(3) 手动调整布线：调整布线后的效果如图 5-3-15 所示。

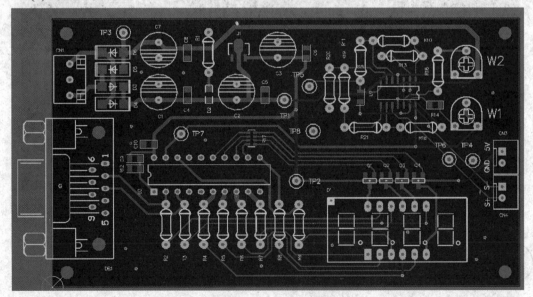

图 5-3-15　布线后的效果

6. 敷铜

执行"放置"→"多边形敷铜"命令，并根据前面讲过的知识和方法对两面敷铜。敷铜后的效果如图 5-3-16 所示。

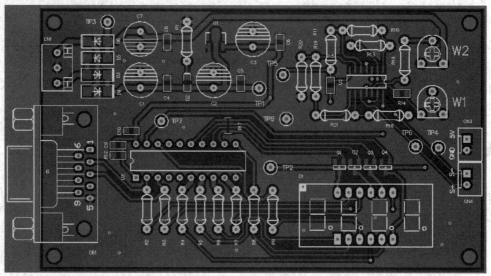

图 5-3-16　敷铜后的效果

7. 3D 效果显示

单击选中 3Dblue 模式，查看最终效果，如图 5-3-17 所示。

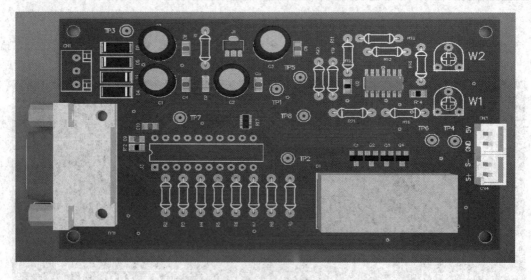

图 5-3-17　3D 显示的效果

课后练习

八路抢答器 PCB 设计(双面板)。八路抢答器电路是由抢答、编码、优先、锁存、数显及复位电路组成，如图 5-3-18 所示。数码管设计以两个 0805 贴片封装的红色 LED 组成一段，按键使用贴片封装，其他物料均为插件。SB1～SB8 为抢答键，SB9 为复位键。CD4511 是一块含 BCD-7 段锁存/译码/驱动电路于一体的集成电路，其中 1、2、6、7 为BCD 段码输入端，9～15 脚为显示输出端；3 脚(LT)为测试输出端，当"LT"为 0 时，输出全为 1；4 脚(BI)为消隐端，BI 为零时输出全为零；5 脚(LE)为锁存允许端，当 LE 由"0"变为"1"时，输出端保持 LE 为 0 时的显示状态；16 脚为电源正，8 脚为电源负。555 及外围电路组成抢答器讯响电路；数码管接 0.5 英寸共阴数码管。

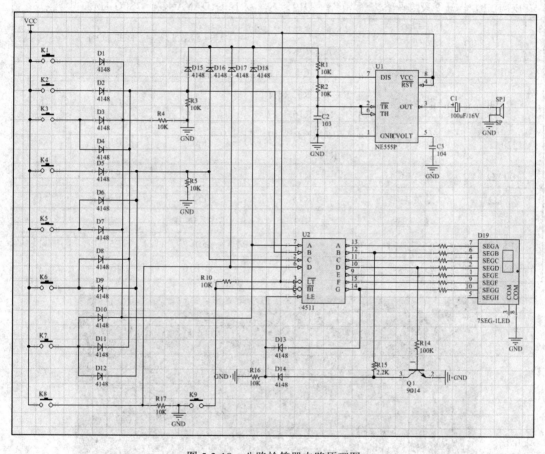

图 5-3-18　八路抢答器电路原理图

(1) 建立"八路抢答器.PrjPcb"工程文件，并放在八路抢答器文件夹中。

(2) 在工程中添加原理图"八路抢答器.SchDoc"文件。

(3) 在工程中添加 PCB"八路抢答器.PcbDoc"文件。

(4) 在"八路抢答器.SchDoc"文件中绘制八路抢答器电路原理图并按表 5-3-2 所示修改对应元器件属性。

(5) 在项目中打开"八路抢答器.PcbDoc"文件并设计 80×65 mm 的双面电路板。

(6) 导入元器件并布局。布局后的效果如图 5-3-19 所示。

(7) 对照图 5-3-19 做布线设置并布线。布线后的效果如图 5-3-20 所示。

(8) 对电路板进行敷铜操作。

表 5-3-2　八路抢答器元器件属性

注　释	描　述	元器件编号	封　装	元器件名称	数量
100 μF/16V	极性电容	C1	CAP4/2	CAP/E1	1
103	电容	C2	0805	CAP	1
104	电容	C3	0805	CAP	1
4148	二极管	D1～D18	MELF	DIO	18
7SEG-1LED	7 段数码管	D19	LED1DAYANG	7SEG-1LED	1
	开关	K1, K2, K3, K4, K5, K6, K7, K8, K9	AN4.5X6.5	BUTTON	9
9014	贴片三极管	Q1	SOT-23	NPN	1
10 kΩ	贴片电阻	R1, R2, R3, R4, R5, R10, R16, R17	0603	RES	8
220 Ω	贴片电阻	R6, R7, R8, R9, R11, R12, R13	0603	RES	7
100 kΩ	贴片电阻	R14	0603	RES	1
2.2 kΩ	贴片电阻	R15	0603	RES	1
SP	蜂鸣器	SP1	SIP2.54-2P	SP	1
NE555P	555 定时器	U1	SOP-8	NE555P	1
4511	4511 芯片	U2	DIP16	4511	1

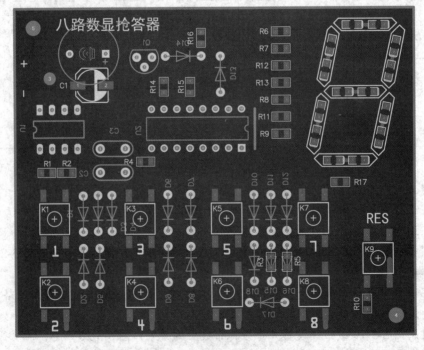

图 5-3-19　八路抢答器布局效果图

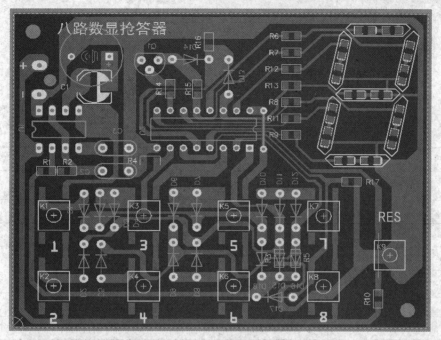

图 5-3-20　八路抢答器布线后效果图

常用快捷键

快捷键	快捷键作用
与环境相关的快捷键	
F1	访问文档库
Ctrl + O	访问选择的文档打开对话框
Ctrl + F4	关闭活动的文档
Ctrl + S	保存当前的文档
Ctrl + P	打印当前的文档
Alt + F4	关闭 Altium Designer
Ctrl + Tab	切换打开的文档 (右手习惯)
F4	隐藏/显示所有浮动面板
Shift + F4	平铺打开文档
Shift + F5	在活动的面板和工作台之间巡回
原理图操作快捷键	
Tab	编辑放置的属性
Shift + C	清除当前过滤
Shift + F	单击在对象上显示查找相似对象的对话
Alt + F5	触发全屏模式
G	切换捕捉格点设定
空格	移动对象时以 90 度逆时针方向旋转
空格	当放置导线/总线/直线时拐角起始/停止模式
Shift + 空格	移动对象时以 90 度顺时针方向旋转
Shift + 空格	放置导线/总线/直线时切换角度放置模式
Backspace	放置导线/总线/直线/多边形时移除最后一个顶点
Alt + 在网络对象上单击左键	图纸上网络关联的图元全部高亮
P，B	放置总线
P，U	放置总线接口
P，P	放置元器件
P，J	放置节点

续表一

快捷键	快捷键作用
P，O	放置电源
P，W	连线
P，N	放置网络编号
P，R	放置 I/O 口
P，T	放置文字
D，L:	增加/删除库
D，M	制作库
放置元器件时，按 X 键	实现水平翻转
放置元器件时，按 Y 键	实现上下翻转
CTRL + Q	打开选择记忆器窗口，可快速选择记忆器中存储的元器件
工程快捷键	
C，C	编译当前的工程
C，R	重新编译当前工程
C，D	编译文档
C，O	打开当前工程的 Options 或 Projects 对话框
Ctrl + Alt + O	打开当前工程的 Options 或 Document 对话框
C，L	关闭活动工程的所有文档
C，T，L	打开当前工程的 Local History
PCB 设计快捷键	
Ctrl + 单击左键	在端口或图纸入口高亮连接/网络上对象使用高亮绘笔
Shift + C	清除所有高亮应用到高亮的绘笔
Backspace	放置导线/总线/直线/多边形时移除最后一个顶点
Alt + 在网络对象上单击左键	图纸上网络关联的图元全部高亮
Shift + R	切换三种布线模式 (忽略，避开或推挤)
Shift + E	触发电气格点开/关
Shift + B	建立查询
Shift + PgUp	放大到最小的递增
Shift + PgDn	缩小到最小的递增
Ctrl + PgUp	放大到 400%
Ctrl + PgDn	适合文档内的查看
Ctrl + End	工作台跳转到绝对的原点
Alt + End	刷新当前的层

续表二

快捷键	快捷键作用
Alt + Insert	粘贴在当前层
Ctrl + G	弹出捕捉格点对话框
G	弹出捕捉格点菜单
N	移动一个元器件时隐藏元器件中心点(编辑模式)
N	隐藏或显示网络子菜单(非编辑模式)
L	移动元器件时翻转到板的另一边(就是镜像元器件)
Ctrl + 单击左键	在光标下高亮布线的网络 (清除重复的自由空白)
Ctrl + 空格	在交互布线时切换连接线模式
Backspace	在交互布线时移除最后的导线铜箔
Shift + S	触发信号层模式开/关
Ctrl + H	选择连接的铜
+	(数字键盘)下一层
—	(数字键盘)上一层
*	(数字键盘)下一个布线层
M	显示移动子菜单
Ctrl + M	测量距离
空格	(在交互布线过程) 逆时针旋转对象
Shift + 空格	(在交互布线过程)移动时逆时针旋转对象
Shift + 空格	(在交互布线期间)在交互布线期间改变拐角模式
Q	快速切换单位 (公制/英制)
*键	在 PCB 电气层之间切换(小键盘上的*)。在交互布线的过程中,按*键则换层并自动添加过孔
Tab 键	在交互布线或放置元器件、过孔等对象的过程中修改对象属性
空格键	在交互布线的过程中,切换布线方向(很常用)
Backspace 键	在交互布线(手动布线)的过程中,放弃上一步操作(很常用)
主键盘上的 1	在交互布线的过程中,切换布线方法(设定每次单击鼠标布 1 段线还是 2 段线)
主键盘上的 2	在交互布线的过程中,添加一个过孔,但不换层
Delete	删除已被选择对象
Shift+S	切换单层显示和多层显示
Shift + 空格键	在交互布线的过程中,切换布线形状
Shift + C	清除当前过滤器(当显示一片灰暗时,可恢复正常显示)
Ctrl + 鼠标左键	高亮显示同网络名的对象(鼠标左键必须单击到有网络名的对象)
Ctrl + R	一次复制,并可连续多次粘贴

快捷键	快捷键作用
Ctrl + C	复制
Ctrl + V	粘贴
Ctrl + S	保存文档
Shift + 鼠标滚轮	左右移动画面
J，L	定位到指定的坐标的位置。这时要注意确认左下角的坐标值，如果定位不准，可以放大视图并重新定位；如果还是不准，则需要修改栅格吸附尺寸(定位坐标应该为吸附尺寸的整数倍)
J，C	定位到指定的元器件处。在弹出的对话框内输入该元器件的编号
R，M	测量任意两点间的距离
R，P	测量两个元素之间的距离
G，G	设定栅 gg 格吸附尺寸
O，Y	设置 PCB 颜色
O，B	设置 PCB 属性
O，P	设置 PCB 相关参数
O，M	设置 PCB 层的显示与否
D，K	打开 PCB 层管理器
E，O，S	设置 PCB 原点
E，F，L	设置 PCB 元器件(封装)的元器件参考点(仅用于 PCB 元器件库)。元器件参考点的作用：假设将某元器件放置到 PCB 中，该元器件在 PCB 中的位置(X、Y 坐标)就是该元器件的参考点的位置；当在 PCB 中放置或移动该元器件时，鼠标指针将与元器件参考点对齐。如果在制作元器件时元器件参考点设置得离元器件主体太远，则在 PCB 中移动该元器件时，鼠标指针也离该元器件太远，不利于操作。一般可以将元器件的中心或某个焊盘的中心设置为元器件参考点
F	查找下一个匹配字符
Shift + F4	将打开的所有文档窗口平铺显示
Shift + F5	将打开的所有文档窗口层叠显示
T，E	原理图 DRC 检查命令
T，D	PCB DRC 规则检验命令
元器件库快捷键	
E，F，C	将 PCB 元器件的中心设置为元器件参考点(仅用于 PCB 元器件库)。元器件的中心是指该元器件的所有焊盘围成的几何区域的中心
E，F，P	将 PCB 元器件的 1 号焊盘的中心设置为元器件参考点(仅用于 PCB 元器件库)

参 考 文 献

[1] 王静，刘亭亭. Altium Designer 13 案例教程. 北京：中国水利水电出版社，2014.

[2] 闫聪聪，杨玉龙. Altium Designer 16 基础实例教程. 北京：人民邮电出版社，2017.

[3] 王加祥，曹闹昌. 基于 Altium Designer 的电路板设计. 西安：西安电子科技大学出版社，2015.

[4] 张川，杨祖荣，PCB 制作与 THT 工艺. 北京：高等教育出版社，2012.

[5] 陈学平. Altium Designer 13 电路设计、制板与仿真(从入门到精通). 北京：清华大学出版社，2014.

[6] 冯伟. 电子线路 CAD 设计项目化教程. 西安：西安电子科技大学出版社，2017.

[7] 及力. Protel99SE 原理图与 PCB 设计教程. 北京：电子工业出版社，2011.

[8] 谢龙汉，鲁力，张桂东. Altium Designer 原理图与 PCB 设计及仿真. 北京：电子工业出版社，2012.

[9] 周润景. Altium Designer 原理图与 PCB 设计. 北京：电子工业出版社，2012.

[10] 刘超. Altium Designer 原理图与 PCB 设计精讲教程. 北京：机械工业出版社，2017.